Sensoriamento Remoto
em **agricultura**

Sensoriamento Remoto em **agricultura**

Antonio Roberto Formaggio
Ieda Del´Arco Sanches

Copyright © 2017 Oficina de Textos
1ª reimpressão 2021

Grafia atualizada conforme o Acordo Ortográfico da Língua Portuguesa de 1990, em vigor no Brasil desde 2009.

Conselho editorial Arthur Pinto Chaves; Cylon Gonçalves da Silva; Doris C. C. K. Kowaltowski; José Galizia Tundisi; Luis Enrique Sánchez; Paulo Helene; Rozely Ferreira dos Santos; Teresa Gallotti Florenzano

Capa e projeto gráfico Malu Vallim
Diagramação Douglas da Rocha Yoshida
Preparação de figuras Alexandre Babadobulos
Preparação de textos Hélio Hideki Iraha
Revisão de textos Renata de Andrade Sangeon
Impressão e acabamento BMF gráfica e editora

Dados Internacionais de Catalogação na Publicação (CIP)
(Câmara Brasileira do Livro, SP, Brasil)

Formaggio, Antonio Roberto
 Sensoriamento remoto em agricultura / Antonio Roberto Formaggio, Ieda Del'Arco Sanches. --
São Paulo : Oficina de Textos, 2017.

Bibliografia.
ISBN 978-85-7975-277-3

 1. Agricultura - Sensoriamento remoto I. Sanches, Ieda Del'Arco. II. Título.

17-07384   CDD-630

Índices para catálogo sistemático:
1. Sensoriamento remoto : Agricultura 630

Todos os direitos reservados à **Editora Oficina de Textos**
Rua Cubatão, 798
CEP 04013-003 São Paulo SP
tel. (11) 3085-7933
www.ofitexto.com.br
atend@ofitexto.com.br

agradecimentos

Todo livro é feito de um conjunto de contribuições provenientes de inúmeras pessoas e instituições, e nós também temos uma lista enorme delas, que, ao longo dos últimos dois anos, ofereceram suas inestimáveis parcelas para que este livro pudesse ser concretizado.

Agradecemos aqui a todos aqueles que, de uma forma ou de outra, com generosidade, disponibilizaram seu tempo para revisar os textos, oferecer sugestões valiosas, emprestar materiais, trocar ideias para a busca do melhor resultado e auxiliar na adaptação de algumas figuras incluídas (especial gratidão à Fernanda Formaggio Pinto, por sua dedicação e entusiasmo).

Queremos registrar nossa gratidão ao nosso amigo Alfredo José Barreto Luiz (Embrapa Meio Ambiente), por ter suscitado a centelha inicial de juntar os materiais e trabalhá-los visando gerar o presente livro. Também o agradecemos por suas inestimáveis participações em projetos, trabalhos de campo e coautorias e por sua sempre entusiástica participação e parceria nos últimos quase 20 anos de atividades em conjunto.

Muitos dos dados apresentados neste livro foram coletados durante o Projeto MoBARS (Monitoring Brazilian Agriculture by Remote Sensing), patrocinado pelo CNPq e pela Capes, através do Programa Ciência sem Fronteiras (Projeto n° 402.597/2012-5), instituições às quais agradecemos sobremaneira.

Não podemos deixar de agradecer ao Instituto Nacional de Pesquisas Espaciais (Inpe/MCTIC), por todos os suportes e inumeráveis apoios, que permitiram a concretização das pesquisas e desenvolvimentos na área de Observação da Terra/Sensoriamento Remoto da equipe de agricultura dessa instituição.

Acima de tudo, agradecemos a Deus por ter sempre nos dado entusiasmo, otimismo e disposição para a busca dos melhores resultados em prol da construção de capacitação dos pós-graduandos, para a realização de projetos e para a disponibilização de metodologias e conhecimentos na área de sensoriamento remoto em agricultura para o nosso país.

Os autores
São José dos Campos, 6 de março de 2017

apresentação

José Carlos Neves Epiphanio

Há anos a agricultura brasileira vem apresentando sucesso inquestionável, sendo responsável por parte substancial do desempenho da economia nacional e sustentando níveis muito positivos na balança comercial. Para atingir tais níveis de desempenho, o avanço científico e tecnológico, associado a aspectos de gerenciamento, empreendedorismo, logística etc., tem que ser contínuo, especialmente num mundo globalizado e competitivo. Quando se pensa mais em longo prazo, a agropecuária terá que responder à demanda de uma população crescente, porém num ambiente já bem mais restrito e comprometido. Tal resposta deverá ser de forma altamente produtiva, mas num inequívoco contexto de compromisso com o ambiente. De resto, como se tem conduzido a agropecuária brasileira.

Uma característica importante da agricultura brasileira é sua diversidade. Abrange culturas básicas para alimentação humana, produção de fibras, produção de grãos para alimentação animal, produção de energia, café, citros, pastagens, animais de pequeno e grande porte para consumo interno e exportação, entre outros. Obviamente, tal diversidade ocorre numa grande variedade de ambientes, regimes climáticos e sistemas de manejo.

Outra característica da atividade agropecuária é a necessidade de informação contínua e precisa para diversos fins: condição das culturas, localização dos campos de cultivo, medição da área, estimativas de produção, sucessão entre as culturas, dinâmicas diversas que ocorrem no meio agrícola, uso da água, relações ambientais e climáticas, comercialização etc.

Tendo em conta as dimensões do território nacional, a distribuição e a dinâmica com que se dão as diversas atividades agropecuárias, é importante que o país disponha e utilize-se das melhores e mais avançadas tecnologias de estudo e monitoramento das culturas e atividades agropecuárias. Sem dúvida, o uso de satélites para o monitoramento de grandes extensões territoriais é fundamental, especialmente quando os satélites se aliam aos meios de georreferenciamento espacial.

É nesse contexto que *Sensoriamento Remoto em agricultura*, de autoria de Antonio Roberto Formaggio e Ieda Del'Arco Sanches, vem a lume. Os autores, pesquisadores do Instituto Nacional de Pesquisas Espaciais (Inpe), têm trabalhado há muitos anos nesse campo, não só ministrando disciplinas dessa área no curso de pós-graduação em Sensoriamento Remoto, como também pesquisando o tema e orientando alunos. Essas disciplinas e orientações muito contribuíram para a formatação e a organização do livro. Os autores reúnem aqui essa experiência e conhecimentos acumulados. Apresentam todo o percurso das pesquisas envolvendo o uso do sensoriamento remoto na agricultura, desde as pesquisas mais básicas voltadas ao entendimento do comportamento das culturas ao longo do espectro eletromagnético. Passam pelas pesquisas para estabelecer um método para a previsão de safras (por exemplo, o projeto Previsão de Safras por Satélite – Prevs –, em conjunto com o IBGE), pelas pesquisas para desenvolver métodos mais objetivos e estatísticos para a avaliação da extensão da área dos cultivos e pelo desenvolvimento dos métodos de monitoramento da cana-de-açúcar de forma sistemática.

O livro preenche uma lacuna importante no rol das obras de sensoriamento e geoprocessamento existentes. Todos aqueles que militam nas áreas de agropecuária, meio ambiente, levantamento de safras e logística de distribuição de culturas, bem como estudantes de pós-graduação, pesquisadores e professores ligados à agricultura, muito aproveitarão dos conhecimentos aqui contidos e apresentados de forma clara e ilustrada.

sumário

Introdução
    I.1   Contextualização – 13
    I.2   Antecedentes – 18
    I.3   Satélites disponíveis – 23
    I.4   Calendário agrícola, fenologia e séries multitemporais – 26
    I.5   Sistemas e *softwares* de processamento de imagens – 29
    Questões – 31

1 Sistemas sensores e sensoriamento remoto agrícola – 33
    1.1   Níveis de coleta de dados – 34
    1.2   Características das plataformas orbitais – 37
    1.3   Resoluções dos sensores – 42
    1.4   Sistemas de sensoriamento remoto – 49
    1.5   Satélites de órbitas quase polares – 50
    1.6   Satélites de órbitas geoestacionárias – 52
    1.7   Perspectivas – 54
    Questões – 55

2 Comportamento espectral de culturas agrícolas – 59
    2.1   Interação da REM com os materiais – 61
    2.2   Comportamento espectral da vegetação agrícola – 67
    2.3   Propriedades refletivas das folhas verdes – 68
    2.4   Propriedades refletivas de dosséis – 75
    2.5   Variáveis biofísicas das culturas agrícolas – 84
    Questões – 93

3 Índices espectrais de vegetação × agricultura – 95
    3.1   Índices intrínsecos ou simples – 100
    3.2   Índices que utilizam a linha do solo – 100
    3.3   Índices atmosfericamente corrigidos – 104
    3.4   O índice NDWI – 105
    3.5   O índice ideal – 108
    3.6   Influências da relação angular do sistema fonte-alvo-sensor nos índices espectrais de vegetação – 109
    3.7   Índices de bandas estreitas (hiperespectrais) – 110

3.8 O índice *red-edge* – 112
3.9 Avaliação dos índices para a estimativa de variáveis bioquímicas das plantas – 113
Questões – 119

4 Interpretação visual de imagens obtidas por sensores remotos orbitais para análise de alvos agrícolas – 121
4.1 Tonalidade – 122
4.2 Cor – 125
4.3 Forma – 129
4.4 Tamanho – 130
4.5 Padrão – 130
4.6 Sombra – 132
4.7 Textura – 133
4.8 Localização geográfica (características da região) – 135
Questões – 135

5 Dinâmica agrícola e sensoriamento remoto – 139
5.1 Trajeto Mogi Guaçu-Mococa – 143
5.2 Dinâmica do comportamento espectro-temporal de alvos agrícolas – 144
5.3 Culturas anuais – 145
5.4 Culturas semiperenes – 155
5.5 Culturas perenes – 157
5.6 Espécies florestais plantadas – 159
5.7 Pastagem e feno – 160
Questões – 165

6 Monitoramento agrícola via sensoriamento remoto – 169
6.1 Mapeamento de áreas agrícolas e identificação de espécies ou tipos de cultura – 170
6.2 Acompanhamento do desenvolvimento de culturas (avaliação qualitativa) – 175
6.3 Avaliação quantitativa – 175
6.4 Outras questões – 181
Questões – 182

7 Sensoriamento remoto hiperespectral aplicado aos alvos agrícolas — 187
   7.1 Sensores hiperespectrais – 189
   7.2 Processamento e análise de dados hiperespectrais – 191
   7.3 Aplicações – 194
      Questões – 202

8 Sensoriamento remoto para agricultura de precisão — 205
   8.1 Dados de satélites em agricultura de precisão – 208
   8.2 Estimativa da população de plantas – 211
   8.3 Estimativa de produtividade – 211
   8.4 Necessidade de aplicação de fertilizantes e de defensivos – 212
   8.5 Alerta de ataque de pragas – 215
   8.6 Uso de SIG em agricultura de precisão – 215
   8.7 Sistema GPS – 219
   8.8 VANTs na agricultura de precisão – 220
   8.9 Perspectivas da agricultura de precisão – 223
   8.10 Agricultura de precisão no Brasil – 224
      Questões – 225

9 Perspectivas futuras da agricultura brasileira e mundial — 227
   9.1 Sensores de contato e sensores proximais – 234
   9.2 Sensores de campo – 236
   9.3 Sensores subaéreos – 237
   9.4 Sensores aéreos – 237
   9.5 Sensores orbitais – 238
   9.6 Sensores orbitais hiperespectrais – 239
   9.7 Sensores termais – 240
   9.8 Sensores micro-ondas (radar) – 241
   9.9 A necessidade de sistemas *all-weather* – 243
   9.10 A necessidade de sistemas baseados em amostragem – 243
   9.11 Constelações de pequenos satélites – 244
   9.12 Perspectivas e cenários futuros – 247
      Questões – 251

Referências bibliográficas — 255
Sobre os autores — 285

introdução

I.1 Contextualização

A agricultura desempenha papel insubstituível em todos os países, em razão de ser a principal provedora de alimentos, fibras e matérias-primas para energia (biocombustíveis), além de propiciar muitos outros tipos de benefícios diretos e indiretos para a sociedade.

De acordo com dados da FAO (2009), as terras agrícolas cobrem cerca de 1,53 bilhão de hectares do planeta, ao passo que as pastagens cobrem em torno de 3,38 bilhões de hectares, aproximadamente 12% e 26% das terras livres de gelo, respectivamente.

Essas áreas agropecuárias compreendem a mais larga fatia de terras ocupadas do planeta e correspondem às terras mais férteis e aptas para serem cultivadas, e praticamente todo o restante refere-se a desertos, montanhas, tundras, cidades, reservas e outras terras não aptas para agricultura.

Conforme Foley et al. (2011) e Faostat (2015), cerca de 62% das terras usadas para agropecuária vêm sendo destinadas à produção de alimentos humanos, 35%, à alimentação animal (que posteriormente resultará em alimentos humanos, embora menos eficientemente que as culturas alimentícias, nas formas de carnes e de produtos diários), e 3%, à produção de bioenergia.

Recentes estudos internacionais desenhando cenários para décadas futuras mostram que, até o ano de 2050, para atender às demandas de segurança alimentar, de governança e de sustentabilidade, será necessário praticamente duplicar os atuais níveis de produção agrícola do planeta, ao mesmo tempo que a chamada *pegada ambiental* da agricultura precisará ser encolhida drasticamente (Foley et al., 2011; The Royal Society, 2016). A Fig. I.1 ilustra de forma esquemática os citados desafios.

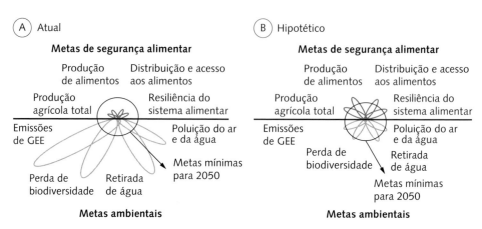

Fig. I.1 *Metas a serem cumpridas visando à segurança alimentar e à sustentabilidade ambiental para um cenário futuro centrado no ano de 2050: (A) avaliação qualitativa sobre como os sistemas agrícolas atuais podem ser mensurados em relação aos citados critérios em comparação com o conjunto de metas; (B) situação hipotética na qual as referidas metas teriam sido atingidas. No topo de ambas as figuras, são destacadas quatro metas-chave para a segurança alimentar: aumentar a produção agrícola total; elevar o suprimento de alimentos (inclusive considerando que as produções agrícolas nem sempre equivalem apenas a alimentos); melhorar a distribuição e o acesso aos alimentos; e ampliar a resiliência do sistema alimentar como um todo. Na parte de baixo, são ilustradas quatro metas-chave ambientais: reduzir as emissões de gases do efeito estufa pelas terras agrícolas; reduzir as perdas de biodiversidade; eliminar progressivamente as retiradas de água; e diminuir as poluições do ar e da água pela agricultura*
Fonte: adaptado de Foley et al. (2011).

Como realçado, uma das metas importantes é o aumento da geração de alimentos, e, como se sabe, para elevar a produção agrícola há apenas dois caminhos possíveis: (a) pelo aumento da área plantada ou (b) via ganhos de produtividade das lavouras.

No entanto, ambas as alternativas apresentam limitações, que vão desde a questão de disponibilizar novas terras sem causar desmatamento até as preocupações com adicionais emissões de gases do efeito estufa.

No Brasil, a agricultura tem sido, há séculos, um dos principais pilares da economia, por constituir uma atividade cuja produção se destina ao suprimento nacional e também para exportação, com a geração de significativas parcelas do Produto Interno Bruto (PIB) brasileiro.

Contudo, ao lado dos benefícios da agricultura, deve-se também considerar seus impactos, sendo citados entre os principais as ameaças à biodiversidade e a fragmentação de *habitat* em virtude de ampliações de fronteiras agrícolas (Dirzo; Raven, 2003), aumento de emissão dos gases do efeito estufa (GEE) como resultado de desmatamento/produção agrícola/fertilização (Burney; Davis; Lobell, 2010), e desgastes e problemas de conservação dos solos e ambientes agrícolas (Trabaquini; Formaggio; Galvão, 2015).

Dessa forma, fica destacada a necessidade de contar com meios eficientes para monitorar vários aspectos da agricultura, a qual deve ser realizada da maneira mais racional e otimizada possível, visando atender a preocupações de várias ordens, principalmente em termos de estratégias de suprimento interno/exportações e, ao mesmo tempo, de sustentabilidade ambiental.

As atividades agrícolas, devido a suas peculiaridades em comparação com outros setores produtivos, enfrentam questões específicas e, assim, necessitam ser monitoradas com frequências temporais relativamente altas e em escalas de abrangência que variam desde as municipais, passando pelas regionais e nacionais, até as globais.

Atzberger et al. (2011) citam características especiais das atividades agrícolas, características essas que favorecem o uso do sensoriamento remoto em relação aos outros meios de fornecimento de informações: a produção agrícola depende das peculiaridades da paisagem física (*e.g.*, os tipos de solo), bem como das variáveis climáticas predominantes e das práticas de manejo agrícolas; todas as variáveis são altamente mutáveis no espaço e no tempo; a produção agrícola segue fortes padrões sazonais relacionados aos ciclos biológicos das culturas; a produtividade pode mudar dentro de curtos períodos de tempo, devido a desfavoráveis condições de crescimento, pragas e fitopatologias; muitos itens agrícolas são perecíveis; o comércio e os preços agrícolas são globalmente vinculados e, portanto, afetam as ações dos tomadores de decisão, desde os fazendeiros e comercializadores até os governos; e as *commodities* agrícolas são sujeitas a excessivas especulações de mercado, resultando em picos de preço que frequentemente afetam mais as populações mais pobres.

Esses mesmos autores afirmam que o sensoriamento remoto pode contribuir de modo significativo no fornecimento de dados oportunos e precisos sobre o setor agrícola, sendo as geotecnologias provavelmente os melhores meios, em termos de custo-benefício, para a coleta de informações detalhadas e confiáveis sobre grandes áreas, com alta frequência de revisita (Boxe I.1).

De fato, dados satelitários vêm sendo atualmente avaliados em vários países, inclusive o Brasil, para finalidades como estudos de mudanças de cobertura da terra, obtenção de estatísticas agrícolas e de monitoramento e previsões de safra (áreas, produtividade, produção).

Os sistemas satelitários de sensoriamento remoto para a observação terrestre, em virtude de sua elevada capacidade de fornecer dados com rapidez, repetitividade, abrangência geográfica, baixo custo e objetividade, têm um excelente potencial para serem associados aos sistemas de obtenção de dados agrícolas convencionais que já vêm sendo utilizados há décadas, no caso brasileiro por instituições como o Instituto Brasileiro de Geografia e Estatística (IBGE) e a Companhia Nacional de Abastecimento (Conab).

> **BOXE I.1** POSSÍVEIS CONTRIBUIÇÕES DO SENSORIAMENTO REMOTO NA ÁREA DA AGRICULTURA
> * Estimativas de biomassa e de produtividade
> * Informações de áreas plantadas com culturas agrícolas
> * Levantamentos não enviesados sobre culturas agrícolas instaladas em grandes áreas, com elevadas frequências de revisita
> * Mapeamentos de distúrbios e de estresses
> * Avaliações de eventos climáticos desastrosos sobre produções agrícolas
> * Identificação de padrões de plantio e de sistemas de produção agrícola
> * Provisão de informações tipo linhas de base para seguros agrícolas
> * Informações para auxiliar o entendimento de possíveis efeitos de mudanças climáticas
> * Identificação de áreas com *gaps* de produtividade
> * Mapeamento do desenvolvimento fenológico das culturas
> * Necessidades de documentação

Porém, o que significa, efetivamente, sensoriamento remoto? Segundo Jensen (2007, p. 4), várias definições têm sido propostas, sendo a seguinte aquela que, embora curta, simples, geral e facilmente memorizável, consegue englobar a essência do termo: "sensoriamento remoto é a aquisição de dados sobre um objeto sem tocá-lo diretamente" (Fig. I.2).

De acordo com o mesmo autor, outras definições procuram adicionar vários qualificadores, na tentativa de assegurar que apenas funções legitimamente conformes sejam incluídas. Com essa preocupação, é então apontada a conceituação a seguir: "sensoriamento remoto é o registro da informação das regiões do ultravioleta, visível, infravermelho e micro-ondas do espectro eletromagnético, sem contato, por meio de instrumentos tais como câmeras, escâneres, *lasers*, dispositivos lineares e/ou matriciais localizados em plataformas como aeronaves ou satélites, e a análise da informação adquirida por meio visual ou processamento digital de imagens" (Jensen, 2007, p. 4).

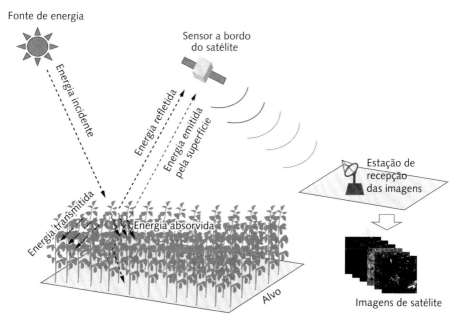

FIG. I.2 *Esquema que ilustra a obtenção de imagens de sensoriamento remoto. A energia proveniente de uma fonte de energia (e.g., o Sol) incide sobre um alvo terrestre (e.g., um talhão de uma cultura agrícola) e interage com ele. Parte da energia é absorvida, parte é transmitida e parte refletida. Uma parcela da luz refletida, juntamente com parte da energia emitida pela superfície, é captada por sensores a bordo de satélites. Estações de recepção recebem as imagens captadas pelos sensores, as quais são distribuídas para os usuários*

Um ponto que deve ser destacado é a necessidade de utilizar modernos e sofisticados sensores remotos que, instalados em satélites, aeronaves ou outros tipos de plataforma, permitam medições das quantidades de energia eletromagnética refletida ou emitida procedentes de objetos da superfície terrestre.

Introdução | 17

Dessa forma, áreas correlatas e imprescindíveis ao sensoriamento remoto incluem a Geomática, a Cartografia, a Estatística, a Computação, o processamento digital de imagens, o reconhecimento de padrões e a inteligência artificial.

I.2 Antecedentes

O sensoriamento remoto para uso em agricultura vem sendo estudado desde a década de 1970. Para uma determinada cultura agrícola ou para um conjunto de culturas numa determinada área de interesse, que pode variar do nível de município, Estado, país ou continente, as estatísticas agrícolas envolvem basicamente as estimativas relacionadas com duas variáveis principais: a quantidade de área plantada e a produtividade.

O país pioneiro no uso de dados de satélites para sensoriamento remoto na agricultura foi os Estados Unidos, a partir do lançamento do primeiro satélite da série Landsat (inicialmente denominado ERTS, sigla de Earth Resources Technology Satellite), no início da década de 1970, com o desenvolvimento do projeto Lacie (Large Area Crop Inventory Experiment) (MacDonald; Hall; Erb, 1975), envolvendo a Agência Espacial Norte-Americana (Nasa), a National Oceanic and Atmospheric Administration (Noaa) e o Departamento de Agricultura Norte-Americano (Usda).

O objetivo desse projeto pioneiro foi avaliar quais seriam as potencialidades e viabilidades do uso de imagens do sensor Multispectral Scanner System (MSS), do satélite Landsat-1, que possuía quatro bandas espectrais entre 500 nm e 1.100 nm e 80 m de resolução espacial, para a estimativa da área de trigo cultivada globalmente. Destaca-se que, enquanto os dados Landsat foram utilizados para estimar a *área plantada*, modelos de produtividade baseados em dados meteorológicos foram usados para estimar o rendimento por unidade de área.

Em sequência ao Lacie, o Usda e a Noaa deram continuidade aos estudos sobre as potencialidades do sensoriamento remoto orbital não apenas para o trigo (como no Lacie), mas também para outros cereais de interesse global, por meio do projeto AgRISTARS (Agricultural and Resources Inventory Surveys through Aerospace Remote Sensing). As metodologias envolvidas em ambos os projetos relacionavam-se com a medição da área plantada das culturas de interesse, buscando estimar a produção total por meio da multiplicação da área plantada pela produtividade por unidade de área.

Desde a década de 1970, os Estados Unidos têm sido o país que mais desenvolvimentos realiza no tópico relacionado com a obtenção de *estatísticas agrícolas auxiliadas por dados de sensoriamento remoto*, sendo o National Agricultural Statistics Service (Nass) o organismo norte-americano responsável por esses avanços.

Muitos países têm também procurado desenvolver-se quanto ao uso das geotecnologias em agricultura, destacando-se, além do Brasil, os países da União Europeia, o Canadá, a China e a Argentina.

Recentemente, o grupo dos 20 países economicamente mais desenvolvidos, o G20, criou o programa Global Agricultural Monitoring (Geoglam), visando disponibilizar um sistema global de informações rápidas, objetivas e confiáveis, obtidas com o auxílio de sensoriamento remoto, para impedir a grande volatilidade de preços das principais *commodities* (Geoglam, 2015).

No Brasil, o Instituto Nacional de Pesquisas Espaciais (Inpe), desde o início da década de 1970, desempenha um papel preponderante no desenvolvimento da área das geotecnologias, consubstanciando o uso do sensoriamento remoto em escala nacional e consolidando o país como um dos mais desenvolvidos nesse campo no hemisfério Sul.

O Inpe vem construindo capacitação em vários níveis e formando pesquisadores nessa área, contribuindo significativamente para os desenvolvimentos da área de sensoriamento remoto em agricultura. Porém, o país ainda não possui um sistema de estimativas agrícolas baseado unicamente em imagens de sensores satelitários, de forma operacional, contínua e sistemática.

Conforme ressaltam Formaggio et al. (2003), disponibilizar informações precisas e em tempo hábil relativas às áreas ocupadas com culturas anuais é de grande importância para elaborar estratégias referentes ao armazenamento, à comercialização e ao suporte às decisões governamentais.

As culturas de verão são de grande importância para a economia brasileira, pois são responsáveis por mais de 90% da produção anual de grãos. Para que o país seja munido de um sistema eficiente de previsão de safras, uma das principais variáveis a considerar é a estimativa das *áreas plantadas* com culturas de verão, e seu conhecimento vem sendo prioridade das autoridades nacionais.

Ainda segundo Formaggio et al. (2003), no Brasil, a estimativa dessa variável é realizada em nível municipal pelo IBGE e utiliza métodos denominados subjetivos, uma vez que são baseados em entrevistas com agricultores e/ou entidades ligadas ao setor agrícola, como cooperativas, bancos fornecedores de crédito agrícola e comércios de insumos, entre outros.

Como essas informações não permitem tratamento estatístico dos dados coletados no campo, principalmente a determinação dos erros associados às estimativas, é preciso incorporar técnicas adequadas para melhorar a precisão das previsões e aumentar a frequência delas no intervalo que vai desde o preparo do solo até pouco antes da colheita, época tida como fundamental para realizar uma boa estimativa das áreas de safras de culturas de ciclo curto.

Com o objetivo de propiciar metodologias destinadas a complementar os métodos tradicionais de estatísticas agrícolas utilizados pelos órgãos oficiais, principalmente a Conab e o IBGE, no Brasil, desde a década de 1980, vêm sendo realizados desenvolvimentos e avaliações de dados de sensoriamento remoto e de técnicas de geoprocessamento, dada a potencialidade de esses dados e técnicas virem a permitir a obtenção de resultados com adequada antecedência, conveniente precisão e custos significativamente menores quando comparados aos dos métodos tradicionais.

Conforme Figueiredo (2015), a agricultura brasileira tem crescido a cada safra, aumentando o volume e a complexidade dos trabalhos pertinentes às estimativas da produção.

Para dar uma ideia das ordens de grandeza, na safra 2014/2015 foram colhidos em torno de 206 milhões de toneladas de grãos em uma área de plantio de aproximadamente 57,5 milhões de hectares (Conab, 2015).

Além do tamanho da agricultura brasileira, outros fatores que devem ser considerados nas estimativas de safra têm aumentado expressivamente os trabalhos da Conab, como a diversidade regional dos solos e dos relevos, as diferenças de tratos culturais entre regiões, os ataques de pragas e doenças que podem provocar quebras no rendimento das lavouras, a dispersão e a variação das dimensões das áreas de cultivo, a existência de lavouras consorciadas, as rotações de cultura, as erradicações/substituições de lavoura, os períodos de plantio diferentes entre regiões, a expansão via novas fronteiras agrícolas, as intensificações de cultivo (por exemplo, milho safrinha após soja) e, em especial, as variações das condições climáticas, que afetam rapidamente a produtividade das lavouras.

No Brasil, o primeiro projeto avaliativo quanto às potencialidades do sensoriamento remoto para a obtenção de estatísticas agrícolas foi o projeto Previsão e Acompanhamento de Safras Agrícolas (Prevs), originalmente denominado Sistema de Informações Agrícolas (Siag), executado em parceria entre o IBGE e o Inpe. Esse projeto baseava-se num sistema com base probabilística, no qual eram utilizadas imagens Landsat e fotografias aéreas para a construção do painel de amostras probabilísticas e a aplicação de estimadores por expansão direta (Mueller; Silva; Villalobos, 1988; FAO, 1998).

Como destacam Adami et al. (2007), apesar da dimensão do projeto quanto à área abrangida, englobando os Estados de São Paulo, Santa Catarina, Paraná e Distrito Federal, as imagens de satélite (Landsat-5) – ou seja, o uso de sensoriamento remoto propriamente dito – foram utilizadas somente na fase de construção dos estratos, embora houvesse o objetivo de utilizá-las como variável auxiliar dos estimadores de regressão, e, mesmo assim, por um processo de interpretação visual que consumia grande intensidade de trabalho.

Nesse projeto, o material que era levado a campo para orientar os coletadores de dados relacionados com o uso e a ocupação da terra nos segmentos amostrais incluía limites de segmentos sobrepostos a fotografias aéreas obtidas em anos bem anteriores às datas dos levantamentos *in situ*.

Em razão de entraves técnicos, houve a desativação desse projeto em 2000, e, assim, as estimativas agrícolas oficiais de área cultivada continuaram sendo realizadas somente pelo sistema dito subjetivo tradicionalmente utilizado pelo IBGE.

Visando aperfeiçoar as metodologias de obtenção de previsões de safra e de estatísticas agrícolas e procurando torná-las objetivas, a Conab iniciou, em 2004, o projeto GeoSafras (Aperfeiçoamento Metodológico do Sistema de Previsão de Safras no Brasil). Esse projeto pretendia desenvolver novos métodos fundamentados no uso de geotecnologias, sobretudo com o apoio de imagens de satélite e o emprego do Sistema de Informação Geográfica (SIG) e do Sistema de Posicionamento Global (GPS), juntamente com modelos estatísticos baseados em sistemas amostrais.

Havia também um segmento dedicado a modelos agrometeorológicos para estimativas de produtividade, adaptados a cada tipo de produto agrícola, tendo em vista que, a partir de duas variáveis básicas (área cultivada e produtividade), obtém-se a estimativa de produção, que é uma informação fundamental de que o setor agropecuário necessita com a maior antecedência possível e que é essencial ao planejamento de toda a cadeia produtiva.

No projeto GeoSafras, visava-se estimar as áreas cultivadas das principais culturas agrícolas do Brasil, entre elas soja, milho, café, cana-de-açúcar e laranja, disponibilizando também medidas de incerteza (erros) relacionadas com as estimativas, utilizando técnicas probabilísticas associadas à estratificação em nível municipal (Figueiredo, 2015).

Um dos pontos desfavoráveis na metodologia tanto do Prevs quanto do GeoSafras estava relacionado com a forte dependência de levantamentos de campo como fontes de dados para estimar a área cultivada. Tal dependência implicava tardamentos e elevação de custos, fatores que contribuíram para inviabilizar a continuidade e a operacionalização de ambas as metodologias.

Assim, nos últimos anos, com o objetivo de dar prosseguimento aos desenvolvimentos anteriormente obtidos pelos projetos Prevs e GeoSafras, foi realizado o projeto MoBARS (Monitoring of Brazilian Agriculture by Remote Sensing), numa parceria institucional entre o Inpe e a Empresa Brasileira de Pesquisa Agropecuária (Embrapa), com o financiamento do Conselho Nacional de Desenvolvimento Científico e Tecnológico (CNPq).

Esse projeto contemplava as culturas de cana-de-açúcar, soja e milho em três Estados, São Paulo, Paraná e Rio Grande do Sul. As bases metodológicas eram fundamentadas no uso de imagens multitemporais *Landsat-like*, sistema estatístico amostral para estimativas de vegetação agrícola verde em pé das três culturas citadas, para períodos bimensais durante a estação de crescimento das culturas.

Tendo como área de estudo o Estado do Rio Grande do Sul, por exemplo, Eberhardt (2015) realizou a metodologia MoBARS para as culturas de soja e milho, com amostragem e imagens OLI/Landsat-8, obtendo uma exatidão global de 95,74%. Destaca-se que, com o trabalho de somente um intérprete, foram necessárias apenas 100 horas de trabalho, aproximadamente, para a classificação dos *pixels* amostrais sobre imagens multitemporais e a geração dos valores de áreas ocupadas com soja e milho para todo o Estado.

Além disso, consideraram-se tais estimativas como em tempo quase real, ou seja, com resultados disponibilizados dentro de cada período estimativo bimensal.

Assim, ficou demonstrada a capacidade do sensoriamento remoto com imagens multitemporais *Landsat-like* de fornecer estimativas confiáveis de áreas plantadas com culturas agrícolas em tempo significativamente anterior ao prazo determinado para a geração dessas estimativas, ou seja, bem antes da realização das safras.

Dessa forma, verificou-se que a metodologia é viável, ao mesmo tempo que foi possível minimizar a necessidade de trabalhos de campo a ponto de torná-la quase nula.

Além das metodologias baseadas em estatísticas amostrais, outra forma de produzir estatísticas agrícolas é a utilização de imagens de sensoriamento remoto para mapeamentos, seja por interpretação visual, seja por classificação digital (Rizzi; Rudorff, 2005; Rudorff et al., 2010; Sugawara; Rudorff; Adami, 2008; Vieira et al., 2012).

Porém, conforme ressalta Eberhardt (2015), a elaboração desses mapas via imagens orbitais depende de os alvos em estudo apresentarem diferenças espectrotemporais suficientes para sua compartimentação. Também são importantes duas condições complementares: (a) a existência de imagens livres de cobertura de nuvens para toda a região de estudo e (b) a disponibilidade de capacidade operacional (força de trabalho e recursos computacionais) suficiente ou tempo para elaborar os mapas de cultura.

I.3 Satélites disponíveis

Entre os dados de sensoriamento remoto de maior potencial para aplicações em agricultura estão as imagens obtidas por sensores e satélites semelhantes aos da série Landsat, um programa de satélites de observação da Terra de origem norte-americana (via Nasa e USGS) que começou com o inicialmente denominado ERTS-1, posteriormente Landsat-1, lançado em 1972.

Desde então, sete outros satélites se sucederam, estando em órbita atualmente o Landsat-8, lançado em 11 de fevereiro de 2013, cujo principal sensor é o OLI (Operational Land Imager), uma evolução dos sensores anteriores, o MSS (Multispectral Scanner System), o TM (Thematic Mapper) e o ETM+ (Enhanced Thematic Mapper Plus), sendo os dois últimos do tipo *push broom*, com 7.000 detectores por banda, em nove canais espectrais, com faixa de recobrimento de 185 km e repetitividade temporal de 16 dias.

O Tirs (Thermal Infrared Sensor), que é um imageador térmico, também faz parte da carga útil do Landsat-8, e vislumbra-se que poderá suportar aplicações emergentes, como estimativas de evapotranspiração para usos em manejo de água.

Outro sensor que tem demonstrado excelente potencial para aplicações em agricultura é o Modis (Moderate Resolution Imaging Spectroradiometer), a bordo das plataformas Terra (EOS-AM1) e Aqua (EOS-PM1), ambas componentes do programa Earth Observation System (EOS), da Nasa, concebidas para estudos e monitoramento da biosfera terrestre. A órbita da plataforma Terra é norte-sul, cruzando o equador terrestre às 10h30 (horário local), ao passo que a órbita da plataforma Aqua é ascendente, cruzando o equador às 13h30 (horário local).

O Modis é um espectrorradiômetro imageador com 36 bandas operando entre 400 nm e 14.400 nm, com cobertura global e resoluções geométricas da ordem de 250 m (bandas 1 e 2), 500 m (bandas 3 a 7) e 1.000 m (bandas 7 a 36), sendo indicado principalmente como opção para estudos e monitoramentos de grandes áreas, ou seja, em escalas regionais e continentais.

Os dados Modis são disponibilizados prontos para uso, ou seja, georreferenciados e corrigidos para efeitos atmosféricos, na forma de diferentes produtos elaborados a partir dos dados originais, como o MOD09 (reflectância espectral de superfície para as bandas 1 a 7), o MOD13 (índices de vegetação NDVI e EVI) e o MOD15 (índice de área foliar e fração absorvida de radiação fotossinteticamente ativa) (Justice et al., 2002; Myneni et al., 2002).

Em virtude do amplo campo de visada (*field of view*, FOV), de 110°, representando uma largura nominal de 2.330 km em cada faixa imageada, sua periodicidade é da ordem de dois dias, podendo haver até mesmo recobrimentos diários para áreas em latitudes maiores do que 30°.

A precisão de geolocalização de um *pixel* Modis é da ordem de 50 m, qualidade essa que permite elaborar séries temporais com a garantia de georreferenciamento dos *pixels* (Justice et al., 2002). Para maiores detalhamentos sobre dados Modis, sugere-se consultar Anderson et al. (2005).

Uma das questões que dificultam a utilização dos dados orbitais de resoluções espaciais médias (30 m a 50 m) para objetivos de mapeamento de culturas agrícolas em grandes áreas são as nuvens, particularmente para culturas de verão, período anual em que geralmente há a maior ocorrência de nuvens.

Essa dificuldade pode ser contornada com o aumento da resolução temporal dos dados orbitais ou com o uso de imagens obtidas por diferentes satélites e/ou sensores, a fim de ampliar a probabilidade de aquisição de imagens livres de cobertura de nuvens (Sugawara; Rudorff; Adami, 2008; Wulder; Butson; White, 2008).

Outra forma de obter maior repetitividade temporal poderia ser conseguida via constelações de satélites ou via imagens quase diárias (porém, de menor detalhamento geométrico), como as do Modis, anteriormente referidas, e as do AVHRR/Noaa (Advanced Very High Resolution Radiometer). Porém, há que se levar em conta as limitações de resolução espacial desses tipos de sensor.

A questão relacionada com a cobertura de nuvens é de singular importância, uma vez que pode afetar de modo terminante a utilização de imagens de sensores orbitais, a ponto de parte de uma região de interesse poder não dispor de imagens suficientes para que seja realizado um mapeamento completo em determinada safra agrícola (Asner, 2001).

Devido às citadas dificuldades com nuvens, como explanado por Sugawara, Rudorff e Adami (2008), no Brasil ainda não tem sido possível o uso operacional das imagens *Landsat-like* para mapeamento sistemático, operacional e anual de grandes culturas de verão (ciclo curto), em escala regional ou nacional.

Ainda com relação ao tema sensores × cobertura de nuvens, têm sido apontadas como possibilidade de complementação, em termos de fontes de informação sobre a superfície terrestre, as imagens obtidas na região espectral das micro-ondas.

Dessa forma, os radares são sistemas sensores ditos *ativos*, ou seja, têm sua própria fonte de energia eletromagnética e atuam na faixa espectral das micro-ondas. Em relação aos sensores passivos, que atuam na faixa espectral óptica e dependem da luz solar, apresentam como ponto de interesse o fato de não dependerem das condições de nebulosidade para fornecerem imagens de boa qualidade.

Em razão de seus comprimentos de onda serem maiores (na faixa dos centímetros), a energia micro-ondas é capaz de atravessar as nuvens, mas a forma de interação dessa radiação com os objetos da superfície terrestre é diferente daquela apresentada pela energia óptica, e as formas de extração de informações a partir das imagens também são distintas.

Os principais sensores radar citados na literatura têm sido os canadenses Radarsat-1 e Radarsat-2, os europeus ERS-1, ERS-2 e Envisat/Asar e o japonês Jers-1, além dos alemães TerraSAR-X e TanDEM-X. Para maiores detalhamentos sobre sistemas radar orbitais, é indicado o trabalho de Paradella et al. (2015).

Apesar das dificuldades relacionadas com a questão das nuvens, para culturas de ciclos mais longos existe uma possibilidade maior de sucesso com imagens *Landsat-like*.

Um excelente exemplo de operacionalização do uso de imagens de sensoriamento remoto orbital com imagens semelhantes às do Landsat para cultura agrícola de ciclo semiperene é o projeto Canasat (Rudorff et al., 2010), que disponibilizou sistematicamente mapeamentos das lavouras de cana-de-açúcar a partir de 2003 para o Estado de São Paulo e a partir de 2005 para os demais Estados da região Centro-Sul brasileira.

No Canasat, a identificação das áreas de cultivo de cana-de-açúcar era realizada por meio de interpretação visual de imagens orbitais obtidas ao longo da safra, sobretudo provenientes dos sensores TM e ETM+, especificamente das bandas 3 (vermelho), 4 (infravermelho próximo) e 5 (infravermelho de ondas curtas), estando esses sensores a bordo dos satélites Landsat-5 e Landsat-7, respectivamente.

Além dessas imagens, quando havia problemas de cobertura de nuvens, eram utilizadas também imagens do sensor Liss-III (Linear Imaging Self-Scanner), a bordo do satélite indiano Resourcesat-1, também conhecido como IRS-P6. Conforme Rudorff et al. (2011), esse sensor possui resolução espacial de 23,5 m e bandas espectrais compatíveis com as do Landsat. Mais informações sobre esse sensor podem ser obtidas em Seshadri et al. (2005).

A principal variável de interesse no Canasat era denominada *área de cana-de- -açúcar disponível para colheita*, que correspondia às áreas cultivadas com cana-de- -açúcar passíveis de serem colhidas no ano-safra de interesse.

Para distinguir as áreas plantadas com cana de outras classes presentes nas imagens, era necessário utilizar imagens de épocas específicas do calendário canavieiro, e, para isso, eram selecionadas imagens que antecediam o início da colheita da cultura (janeiro a abril).

O aspecto de multitemporalidade, ou seja, a observação de imagens em diferentes datas do ciclo, desempenha papel preponderante para a identificação da cana, principalmente por ela ser de ciclo semiperene, enquanto grande parte das outras culturas tem diferentes durações de ciclo e diferentes comportamentos fenológicos.

Aliando a multitemporalidade das imagens, possível em virtude da repetitividade de obtenção dos dados orbitais, com o conhecimento do ciclo fenológico, pode-se identificar a cana em imagens orbitais com excelentes níveis de acerto.

O Canasat fornecia mapeamento e estimativas de área de cana-de-açúcar disponível para colheita antes do início de cada ano-safra, porém foi interrompido em 2013. Para mais detalhes sobre esse projeto, são indicados os trabalhos de Rudorff; Sugawara (2007) e Rudorff et al. (2010).

I.4 Calendário agrícola, fenologia e séries multitemporais

As culturas agrícolas apresentam uma característica muito interessante quando se fala do uso de dados de sensoriamento remoto para agricultura, que é sua dinâmica de comportamento fenológico.

A sucessão de diferentes quantidades de cobertura e biomassa verde sobre a superfície do solo ao longo do ciclo da cultura exerce marcada influência no comportamento espectral registrado nas imagens, com a consequente definição de diferentes padrões, em função dos tipos de cultivo, épocas de plantio, períodos de maior vigor vegetativo, épocas de amadurecimento, épocas de colheita etc.

Quando se observam superfícies vegetadas, de vegetação natural ou agrícola, por sensores remotos, é importante levar em conta o comportamento espectral dessas superfícies ao longo dos comprimentos de onda utilizados pelos sensores.

No espectro da vegetação ao longo da faixa entre 400 nm e 2.500 nm, verifica-se que, no visível (400 nm a 700 nm), há forte influência dos pigmentos foliares, que absorvem a radiação eletromagnética; já na faixa entre 700 nm e 1.300 nm, correspondente ao infravermelho próximo, ocorre predominância de reflexão, em virtude da estrutura interna das folhas; e, por último, na faixa do infravermelho de ondas curtas (1.300 nm a 2.500 nm), existe predominância de absorção por causa do conteúdo de umidade interna nas folhas.

A dinâmica fenológica ao longo do ciclo de uma cultura agrícola é elemento de significativa relevância para a extração de informações de interesse agrícola a partir de imagens orbitais, uma vez que destaca o perfil da cultura no decorrer do tempo. Ao mesmo tempo que variam as quantidades de folhas e de recobrimento vegetal sobre a superfície do solo, as respostas espectrais também vão acompanhando essas variações e sendo registradas nas imagens captadas ao longo do ciclo.

Visando ilustrar como é a dinâmica fenológico-espectral ao longo do ciclo de uma cultura de ciclo curto, a Fig. I.3 mostra o exemplo de mudanças espectrais ao longo do ciclo do algodão, desde o plantio (solo exposto), passando pelas fases fenológicas intermediárias, até a fase adulta.

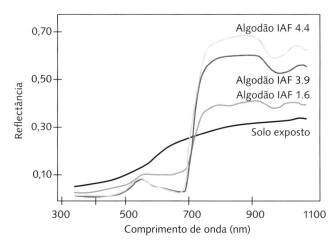

FIG. I.3 *Espectros de reflectância para solo exposto e para dosséis de algodão em diferentes datas ao longo do ciclo, correspondendo a momentos de diferentes índices de área foliar (IAFs)*
Fonte: adaptado de Allen e Richardson (1968).

Nessa figura, verifica-se também como o índice de área foliar (IAF) – ou seja, a quantidade de área das folhas verdes em função da área ocupada pelas plantas – vai aumentando ao longo do tempo, à medida que a cultura vai crescendo.

A quantidade de folhas verdes, por sua vez, influencia a interação da radiação eletromagnética proveniente do Sol e incidente sobre o dossel; isto é, conforme aumenta o IAF, cresce a absorção na região do visível e, por outro lado, cresce também a reflexão no infravermelho próximo.

As informações sobre data de plantio, vigor das culturas ao longo do ciclo e duração do ciclo de cultivo são parâmetros-chave em modelos utilizados para a estimativa da produtividade de culturas agrícolas.

Assim, seguindo esses embasamentos, Adami (2010), por exemplo, demonstrou a possibilidade de estimativa espacializada das datas de plantio de soja para uma safra, utilizando as relações entre o comportamento fenológico da cultura e a dinâmica espectrotemporal dos dados EVI/Modis propostas por Huete (1988) (Fig. I.4), comprovando assim a viabilidade de acompanhar a condição das culturas quando são utilizados dados orbitais do tipo das séries multitemporais Modis.

Com relação às chamadas *séries multitemporais dos dados orbitais*, anteriormente aludidas, sabe-se que sensores como o AVHRR, a bordo dos satélites da série Noaa, o Vegetation, a bordo do satélite Spot, e o Modis, a bordo dos satélites Terra e Aqua, têm propiciado a construção de séries de dados de amplos períodos de tempo. Esses satélites adquirem imagens em base quase diária, que é uma característica importante para o sensoriamento remoto passivo (espectro óptico).

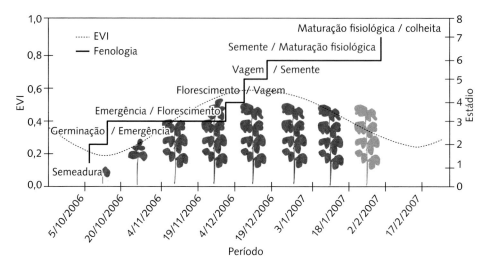

FIG. I.4 *Ilustração do perfil espectrotemporal da soja evidenciado pelo índice EVI. Ao fundo estão ilustradas as variações na planta, bem como as correspondentes fases fenológicas, durante a evolução do ciclo de desenvolvimento. As datas no eixo x correspondem às passagens do sensor ETM+/Landsat (repetitividade de 16 dias)*
Fonte: adaptado de Adami (2010).

De acordo com Freitas et al. (2011), ao longo dos últimos anos milhões de *gigabytes* de dados Modis têm sido gerados, permitindo à comunidade de sensoriamento remoto novas possibilidades de análise de imagens. Assim, combinando as capacidades dos chamados índices de vegetação, os quais podem ser obtidos a partir de dados multitemporais Modis, por exemplo, é possível gerar importantes informações sobre as culturas agrícolas de vastas regiões de interesse.

A Fig. I.5 mostra séries de dados multitemporais Modis, especificamente o índice de vegetação EVI2 (Zhangyan et al., 2007), nas quais se podem identificar áreas de cerrado e de agricultura anual. Nota-se que o comportamento do EVI é sinusoidal e as áreas de cerrado apresentam valores menores e amplitudes maiores, ao passo que as áreas agrícolas exibem valores maiores e ciclos menores.

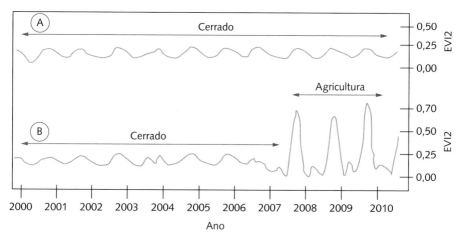

Fig. I.5 *Exemplos de perfis temporais EVI2: (A) área de cerrado; (B) área em que o cerrado foi substituído por agricultura anual*
Fonte: adaptado de Freitas et al. (2011).

I.5 Sistemas e softwares de processamento de imagens

A forma digital dos dados é o fator que possibilita o uso de computadores para processar as imagens com o objetivo principal de representar com a necessária qualidade porções bem definidas do espaço terrestre, utilizando-se de processamentos matemáticos, estatísticos e probabilísticos dos dados.

Uma imagem digital é constituída por colunas e linhas de *pixels*, e cada ponto pode ter sua localização caracterizada por um par de coordenadas espaciais (x, y).

Quando um sensor registra cenas de sensoriamento remoto, podem ocorrer diferentes tipos de interferência, o que diminui significativamente a qualidade das imagens.

Os tipos mais comuns de ruído relacionam-se com influências atmosféricas, presença de nuvens, problemas de funcionamento de detectores, distorções introduzidas durante o processo de registro (tanto as inerentes à plataforma como as inerentes à rotação terrestre, esfericidade e relevo), entre outros.

Para diminuir as interferências que em geral prejudicam a análise de imagens, existem métodos de processamento digital que melhoram consideravelmente a qualidade e favorecem as classificações e interpretações.

Além da correção das distorções, o processamento digital permite diferentes tipos de realce, filtragem, composição de bandas espectrais e classificação (Fig. I.6).

É importante destacar o papel dos Sistemas de Informação Geográfica (SIGs), que são algoritmos com capacidades e funções várias para o tratamento das imagens e dos dados geográficos.

Esses sistemas possibilitam armazenar, manipular, visualizar, realçar, classificar e editar grandes quantidades de dados que têm atributos locacionais em conjunto com bancos de dados tabulares.

Dessa forma, imagens orbitais, como as dos satélites Landsat, podem ser inseridas como planos de informação em ambientes SIG e, juntamente com outros temas de interesse, ser processadas para a geração de informações agrícolas.

Detalhamentos relacionados com os tipos de processamento e de *software* disponíveis podem ser encontrados em Gonzales e Woods (2008) e em Menezes e Almeida (2012).

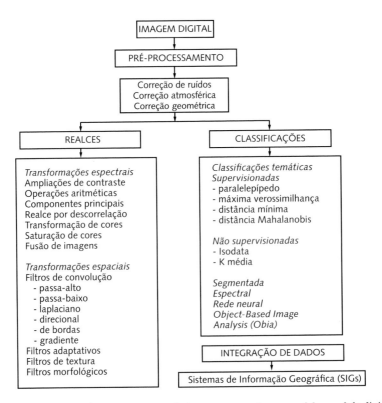

Fig. I.6 *Principais técnicas de processamento de imagens segundo um modelo geral de divisão dos tipos de processamento*
Fonte: adaptado de Menezes e Almeida (2012).

Questões

I.1) O que é *pegada ambiental* ou *pegada ecológica*?

Resposta: A forma como o ser humano vive no planeta Terra pode deixar marcas no meio ambiente, as quais seriam então comparáveis aos rastros (ou pegadas) impressos no chão à medida que se caminha. Essas marcas serão maiores ou menores, dependendo de *como se caminha*.

Assim, a metodologia denominada *pegada ambiental* foi desenvolvida como uma forma de contabilizar, em termos ambientais, a pressão causada pelo consumo humano sobre os recursos naturais do planeta.

A unidade de mensuração é expressa em hectares globais (gha), a fim de possibilitar a comparação de diferentes intensidades de consumo, bem como a verificação de se tais intensidades estão aceitáveis em relação à capacidade ecológica do planeta.

Segundo a WWF (2017), um hectare global significa um hectare de produtividade média mundial para terras e águas produtivas em um ano.

Por outro lado, a variável *biocapacidade* representa a capacidade dos ecossistemas em produzirem recursos úteis e, ao mesmo tempo, conseguirem absorver os resíduos gerados pelo ser humano.

Dessa forma, a pegada ecológica permite contabilizar os recursos biológicos renováveis (grãos, carne, peixes, madeira e fibras, energia renovável e vegetais), segmentados em agricultura, pastagens, florestas, pesca, área construída, energia e absorção de dióxido de carbono, CO_2.

A pegada ecológica de um país, de uma cidade ou de uma pessoa corresponde ao tamanho das áreas produtivas de terra e de mar, necessárias para gerar produtos, bens e serviços que sustentam seus estilos de vida.

Em outras palavras, trata-se de traduzir, em hectares (ha), a extensão de território que uma pessoa ou toda uma sociedade "utiliza", em média, para se sustentar.

I.2) Por que é importante desenvolver ferramentas para o monitoramento da agricultura no cenário mundial atual e principalmente para o futuro?

Resposta: A agricultura, em todos os países, enfrenta no presente século consideráveis desafios, relacionados com o aumento das pressões sobre a produção e as terras agrícolas, desafios advenientes de fatores tais como: as mudanças climáticas e os consequentes aumentos de eventos climáticos severos; as mudanças de dietas alimentares; as competições entre produção de alimentos e produção de bioenergia; a significativa diminuição de reservas de terras adequadas para a agricultura; e as restrições quanto à disponibilidade de água.

Além disso, devem ser citados também fatores como a alta volatilidade de preços dos produtos agrícolas e os variáveis preços dos combustíveis, que impactam os preços dos alimentos, devido às questões de transportes e dos fertilizantes.

Todos esses fatores corroboram-se mutuamente na direção de realçar a necessidade de dados oportunos, seguros e confiáveis, além de ferramentas capazes de permitir contínuo monitoramento e previsão da produção, a fim de permitir avaliar com adequada antecipação as variações dos mercados nacionais e globais, para possibilitar apropriadas respostas, governança e sustentabilidade.

I.3) O que são imagens orbitais *Landsat-like?*

Resposta: Os principais sensores dos satélites da série Landsat (TM, ETM, OLI) tiveram e têm como características principais a resolução espacial da ordem de 30 m, o número e os posicionamentos das bandas espectrais abrangendo as faixas do visível, do infravermelho próximo e médio e a repetitividade da ordem de 16 dias.

Para efeitos práticos, convencionou-se chamar de *Landsat-like* os sistemas satelitários com características semelhantes às do Landsat. Exemplos desses sistemas são o europeu Spot (Satellite Pour l'Observation de La Terre), o indiano IRS (Indian Remote Sensing) e o sino-brasileiro CBERS (Satélite Sino-Brasileiro de Recursos Terrestres). Em Jensen (2007), podem ser encontrados mais detalhamentos sobre os citados sistemas de observação terrestre.

Sistemas sensores e sensoriamento remoto agrícola

Os sistemas de sensoriamento remoto são conjuntos compostos de plataformas e sensores e que captam a radiação eletromagnética (REM) emitida e/ou refletida pelos objetos da superfície terrestre.

Os sensores remotos são dispositivos capazes de detectar, em determinadas faixas do espectro eletromagnético, a energia eletromagnética proveniente de um objeto, transformá-la em um sinal elétrico e registrá-la, de tal forma que esse dado possa ser armazenado ou transmitido em tempo real, para posteriormente ser convertido em informações que descrevam as feições dos objetos que compõem a superfície terrestre (Moraes, 2015).

As variações de energia eletromagnética associadas aos diferentes objetos podem ser coletadas por sistemas sensores imageadores ou não imageadores.

Os sistemas imageadores fornecem como produto uma imagem da área observada, podendo ser citados como exemplos os *scanners* e as câmeras fotográficas. Por sua vez, os sistemas não imageadores fornecem os dados em formato numérico ou na forma de gráficos, sendo denominados radiômetros ou espectrorradiômetros.

Os principais elementos de um sistema de sensoriamento remoto são a fonte de REM, a atmosfera, os alvos terrestres (vegetação, áreas urbanas, plantações, corpos d'água), a plataforma que carrega os sensores (satélites, no caso dos sistemas orbitais), os sensores, a estação de recepção, o centro de armazenamento, processamento e distribuição dos dados, e os usuários das informações extraídas (ver Fig. I.2).

1.1 Níveis de coleta de dados

Existem diferentes níveis de coleta de dados de sensoriamento remoto, em função da distância entre o sensor e os objetos estudados. Genericamente, é possível citar os níveis de coleta da seguinte forma: orbital, aéreo (alta, média e baixa altitudes), de campo e de laboratório (Fig. 1.1).

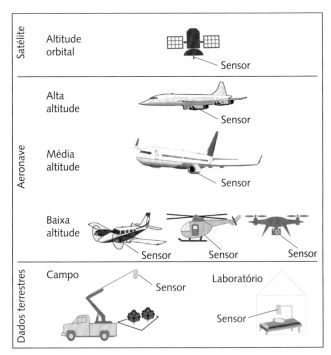

FIG. 1.1 *Diferentes níveis de coleta de dados em sensoriamento remoto. O nível orbital é o mais usado, porém os demais são importantes em diferentes fases do processo de geração de informações por sensores remotos*

Nas origens do sensoriamento remoto, as fotografias aéreas eram os produtos mais utilizados e de fato proporcionaram grandes benefícios. Porém, com os avanços tecnológicos, principalmente os decorrentes do início da era espacial, iniciada em meados do século XX, foi-se percebendo que o uso de aeronaves trazia algumas dificuldades quando se objetivava cobrir áreas grandes e também quando eram necessárias coberturas sistemáticas para fins de monitoramento temporal da superfície terrestre.

Uma possibilidade era colocar sensores em satélites, mas naquela época só se empregavam filmes fotográficos, e, então, a grande questão era como viabilizar a colocação em órbita de sensores fotográficos carregados com filmes, os quais precisariam ser constantemente substituídos.

Além disso, os filmes só operavam até cerca de 900 nm, que é o limite de sensibilidade espectral dos haletos ou brometos de prata dos filmes. Naquele período, já se sabia que acima desse comprimento de onda havia informações de grande valia, como no infravermelho de ondas curtas, no termal e nas micro-ondas.

Como informado por Menezes e Almeida (2012), naquela época detectores eletrônicos de REM compostos de cristais de silício estavam em desenvolvimento para substituir os filmes fotográficos.

Os satélites artificiais tiveram grande desenvolvimento pouco depois de meados do século XX, e, com o estímulo provocado pelo desenvolvimento e pela construção desses satélites, novos instrumentos sensores começaram a ser projetados, visando obter dados da Terra a partir do espaço (Boxe 1.1).

Esses novos sensores, não fotográficos, foram denominados sensores imageadores multiespectrais e são definidos como instrumentos eletro-ópticos capazes de obter múltiplas imagens simultâneas da superfície terrestre, desde os comprimentos de onda da luz visível azul até os da região termal.

Assim, tornou-se possível ter os dois tipos de sensores, os ópticos e os termais, operando simultaneamente num mesmo satélite, mas em módulos instrumentais distintos.

Pode-se compreender a grande eficiência dos sensores imageadores multiespectrais em razão dos seguintes pontos principais: (i) os dados são fornecidos em formato digital; (ii) esses sensores podem ser operados a partir de plataformas espaciais, principalmente satélites, permitindo a tomada de imagens de forma repetitiva ao longo de vários anos; e (iii) as imagens podem ser obtidas num amplo intervalo de comprimentos de onda, com várias bandas espectrais.

Combinadas, essas características projetaram esse modelo de sensoriamento remoto como uma das melhores e mais bem-sucedidas inovações para a tomada de dados sobre a superfície terrestre.

As imagens, quando obtidas por imageadores a bordo de satélites, possibilitam um imageamento global da Terra em um curto período de tempo, sendo incomparáveis para objetivos de monitoramento de eventos e fenômenos das dinâmicas da superfície terrestre.

Um aspecto amplamente favorável para a consolidação desse modelo foi o formato digital, que veio permitir o uso de computadores como meios rápidos para visualizar as imagens e processá-las quando se visa a análises qualitativas e quantitativas desses dados, surgindo daí uma imprescindível ferramenta, que é o Processamento Digital de Imagens (Boxe 1.2).

> **Boxe 1.1 Tipos de tecnologias de sensores remotos segundo a dimensionalidade espectral (pancromática, multiespectral, hiperespectral, ultraespectral)**
>
> Nos tempos passados, o sensoriamento remoto era realizado com base em dados de câmeras, dependentes da existência de filmes fotográficos. Por volta de meados do século XX, com o surgimento dos satélites artificiais, foi desenvolvida a tecnologia dos imageadores, os quais não dependiam dos filmes fotográficos e podiam ter um número maior de bandas espectrais. Enquanto a tecnologia das câmeras fotográficas pode ser chamada de *pancromática*, a tecnologia dos imageadores corresponde à *multiespectral*.
>
> Em meados da década de 1980, surgiu uma evolução da tecnologia multiespectral, possibilitando imageadores que podiam obter imagens em centenas de bandas estreitas, os denominados *sensores hiperespectrais*.
>
> Atualmente, os progressos tecnológicos já permitem antever o próximo avanço na área dos sensores, que receberão o nome de *ultraespectrais* e poderão coletar dados em milhares de bandas espectrais.
>
> Cada tecnologia tem suas vantagens e desvantagens, e, assim, cada uma é mais apropriada para uso conforme as demandas de especificidades dos casos necessitem. Os dados multiespectrais do ETM+ ou do OLI/Landsat têm grande utilidade para os objetivos do sensoriamento remoto em agricultura.
>
> Já os dados hiperespectrais permitem a obtenção de espectros praticamente contínuos de cada *pixel*, possibilitando extrair informações até mesmo da composição química dos materiais da superfície terrestre.
>
> No caso dos dados ultraespectrais, vislumbram-se possibilidades informativas extremamente detalhadas sobre os alvos da superfície terrestre.
>
> Vislumbra-se também que os desenvolvimentos em curso permitirão a disponibilidade cada vez maior de dados hiperespectrais com coberturas globais, a partir de sensores em plataformas orbitais, nas porções espectrais do visível, do infravermelho próximo e de ondas curtas.
>
> Contudo, é preciso tratar os diferentes tipos de dados conforme suas características e possibilidades.

Boxe 1.2 Imagens digitais de sensoriamento remoto

Conforme explica Figueiredo (2015), as imagens captadas pelos sensores remotos são armazenadas em formato digital em arquivos de computador, havendo, normalmente, dois arquivos para cada imagem: o primeiro deles, chamado de *header* da imagem, é destinado às informações de cabeçalho da imagem (identificação do satélite e do sensor, data e hora da aquisição, tamanho do *pixel* etc.); o outro arquivo contém os valores numéricos de radiância correspondentes aos *pixels* da imagem, equivalendo à imagem digital propriamente dita.

Cada registro desse arquivo corresponde a uma linha de observação na superfície terrestre. Os campos desses registros são todos do mesmo tamanho e correspondem aos *pixels* (termo derivado do inglês *picture element*, "elemento de imagem" em português). O valor armazenado em cada campo é proporcional à intensidade da REM proveniente da parcela da superfície terrestre.

A figura a seguir apresenta a matriz numérica bidimensional que caracteriza uma imagem digital obtida por um sensor remoto. Cada valor representa a radiância refletida pela superfície terrestre em cada *pixel*.

	1	2	3	4	5	...	Coluna *i*		
1	27	30	38	36	37	32	35	40	12	12
2	36	32	36	37	35	31	37	09	11	110
3	42	35	37	38	42	38	11	10	108	106
4	38	42	35	37	39	11	09	12	95	99
.	37	38	38	09	13	12	14	99	105	98
.	38	35	13	12	09	99	97	102	102	104
.	38	12	13	09	11	110	108	106	98	99
Linha *j*	11	09	12	104	102	105	108	106	104	104
	13	12	104	102	105	106	108	105	106	104
	105	102	105	106	108	104	106	104	102	103

Matriz numérica bidimensional relativa a uma imagem digital obtida por um sensor remoto

1.2 Características das plataformas orbitais

Entre os níveis de coleta de dados de sensoriamento remoto, hoje em dia as plataformas orbitais (satélites) são, preponderantemente, as principais provedoras de dados.

Os satélites permanecem em constante rotação ao redor da Terra, em posições denominadas órbitas, e, como expõe Batista (2015), são projetados para permanecer em órbitas específicas, de modo que possam atender às características e objetivos dos sensores que transportam. A seleção da órbita pode variar em termos de altitude (ou seja, a altura em que o satélite permanecerá em relação à superfície terrestre), orientação e rotação em relação ao planeta.

Satélites em altitudes muito grandes que observam a mesma porção da superfície da Terra continuamente são de órbita geoestacionária. Esses satélites situam-se em altitudes de aproximadamente 36.000 km e orbitam à mesma velocidade da rotação da Terra, o que faz com que pareçam estacionários em relação à superfície do planeta. Essa característica permite que eles observem e coletem informação continuamente da mesma fração do globo terrestre.

Satélites de comunicações e de observação do tempo (isto é, de aplicação meteorológica) comumente têm esse tipo de órbita. Devido à sua alta altitude, satélites de órbita geoestacionária podem monitorar o tempo atmosférico e padrões de nuvens de todo um hemisfério da Terra de uma só vez. Os satélites geoestacionários são classificados entre os chamados satélites de órbita alta, sendo mais indicados para aplicações meteorológicas.

Por outro lado, os satélites de sensoriamento remoto estão, normalmente, entre os satélites de órbita baixa. Em geral, os satélites de órbita baixa têm órbitas quase polares e em altitudes variando entre 700 km e 1.000 km, sendo a altitude um parâmetro que determina uma série de outras variáveis de engenharia do sistema (plataforma + sensor), como a faixa de varredura.

Vale mencionar que o termo *quase polar* refere-se ao ângulo formado pelo plano da órbita do satélite em relação à linha longitudinal que une os polos Norte e Sul.

Em razão de as órbitas quase polares terem direção basicamente norte-sul e a rotação terrestre se desenvolver no sentido oeste-leste, a maior parte da superfície do planeta pode ser observada por esses satélites durante certo período de tempo.

As órbitas quase polares são também chamadas de *sol-síncronas*, ou seja, o conjunto plataforma/sensor passa sempre no mesmo horário local do dia sobre cada ponto terrestre, na chamada hora solar local.

Conforme explana Batista (2015), a uma determinada latitude, a posição do Sol no céu será a mesma quando o satélite passar diretamente sobre o local (a nadir) dentro da mesma estação do ano. Isso assegura iluminação consistente mesmo quando forem adquiridas imagens em uma estação específica durante anos sucessivos, ou sobre uma área particular durante uma série de dias. Esse é um fator importante para o monitoramento de mudanças entre imagens ou para a mosaicagem de imagens adjacentes, uma vez que elas não terão de ser corrigidas para condições de iluminação diferentes quando as datas de aquisição estiverem em épocas anuais semelhantes.

Se as órbitas forem no sentido norte-sul, uma parte da órbita ocorrerá na porção iluminada do planeta (serão as órbitas chamadas de *descendentes*) e a parte seguinte deverá cobrir o lado sombreado (serão então as órbitas *ascendentes*).

Para os sensores passivos, que dependem da luz solar, é possível obter imagens somente nas órbitas descendentes, ao passo que, para os sensores ativos, que proveem sua própria fonte de REM, é possível imagear também nas partes não iluminadas, ou seja, nas órbitas ascendentes. Para os sensores passivos que registram radiação emitida (*e.g.*, na faixa termal), pode-se imagear no período noturno.

A área imageada na superfície terrestre em cada órbita é chamada de *faixa de recobrimento* (*path* ou *swath*, em inglês), conforme ilustrado na Fig. 1.2, e, para os sensores satelitários, geralmente são cobertas entre dezenas e centenas de quilômetros de largura em cada faixa de recobrimento.

Sendo as órbitas no sentido norte-sul e considerando que a Terra se desloca na direção oeste-leste, essa dinâmica propiciará a cobertura total da superfície terrestre num ciclo específico, que pode durar um número variável de dias, dependendo da largura da faixa de recobrimento. Quanto mais larga essa faixa, menor o número de dias para recobrir completamente o planeta, e vice-versa.

O número de dias para completar cada ciclo é denominado *tempo de revisita* e corresponde à repetitividade com que o sistema satélite + sensor passa novamente sobre um mesmo ponto do planeta após a passagem anterior sobre aquele mesmo ponto.

O Landsat-8 passaria sobre Brasília (DF), por exemplo, a cada 16 dias, uma vez que sua faixa de recobrimento é de 180 km, ao passo que o Spot-5 obteria uma imagem da capital brasileira a cada 26 dias, tendo em vista que sua faixa de recobrimento é menor, da ordem de 60 km, e, portanto, demoraria mais tempo para voltar a passar sobre o mesmo ponto.

Os satélites Landsat e Noaa conseguem fazer uma órbita completa ao redor do planeta num tempo (denomina-

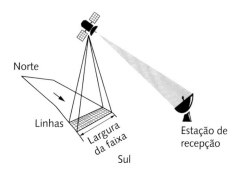

FIG. 1.2 *Elementos constituintes de um sistema de sensoriamento remoto orbital, destacando-se as linhas norte-sul × largura da faixa e o envio de dados coletados a uma estação de recepção*
Fonte: adaptado de Steffen (2015).

do *período orbital*) da ordem de 100 a 103 minutos, e a Terra gira sob esses satélites, durante esse tempo, aproximadamente 3.000 km (Figueiredo, 2015). Assim, órbitas sucessivas desses satélites estarão a uma distância aproximada de 3.000 km uma da outra.

Contudo, há satélites que possuem uma característica interessante, que é a capacidade de *visada oblíqua*, que se torna importante para a aquisição de imagens fora do nadir. Naturalmente, para tais aquisições de imagens, são necessárias programações prévias, elevando o custo de obtenção.

A visada oblíqua permite aumentos substanciais de frequência de revisita sobre uma mesma área, conforme a latitude da área de interesse. Para a latitude 45°, por exemplo, alterando o ângulo de visada do sensor para +27°, consegue-se diminuir substancialmente o tempo de revisita do satélite Spot-5, indo de 26 dias, quando a visada é a nadir, para um período entre dois e três dias, quando a visada é oblíqua (Fig. 1.3).

Se por um lado a frequência de revisita é aumentada devido à capacidade de visada oblíqua, por outro lado é importante considerar as interferências relacionadas com as mudanças acarretadas nos ângulos envolvidos com o sistema Sol-alvo-sensor.

Quando um mesmo alvo é visado com diferenças em relação à geometria de iluminação (ângulo zenital e ângulo azimutal da fonte iluminadora) e de visada (ângulo zenital e ângulo azimutal de visada do sensor), estarão, consequentemente, envolvidos os denominados *efeitos de radiação de cena*.

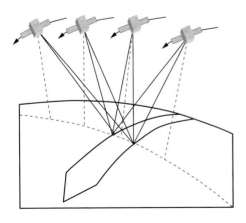

FIG. 1.3 *Plataforma com capacidade de visadas oblíquas*
Fonte: adaptado de Crisp (2015b).

Sabe-se que a maioria dos alvos da superfície terrestre imageados por sensores orbitais não é lambertiana, ou seja, não reflete a REM de forma isotrópica. Desse modo, a influência da geometria de aquisição de dados coletados obliquamente deve ser significativa e, assim, pode interferir de forma relevante, conforme os objetivos estudados.

Breunig (2011) faz uma abrangente abordagem sobre a influência da geometria de aquisição quando são realizados estudos de sensoriamento remoto de alvos agrícolas, especialmente no que se refere ao uso de índices de vegetação e estimativas de variáveis biofísicas da vegetação agrícola, como o índice de área foliar (IAF).

Um aspecto interessante a ser considerado em razão da capacidade de visadas oblíquas, como no Spot, é a possibilidade de obter modelos digitais de elevação (MDEs), nos quais os aspectos de relevo ficam realçados, a partir da paralaxe gerada entre diferentes visadas.

Como exposto anteriormente, cada sensor remoto cobre continuamente faixas de imageamento da superfície terrestre e a largura de faixa depende do ângulo de visada do sensor (FOV, sigla de *field of view*) (Fig. 1.5).

O sensor Thematic Mapper (TM), de alguns satélites da série Landsat, por exemplo, recobre cerca de 185 km sobre cada faixa imageada, ao passo que o *charge coupled device* (CCD) do satélite Spot recobre em torno de 60 km e o AVHRR varre uma faixa de aproximadamente 2.700 km de cada vez.

Figueiredo (2015) explana que os sensores utilizam o chamado processo de varredura de linhas, que é dividido em dois tipos, como mostrado na Fig. 1.4:

* *Varredura por espelho* (whisk broom scanner), utilizada por imageadores multiespectrais lineares, cujos detectores captam a REM refletida pelos alvos da

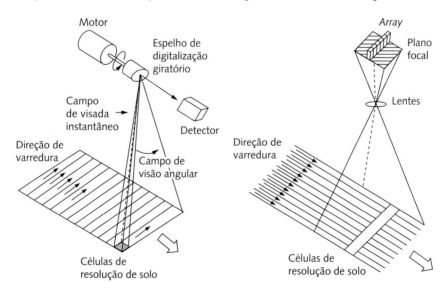

FIG. 1.4 *Processos de varredura e de detecção de sensores remotos orbitais: (A) push broom e (B) whisk broom*
Fonte: adaptado de Menezes e Almeida (2012).

superfície terrestre, a qual incide num espelho móvel de face plana, de tal forma que a superfície do terreno é varrida em linhas perpendiculares à direção de deslocamento do satélite, permitindo o imageamento sequencial de linhas da superfície. A REM incidente no espelho é refletida e direcionada para os detectores, onde é processada para dar origem aos valores de cada *pixel* observado. O TM e o AVHRR são exemplos de sensores que utilizam esse processo.

* *Imageamento por matriz de detectores (push broom scanner)*, que, em vez de um espelho, utiliza uma matriz de detectores, a qual cobre toda a largura da faixa de imageamento. Os detectores são dispostos em linhas que formam a matriz. Nesse sistema linha a linha, é possível um maior tempo de permanência para registrar a radiância que sai de cada *pixel*, e, assim, uma maior quantidade de energia chega aos detectores, possibilitando melhores resoluções radiométrica e espacial, além de larguras de bandas mais estreitas. Essa é uma tecnologia mais moderna do que a dos escâneres do tipo *whisk broom* também porque não se baseia em espelhos oscilatórios, que são menos duráveis. Os sensores CCD/CBERS, BGIS 2000/QuickBird, OSA/Ikonos, HRVIR/Spot e OLI/Landsat, por exemplo, utilizam esse processo de varredura.

Após a entrada da REM refletida pela superfície terrestre, ela é subdividida em faixas espectrais denominadas bandas ou canais espectrais. A título de ilustração, a Tab. 1.1 apresenta as bandas dos sensores multiespectrais da série Landsat.

O Landsat-8 foi lançado em 11 de fevereiro de 2013 e seu principal sensor é o Operational Land Imager (OLI), tendo também um sensor termal, o Thermal Infrared Sensor (Tirs). Possui as bandas espectrais de 1 a 7 e a 9 com resolução espacial de 30 m. A banda 1 (ultra-azul) é útil para estudos costais e de aerossóis, e a banda 9, para a detecção de nuvens *cirrus*. A resolução para a banda 8 (pancromática) é de 15 m. As bandas termais 10 e 11 são úteis para o fornecimento de informações mais precisas das temperaturas superficiais e são adquiridas com *pixels* de 100 m. O tamanho aproximado da cena é de 170 km na direção norte-sul e de 183 km na direção leste-oeste.

1.3 Resoluções dos sensores

1.3.1 Resolução espacial

Quando se consideram imagens de sensoriamento remoto, um parâmetro que deve ser levado em conta é a resolução espacial, que corresponde ao tamanho individual do menor elemento de imagem, o qual, por sua vez, determina o tamanho do menor objeto no terreno que poderá ser identificado naquela imagem.

Como explicam Menezes e Almeida (2012), um objeto, por definição, somente pode ser individualmente resolvido (detectado) quando seu tamanho é igual ou maior do que o tamanho do elemento de resolução no terreno, ou seja, da resolução espacial do sensor imageador.

TAB. 1.1 BANDAS E PRINCIPAIS CARACTERÍSTICAS DOS SENSORES DOS SATÉLITES DA SÉRIE LANDSAT

Multispectral Scanner System (MSS)	Landsat-1 a 3	Landsat-4 e 5	Comprimento de onda (nm)	Resolução (m)
	Banda 4	Banda 1	500-600	60[1]
	Banda 5	Banda 2	600-700	60[1]
	Banda 6	Banda 3	700-800	60[1]
	Banda 7	Banda 4	800-1.100	60[1]
Thematic Mapper (TM)	Landsat-1 a 3		Comprimento de onda (nm)	Resolução (m)
	Banda 1		450-520	30
	Banda 2		520-600	30
	Banda 3		630-690	30
	Banda 4		760-900	30
	Banda 5		1.500-1.750	30
	Banda 6		10.400-12.500	120[2] (30)
	Banda 7		2.080-2.350	30
Enhanced Thematic Mapper Plus (ETM+)	Landsat-7		Comprimento de onda (nm)	Resolução (m)
	Banda 1		450-520	30
	Banda 2		520-600	30
	Banda 3		630-690	30
	Banda 4		770-900	30
	Banda 5		1.550-1.750	30
	Banda 6		10.400-12.500	60[3] (30)
	Banda 7		2.090-2.350	30
	Banda 8 (pancromática)		520-900	15
Operacional Land Imager (OLI) e Thermal Infrared Sensor (Tirs)	Landsat-8		Comprimento de onda (nm)	Resolução (m)
	Banda 1		430-450	30
	Banda 2		450-510	30
	Banda 3		530-590	30
	Banda 4		640-670	30

TAB. 1.1 (continuação)

Operacional Land Imager (OLI) e Thermal Infrared Sensor (Tirs)	Landsat-1 a 3	Landsat-4 e 5	Comprimento de onda (nm)	Resolução (m)
		Banda 5	850-880	30
		Banda 6	1.570-1.650	30
		Banda 7	2.110-2.290	30
	Banda 8 (pancromática)		500-680	15
	Banda 9		1.360-1.380	30
	Banda 10 (Tirs)		10.600-11.190	100[4] (30)
	Banda 11 (Tirs)		11.500-12.510	100[4] (30)

[1] O tamanho do pixel original do MSS era de 79 m × 57 m; os sistemas de produção reamostram os dados para 60 m.
[2] A banda TM6 foi adquirida em resolução de 120 m, mas os produtos processados antes de 25 de fevereiro de 2010 eram reamostrados para pixels de 60 m. Produtos processados após a citada data são reamostrados para pixels de 30 m.
[3] A banda 6 ETM+ é adquirida com resolução de 60 m. Os produtos processados após 25 de fevereiro de 2010 são reamostrados para pixels de 30 m.
[4] Bandas Tirs são adquiridas com resolução de 100 m, mas são reamostradas para 30 m.
Fonte: USGS (2017).

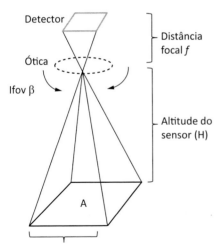

FIG. 1.5 Elementos do sistema sensor + plataforma determinantes da resolução espacial
Fonte: adaptado de Menezes e Almeida (2012).

A resolução espacial é determinada por um conjunto de fatores relacionados com o sensor (principalmente os detectores, a distância focal e o ângulo de visada) e a altitude da plataforma (Fig. 1.5).

A relação entre as variáveis para a definição do elemento de resolução no terreno (D), em metros, é a mostrada a seguir:

$$D = H \beta \quad (1.1)$$

em que:

H = altitude do sensor (m);
β = ângulo (Ifov) (milirradianos).

O Ifov, sigla de *instantaneous field of view*, conforme apresentado na Fig. 1.5, corresponde ao cone angular de visibilidade do sensor (β) e determina a área da superfície terrestre (A) que será sensoriada a partir de uma determinada altitude e num dado momento de tempo.

Quando for necessário distinguir objetos pequenos no terreno imageado, será necessário que o Ifov seja também pequeno, ou seja, quanto menor for o Ifov, melhor será a capacidade de detecção de objetos pequenos presentes na área estudada. A área no terreno (A) é denominada *elemento de resolução* e define a capacidade máxima de resolução espacial de um sensor.

Os termos *resolução da imagem* e *tamanho de pixel* são frequentemente utilizados como sinônimos, porém não são completamente equivalentes, uma vez que uma imagem amostrada em um tamanho de *pixel* pequeno, por exemplo, pode não ter necessariamente uma alta resolução.

1.3.2 Resolução radiométrica

Como apresentado em Crisp (2015a), a variável resolução radiométrica refere-se à menor variação de intensidade possível de ser detectada pelo sistema sensor. A resolução radiométrica intrínseca de um sistema de sensoriamento remoto depende da relação sinal/ruído do detector. Em uma imagem digital, a resolução radiométrica é limitada pelo número discreto de níveis de quantização utilizado para digitalizar um valor de intensidade contínuo.

1.3.3 Resolução espectral

Diferentes objetos (ou alvos) da superfície terrestre apresentam distintos e específicos comportamentos em relação às interações com a REM, e, portanto, tais comportamentos podem servir para distingui-los quando se utilizam imagens obtidas por sensores remotos.

Grandes grupos de alvos, como água, solos e vegetações, podem, a princípio, ser discriminados espectralmente com certa facilidade, mesmo usando intervalos amplos de comprimentos de ondas, também denominadas *bandas espectrais* ou *canais espectrais*.

Contudo, para classes mais específicas, como tipos de vegetação ou tipos de solo, nem sempre haverá a facilidade de discriminar usando bandas espectrais largas, e, portanto, tal tarefa demandará intervalos espectrais mais estreitos.

Assim, ao tratar das possíveis variações de largura das bandas espectrais e de seus posicionamentos ao longo do espectro de REM, está se falando sobre resolução espectral. Ou seja, um sensor com elevado número de bandas será chamado de sensor de alta resolução espectral e vice-versa. Quanto mais fina for a resolução espectral, mais estreitas serão as bandas espectrais (menores serão os intervalos de comprimentos de onda dessas bandas).

Conforme ressaltam Menezes e Almeida (2012), as feições de absorção, numa curva espectral, podem ser identificadoras da composição química ou mineralógica de solos, de rochas, de vegetações e de água, sendo, em geral, bastante estreitas, da ordem de 10 nm ou um pouco mais.

Desse modo, sensores que possuem bandas largas (*e.g.*, acima de 50 nm) não terão capacidade para permitir a detecção dessas bandas finas de absorção. As bandas sensores com bandas estreitas serão tratadas no Cap. 7.

Se, quanto mais estreitas as bandas espectrais, maior a possibilidade de identificar feições espectrais cada vez mais sutis, seria possível conjecturar que seria altamente desejável o desenvolvimento de sensores com um número cada vez maior de bandas estreitas.

Porém, existem limitações de ordem tecnológica para o aumento da resolução espectral (definida por fatores como largura de bandas, posição das bandas ao longo do espectro eletromagnético e número de bandas). De fato, há determinadas soluções de compromisso entre número de bandas e taxas de transmissão de dados.

Como expõem Menezes e Almeida (2012), um sensor construído com centenas de bandas espectrais (sensor hiperespectral) com o fim de obter uma amostragem detalhada do comportamento espectral da reflectância dos objetos aumenta significativamente a taxa de transmissão de dados do satélite para a Terra. Isso exige que sejam colocados nesse satélite equipamentos mais potentes para a transmissão (*transponders*), o que implica maior consumo de energia.

Por outro lado, larguras de banda muito estreitas diminuem a quantidade de energia radiante do *pixel*, o que ocasiona baixa razão sinal/ruído.

1.3.4 Resolução temporal

A resolução temporal de uma plataforma orbital diz respeito ao tempo que um mesmo ponto da superfície terrestre leva para ser revisitado.

Para os satélites de órbita semipolar, as revisitas são possibilitadas pelo fato de o plano da trajetória dessas plataformas ser fixo e semiortogonal ao sentido de rotação do planeta, além de ser sol-síncrono. Ou seja, essas plataformas foram projetadas para que a aquisição das imagens ocorra sempre numa mesma grade de pontos fixos da superfície terrestre e aproximadamente à mesma hora local.

Os satélites de órbita semipolar em geral têm órbita com inclinação entre 97° e 98° em relação ao equador terrestre, a altitudes entre 550 km e 900 km, e o período de cada órbita é de aproximadamente 90 minutos. Isso permite que, a cada 24 horas, sejam realizadas cerca de 14 órbitas completas.

Como se sabe, a faixa de recobrimento de cada órbita é geralmente da ordem de algumas dezenas de quilômetros. Considerando que a circunferência terrestre no equador possui em torno de 40.000 km e que uma plataforma de órbita semipolar consegue completar cerca de 14 órbitas por dia, é possível calcular o período de revisita de um satélite como o Landsat.

Esse satélite tem órbita semipolar e varre uma faixa de 185 km de largura, completando cada órbita em 99 minutos. Dessa forma, pode-se determinar o número de órbitas realizadas pelo Landsat em um dia conforme apresentado a seguir:

Circunferência terrestre no equador: aproximadamente 40.000 km
Período para uma órbita = 99 min
24 horas (dia) × 60 min (hora) = 1.440 min/dia
Número de órbitas por dia = (1.440 min/dia)/(99 min/órbita) = 14,54 órbitas/dia

Portanto, num determinado dia, enquanto o satélite completa uma órbita ao redor do planeta, um ponto sobre o equador terrestre viaja cerca de 2.751 km (= 40.000 km/14,54), enquanto a Terra gira em torno de seu eixo, e esse valor (2.751 km) será a distância entre as órbitas realizadas nesse mesmo dia.

Como existe um recobrimento entre órbitas adjacentes, um mesmo ponto da superfície terrestre será revisitado a cada 16 dias pelo Landsat.

É necessário destacar que, no caso do uso de imagens de sensoriamento remoto para aplicações em agricultura, cujas mudanças de cena são de grande dinâmica, existe uma necessidade elevada de imagens frequentes durante o ciclo agrícola.

Esse fato é ainda mais acentuado quando se considera que, nas principais regiões produtoras brasileiras, as culturas de grãos acontecem no período da primavera-verão, época em que há maior ocorrência de chuvas e, portanto, tendência de maior probabilidade de nuvens.

Dessa forma, a questão da resolução temporal reveste-se de significativa dimensão, pois os ciclos de importantes culturas de verão duram em torno de 120 a 130 dias, ou seja, para um satélite de 16 dias de revisita, seriam obtidas no máximo oito ou nove imagens ao longo do ciclo (Boxe 1.3).

Como, nas fases iniciais e finais dos ciclos fenológicos das culturas de verão, ocorre pouca porcentagem de cobertura verde sobre a superfície, esse número de imagens possíveis durante o ciclo cai para quatro ou cinco, e, muitas vezes, várias dessas aquisições podem estar com alta porcentagem de nuvens.

Pelas considerações feitas, percebe-se que a questão da revisita temporal é altamente significativa para o sensoriamento remoto de culturas agrícolas, principalmente as de verão.

Há algumas décadas existem satélites, como o Spot, que conseguem realizar visadas oblíquas (Fig. 1.3), o que faz com que a capacidade de revisita aumente. Porém, essa capacidade geralmente tem sido acionada apenas para ocorrências relacionadas com enchentes e outras que exigem emergencial obtenção de imagens.

Além disso, destaca-se que, quando são realizadas visadas fora do nadir, é necessário considerar adequadamente as consequências das variações devidas às mudanças de ângulo do sistema Sol-alvo-sensor.

> **BOXE 1.3 CONSTELAÇÕES DE SATÉLITES × REPETITIVIDADE TEMPORAL × NUVENS**
>
> Na agricultura, as safras das principais culturas, principalmente dos cereais, duram entre três e quatro meses. Assim, os satélites com repetitividade da ordem de 16 dias, como os do Landsat, podem disponibilizar, para cada ciclo de crescimento, entre seis e sete imagens, obtidas em diferentes fases dos respectivos ciclos fenológicos.
>
> Contudo, considerando a questão da probabilidade da presença de nuvens, grandes áreas das cenas adquiridas por sensores orbitais podem ser inutilizadas.
>
> A variável resolução temporal, dessa forma, é decisiva para vários objetivos do sensoriamento remoto agrícola, no sentido de que, quanto maior a repetitividade, maior a chance de obtenção de imagens isentas das restrições causadas por coberturas de nuvens.
>
> As constelações de satélites são conjuntos de plataformas orbitais que permitem aumentar significativamente a repetitividade temporal.
>
> O RapidEye, por exemplo, é um sistema de cinco satélites de observação da Terra, idênticos e colocados na mesma órbita heliossíncrona (630 km de altitude), com faixa de recobrimento de 77 km de largura e 1.500 km de extensão (RapidEye, 2017). Esses satélites passam pelo equador às 11 horas locais, com imageador multiespectral tipo *push broom* (bandas entre 400 nm e 850 nm: azul, verde, vermelho, *red edge* e infravermelho próximo) e tamanho de *pixel* de 5 m. Cada imagem possui comprimento entre 50 km e 300 km

e tempo de revisita de dois tipos: (a) revisitas diárias (fora do nadir); e (b) 5,5 dias (no nadir).

Outra constelação de satélites é a Disaster Monitoring Constellation (DMC), resultado de uma parceria entre organizações da Argélia, da China, da Nigéria, da Turquia e do Reino Unido, constituída por microssatélites avançados e de baixo custo, visando à observação e ao monitoramento de desastres naturais ou antrópicos (DMC, 2017).

O primeiro microssatélite DMC posto em órbita, denominado Alsat-1, da Argélia, foi lançado em 28 de novembro de 2002. Satélites para a Argélia, a Turquia e a Nigéria foram construídos sob uma política de transferência de tecnologia desde a concepção até a entrada em órbita. O último satélite da primeira geração DMC (China DMC+4) foi lançado em 27 de outubro de 2005.

Um dos principais objetivos dessa rede, composta de cinco microssatélites, é proporcionar uma capacidade de imageamento global diária em média resolução (30-40 m), em três-quatro bandas espectrais, para resposta rápida em casos de mitigação de desastres ambientais.

1.4 Sistemas de sensoriamento remoto

Os sistemas de sensoriamento remoto por aeronaves apresentam uma vantagem quando comparados com o sensoriamento remoto por satélites, que é a capacidade de obter imagens com altas resoluções espaciais, da ordem de 20 cm ou até menos.

Contudo, os produtos de sensoriamento remoto aéreo têm as desvantagens da pequena área e do alto custo de obtenção por unidade de área coberta. Dessa forma, em geral as missões aéreas de sensoriamento remoto são executadas com pouca frequência.

O sensoriamento remoto orbital apresenta as seguintes vantagens: cobertura frequente, repetitiva e de extensas áreas; medições com significado físico, uma vez que são obtidas grandezas físicas com sensores radiometricamente calibrados; geração de imagens digitais, que permitem processamentos e análises computadorizadas e semiautomáticas; e custo relativamente baixo por unidade de área sensoriada.

Por outro lado, as imagens orbitais em geral possuem menor resolução espacial do que as fotografias aéreas. Atualmente já existem, contudo, satélites que conseguem adquirir imagens com resoluções melhores do que 1 m, estando inclusive comercialmente disponíveis.

Quando se fala de observação da Terra com satélites artificiais, geralmente se está fazendo referência ao sensoriamento remoto óptico/termal – o óptico abrangendo comprimentos de onda desde o visível até o infravermelho de ondas curtas, entre 400 nm e 2.500 nm, e o termal na faixa entre 3.000 nm e 14.000 nm – e ao sensoriamento remoto por micro-ondas, em comprimentos de onda na faixa entre 3 mm e 1 m.

No sensoriamento remoto óptico, cujos sensores são passivos, pois dependem da energia solar para funcionar, a radiação solar refletida ou espalhada pela superfície terrestre é captada por meio de imageadores multiespectrais ou hiperespectrais.

Já no sensoriamento remoto termal, os sensores registram a radiação emitida na faixa do infravermelho termal pelos objetos da superfície terrestre.

Por sua vez, no sensoriamento remoto por micro-ondas, os sensores emitem pulsos de REM para iluminar as áreas a serem imageadas. Por não dependerem da luz solar e por terem sua própria fonte de radiação, esses sensores são classificados como ativos. Nesse caso, as imagens podem ser adquiridas tanto durante o dia como durante a noite.

É interessante destacar que os sensores por micro-ondas possuem uma vantagem adicional, que é sua capacidade de praticamente não sofrer efeitos atmosféricos e de penetrar nuvens.

Ao contrário dos sensores ópticos, cuja grandeza principal é a reflectância, os sensores ativos produzem imagens que dependem da quantidade de radiação micro-ondas retroespalhada pelo alvo e recebida por uma antena (denominada SAR, sigla de Synthetic Aperture Radar) colocada na plataforma.

É oportuno indicar que os mecanismos físicos de interação da REM com os objetos da superfície terrestre são distintos caso se confronte o sensoriamento remoto óptico, que usa a grandeza reflectância, com o sensoriamento remoto por micro-ondas, que utiliza a variável retroespalhamento. Portanto, quando se empregam dados SAR, torna-se necessário saber como as micro-ondas interagem com os diferentes tipos de alvo terrestre para poder extrair informações dos dados.

1.5 Satélites de órbitas quase polares

Como dito anteriormente, satélites de órbita quase polar são aqueles cujo plano orbital é levemente inclinado em relação ao eixo de rotação terrestre, de modo que orbitam próximo dos polos e são capazes de cobrir quase toda a superfície terrestre em ciclos repetitivos de cobertura.

A órbita dos satélites de observação terrestre é em geral do tipo quase polar e também sol-síncrono. Uma órbita sol-síncrona é quase polar e o satélite é colocado numa altitude de maneira que passe sobre cada ponto da superfície terrestre no mesmo horário solar local. Isso permite que as condições de iluminação solar sejam mantidas similares, exceto por questões de variação sazonal, para cada localidade imageada.

Existem, atualmente, vários satélites de observação terrestre que fornecem imagens de grande utilidade para aplicações em agricultura (Boxe 1.4). Para efeitos práticos, pode-se caracterizar essas plataformas (satélite + sensor) em termos de comprimentos de onda utilizados, resoluções espaciais, áreas recobertas e repetitividade temporal.

> **Boxe 1.4** A abordagem "multi-" em sensoriamento remoto
>
> O sensoriamento remoto é realizado por um conjunto de diferentes tipos de sensor, plataforma, resolução geométrica, resolução espectral, resolução temporal e nível de coleta.
>
> Sabe-se que as coletas de dados em nível terrestre (*ground truth*) são caras e demoradas. Dessa forma, sempre que possível, é importante integrar as vantagens de cada tipo de sensoriamento, "trabalhando com os 'multi-'": multiplataformas, multiestágio, multirresolução espacial, multitemporal etc.
>
> O conceito *multitemporal*, por exemplo, é de grande valia quando se utilizam imagens obtidas em diferentes datas do ciclo de uma cultura agrícola e, assim, pela evolução fenológica, torna-se possível inferir sobre a cultura estudada.

Segundo Crisp (2015b), quanto às regiões espectrais abrangidas, esses sistemas podem ser classificados em sistemas imageadores ópticos (incluindo visível, infravermelho próximo e infravermelho de ondas curtas), sistemas imageadores termais e sistemas imageadores SAR.

Já em relação ao número de bandas espectrais, eles podem ser subdivididos em sistemas monoespectrais ou pancromáticos (uma banda espectral, em preto e branco ou escala de nível de cinza), sistemas multiespectrais (várias bandas, em geral menos de dez) e sistemas hiperespectrais (centenas de bandas estreitas).

Os sistemas imageadores SAR, conforme Crisp (2015b), podem ser classificados de acordo com a combinação de bandas de frequência e os modos de polarização usados na aquisição dos dados: frequência simples (banda-L, banda-C ou banda-X), frequências múltiplas (combinação de duas ou mais bandas de frequência), polarização simples (VV, HH ou HV) e polarização múltipla (combinação de dois ou mais modos de polarização).

O Quadro 1.1 ilustra os principais satélites de sensoriamento remoto utilizados para a observação da Terra, inclusive para agricultura.

Como exemplos de sistemas de baixa resolução que têm sido usados para aplicações em agricultura, podem ser citados os sensores AVHRR/Goes e Vegetation 1 e 2/Spot, principalmente.

Os sistemas imageadores de média resolução mais empregados para usos agrícolas têm sido o MSS, o TM, o ETM+ e o OLI, da série Landsat, o HRV/Spot e o Modis (Terra e Aqua), além do WFI/CBERS e do Liss/satélites indianos.

Por sua vez, os sistemas imageadores de alta resolução têm sido disponibilizados desde o final da década de 1990, sendo o Ikonos e o RapidEye os mais conhecidos e usados.

1.6 Satélites de órbitas geoestacionárias

Conforme expõe Jensen (2007), uma das maiores mantenedoras mundiais de satélites é a National Oceanic and Atmospheric Administration (Noaa), agência americana que opera duas séries de satélites de sensoriamento remoto: Geostationary Operational Environmental Satellites (Goes) e Polar-orbiting Operational Environmental Satellites (Poes).

Ambos os tipos baseiam-se em tecnologia de varredura multiespectral. Os serviços meteorológicos utilizam os dados gerados pelos sensores desses tipos de satélite principalmente para objetivos de previsão do tempo. Frequentemente, nos noticiários diários, são vistas imagens Goes mostrando padrões de tempo da América do Norte e do Sul.

O sensor Advanced Very High Resolution Radiometer (AVHRR), que equipa tais satélites, foi desenvolvido para objetivos meteorológicos, mas pesquisas sobre as mudanças climáticas globais têm utilizado os dados do AVHRR para mapear a vegetação global e também as características da superfície dos mares.

Ainda segundo Jensen (2007), o AVHRR é um sistema de varredura perpendicular à faixa de varredura do satélite, a qual abrange um ângulo de ±55,4° a nadir. O Ifov de cada banda é de aproximadamente 1,4 milirradiano, produzindo então uma resolução espacial de 1,1 km × 1,1 km.

Como o AVHRR possui bandas espectrais no vermelho e no infravermelho próximo e provê informações globais de alta repetitividade, permite a obtenção de

Quadro 1.1 Principais satélites e sistemas sensores utilizados para a observação da Terra

Baixa resolução espacial (1 km ou mais)
Satélites geoestacionários
Satélites meteorológicos de órbita polar • Noaa/AVHRR • DMSP/OLS
Orbview-2/SeaWiFS
Spot-4/Vegetation
Adeos/OCTS
Terra/Modis, Aqua/Modis
Envisat/Meris
Adeos/GLI
Média resolução espacial (5 m a 100 m)
Landsat
Spot
MOS
EO-1
IRS
Resourcesat
Alta resolução espacial (5 m ou menos)
Ikonos-2
Eros-A1
QuickBird-2
Orbview-3
Spot-5
Satélites de sensoriamento remoto por micro-ondas
ERS-SAR
Jers-SAR
Radarsat-SAR
Envisat-Asar
Ônibus espaciais • Shuttle Imaging Radar • Shuttle Radar Topography Mission
TerraSAR-X
TanDEM-X

informações de grande interesse sobre a vegetação tanto agrícola como natural, abrangendo grandes regiões e até mesmo todo o planeta.

Conforme apresentam Nascimento e Zullo Jr. (2011), entre os vários sistemas orbitais existentes, os satélites meteorológicos da série AVHRR são os que têm grande potencial de aplicação em métodos operacionais e na previsão de safras agrícolas, uma vez que possibilitam a obtenção de coberturas globais diárias a partir de satélites devidamente sincronizados e com resolução temporal de 12 horas.

Ainda segundo os mesmos autores, no Brasil, o Centro de Pesquisas Meteorológicas e Climáticas Aplicadas à Agricultura (Cepagri), da Universidade Estadual de Campinas (Unicamp), opera um sistema de recepção de imagens AVHRR desde 1994, com mais de 6 TB (*terabytes*) de dados gravados desde abril de 1995, sendo essa série histórica, sem dúvida, de inestimável valor para pesquisas envolvendo o sensoriamento remoto da vegetação tanto agrícola como natural.

A baixa resolução geométrica desses tipos de dados é compensada por sua alta frequência temporal, o que, muitas vezes, é fundamental para a obtenção de informações constantemente atualizadas de regiões extensas.

1.7 Perspectivas

Novos sistemas e sensores estão sendo desenvolvidos e lançados continuamente. Copérnico, por exemplo, um sistema europeu projetado para monitorar a Terra, consiste de um amplo conjunto de subsistemas que coletam dados de múltiplas fontes: satélites de observação da Terra e sensores *in situ* (estações terrestres e sensores em aviões e marítimos). O sistema processa esses dados e provê aos usuários informações confiáveis e atuais por meio de serviços relacionados com temas ambientais e de segurança.

No campo da agricultura, as políticas de ação são direcionadas ao desenvolvimento de práticas que assegurem a preservação do ambiente, da sustentabilidade e da produtividade ambiental.

O sistema Copérnico, com sua potencialidade, pretende auxiliar no monitoramento das terras agrícolas, informando a respeito dos impactos da agricultura sobre a biodiversidade e sobre as paisagens. Tem também capacidade para avaliar as condições das culturas e as previsões de safra. Adicionalmente, pode auxiliar as autoridades e os fazendeiros na melhoria do manejo da irrigação pelo monitoramento da pressão da agricultura sobre os recursos hídricos. Maiores detalhamentos podem ser encontrados em Copernicus (2017).

Questões

1.1) Quais as diferenças entre sensores passivos e sensores ativos?

Resposta: Os sensores passivos atuam na região espectral do óptico, ou seja, entre 400 nm e 2.500 nm, e só podem operar em condições diurnas, quando há luz solar para iluminar as cenas imageadas. Têm forte dependência das condições atmosféricas, que interferem na qualidade das imagens. As nuvens prejudicam a qualidade das imagens e chegam a impossibilitar a extração de informações quando sua incidência ocorre em alta porcentagem. Para usos de imagens de sensores passivos na agricultura, isso pode ser problemático, uma vez que pode dificultar metodologias que dependam de sensoriamento remoto óptico para levantamentos agrícolas.

Por sua vez, os sensores ativos não dependem da luz solar e, assim, podem operar tanto no período diurno quanto no período noturno. Além disso, independem das condições atmosféricas, sendo as nuvens praticamente transparentes para a faixa das micro-ondas em que atuam. No entanto, a forma de interação da energia nas micro-ondas com os objetos da superfície terrestre é significativamente diferente em relação às interações do espectro óptico, e, desse modo, pode haver dificuldades de interpretação e extração de informações. Contudo, pode-se dizer que as imagens do sensoriamento remoto óptico e as obtidas nas micro-ondas podem complementar-se e possibilitar maior riqueza de informações em comparação com o caso em que somente um tipo fosse utilizado.

1.2) Quais os usos dos diferentes níveis de coleta de dados de sensoriamento?

Resposta: Os níveis de coleta de dados obtidos via sensores colocados em diferentes tipos de plataforma carregadora são os seguintes: laboratório, campo, aéreo e orbital.

* *Laboratório*: utilizam-se radiômetros, que registram a radiação refletida por amostras de plantas, de folhas e de solos, em ambientes onde podem ser controladas as condições de iluminação e de observação. As informações coletadas em nível de laboratório são utilizadas para auxiliar no entendimento detalhado das interações entre as diferentes variáveis espectrais.
* *Campo*: também nesse nível de coleta podem ser utilizados radiômetros, tanto presos em suportes seguros aproximadamente poucos metros acima dos alvos estudados como em guindastes que podem elevar os sensores a cerca de uma dezena de metros de altura. Neste caso, os veículos com os guindastes hidráulicos são denominados *cherry pickers*. Os dados coletados nesse

nível também visam possibilitar o melhor e mais detalhado entendimento das informações espectrais contidas nas imagens de sensoriamento remoto.
* *Aéreo*: esse nível de coleta deve ser subdividido em diferentes altitudes, ou seja, em alta altitude (por volta de 20 km), média altitude (menos de 20 km até 5 km) e baixa altitude (abaixo de 5 km). Os diferentes níveis de altitude podem ser utilizados para simular distintas condições de obtenção de dados e para propiciar melhor entendimento dos comportamentos espectrais dos alvos de interesse. Quanto menores as altitudes, menor a influência atmosférica. Também é possível incluir aqui os *drones*, que podem ser utilizados em altitudes da ordem de algumas centenas de metros e que propiciam informações de utilidade por poderem ser empregados no momento em que essas informações forem necessárias, além de seu baixo custo de aquisição.
* *Orbital*: nesse nível de coleta, as plataformas são os satélites. Entre as vantagens principais estão a cobertura de grandes áreas e a repetitividade temporal, que são variáveis de alto interesse, principalmente para objetivos de aplicações em agricultura em um país de grande dimensão como o Brasil.

1.3) Discorrer sobre as principais características de alguns produtos de imagens de diferentes sensores e suas potenciais aplicações.
Resposta: Cada sensor tem diferentes características de resolução espacial, de resolução espectral e de cobertura de cena e, dessa forma, apresenta distintas aplicações, conforme apresentado a seguir:
* O Landsat (TM, ETM+, OLI), por exemplo, possui resoluções médias (30 m para as bandas multiespectrais e 15 m para a pancromática), cenas cobrindo cerca de 185 km × 185 km e resolução temporal de 16 dias. As principais aplicações são indicadas para mapeamento em escala regional (*e.g.*, em previsões de safra de culturas agrícolas).
* O Modis (Terra e Aqua) é um sensor com 36 bandas multiespectrais que produz dados de resolução espacial baixa (250-1.000 m), com faixa de cobertura de 2.320 km, proporcionando recobrimento global e contínuo a cada dois dias. É indicado para mapeamento em escala global, continental e nacional, além de monitoramento de uso da terra.
* Sensores de resoluções grosseiras, da ordem de 1 km (*e.g.*, AVHRR, Spot Vegetation), com dados multiespectrais e tamanhos de cena da ordem de 2.400 km × 6.400 km, são indicados para mapeamento em escala global, continental e nacional, além de monitoramento de uso da terra.

* Sensores de alta resolução geométrica (*e.g.*, Ikonos, QuickBird), com resolução da ordem de 0,6 m a 2,4 m, imagens pancromáticas e multiespectrais, tamanhos de cena da ordem de 16,5 km × 16,5 km e frequência de revisita de aproximadamente 1 a 3,5 dias dependendo da latitude, são indicados para mapeamento de vegetação em escalas de espécies ou de comunidades, e suas imagens podem também ser utilizadas para validar classificações obtidas por outros tipos de sensor.
* Sensores hiperespectrais (*e.g.*, Aviris, Hyperion), com dados disponibilizados em centenas de bandas espectrais (desde o visível até o infravermelho de ondas curtas), com resoluções geométricas de metros a dezenas de metros, são indicados para aplicações que exigem alta resolução espectral, como a determinação da composição físico-química dos alvos estudados.

Comportamento espectral de culturas agrícolas

O sensoriamento remoto apresenta-se, crescentemente, como uma tecnologia de potencial no monitoramento da agricultura, para estimativas de parâmetros biofísicos de interesse usados em modelos agrometeorológicos e para diversos outros usos.

Como se sabe, um sistema de sensoriamento remoto é composto, basicamente, de uma fonte de radiação eletromagnética (REM) + um sistema plataforma/sensor + objetos sensoriados.

Um dos princípios básicos do sensoriamento remoto é que a extração das informações a partir dos produtos gerados pelos sensores remotos é, em geral, baseada nos peculiares comportamentos de reflectância de cada alvo em distintas regiões do espectro eletromagnético.

É conhecido o fato de que toda matéria reflete, absorve, transmite ou emite REM de forma específica, conforme suas características próprias. Por exemplo, a razão pela qual uma folha vegetal parece verde aos olhos humanos é que a clorofila, um pigmento interno das folhas, absorve a REM da faixa espectral do visível nos comprimentos de onda azul e vermelho, porém a reflete no verde.

As regiões do espectro eletromagnético têm diferentes nomenclaturas, abrangendo desde os raios gama, passando pelos raios X, ultravioleta (UV), luz visível (V) e infravermelho (IV), e indo até as ondas de rádio, desde os menores até os maiores comprimentos de onda dessas radiações.

A Tab. 2.1 e a Fig. 2.1 mostram as bandas espectrais usadas em sensoriamento remoto. Os sensores remotos possuem a capacidade de registrar a REM em um amplo intervalo de comprimentos de onda, e, por aspectos tecnológicos e em função de interferências atmosféricas, são três as regiões espectrais de maior interesse: (a) o espectro óptico (400 nm a 2.500 nm); (b) o termal (considerando as emissões das superfícies entre 8.000 nm e 14.000 nm); e (c) as micro-ondas (radar), baseadas na REM entre 1 mm e 1 m.

TAB. 2.1 BANDAS USADAS EM SENSORIAMENTO REMOTO

Classe			Comprimento de onda	Frequência
Ultravioleta			100A~0,4 μm	750~3.000 THz
Visível			0,4~0,7 μm	430~750 THz
Infravermelho	Próximo		0,7~1,3 μm	230~430 THz
	Ondas curtas		1,3~3 μm	100~230 THz
	Médio		3~8 μm	38~100 THz
	Termal		8~14 μm	22~38 THz
	Distante		14 μm~1 mm	0,3~22 THz
Ondas de rádio	Submilímetro		0,1~1 mm	0,3~3 THz
	Micro-ondas	Milímetro (EHF)	1~10 mm	30~300 GHz
		Centímetro (SHF)	1~10 cm	3~30 GHz
		Decímetro (UHF)	0,1~1 m	0,3~3 GHz
	Onda muito curta (VHF)		1~10 m	30~300 MHz
	Onda curta (HF)		10~100 m	3~30 MHz
	Onda média (MF)		0,1~1 km	0,3~3 MHz
	Onda longa (LF)		1~10 km	30~300 kHz
	Onda muito longa (VLF)		10~100 km	3~30 kHz

Fonte: adaptado de Jars (2015).

É importante destacar que, no presente capítulo, serão abordados aspectos relacionados à variabilidade de comportamentos espectrais apresentados por culturas agrícolas quando observadas por sensores atuando principalmente na região óptica do espectro eletromagnético, entre 400 nm e 2.500 nm, ou seja, entre o visível e o infravermelho de ondas curtas.

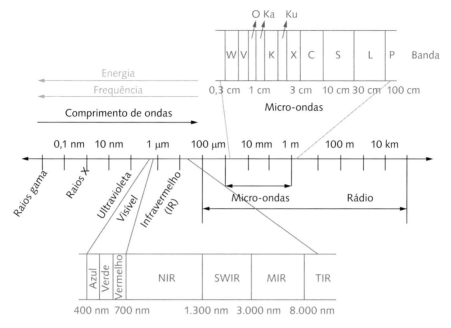

Fig. 2.1 *Bandas usadas em sensoriamento remoto*
Fonte: adaptado de Jars (2015).

2.1 Interação da REM com os materiais

Na região óptica, a variável de interesse para o sensoriamento remoto é a reflectância da energia solar, representada pela razão entre o fluxo de radiação que incide numa superfície e o fluxo de radiação que é refletido por ela.

Em sensoriamento remoto, há uma grandeza denominada função de distribuição de reflectância bidirecional (BRDF, do nome em inglês *bidirectional reflectance distribution function*), a qual modela a distribuição da reflectância em função da posição da fonte de iluminação e da posição do sensor receptor da radiância refletida. Então, a reflectância numa direção qualquer dependerá: (a) do material que reflete (solos, vegetação, água etc.); (b) dos comprimentos de onda da REM; e (c) das geometrias de iluminação e de observação.

Desde os primórdios das atividades com os sensores remotos, tem-se verificado a elevada importância de considerar as questões relacionadas com a distribuição angular da reflectância quando são feitas medições dessa variável em condições de laboratório ou de campo ou em níveis mais remotos.

Nicodemus et al. (1977) foram os autores das definições mais amplamente citadas, unificando as nomenclaturas e desenvolvendo uma abordagem e uma fundamentação teórica adequada para a discussão relativa a quantificações de reflectância, tomando como base o conceito de função de distribuição de reflectância bidirecional.

É importante ressaltar que, em condições naturais de observação da Terra, a aceitação de uma direção única do raio incidente para as medições (em nível de campo, de avião ou de satélite) não é válida. A irradiância natural é composta de um componente direto (radiação não espalhada) e de um componente difuso espalhado pela atmosfera (gases, aerossóis e nuvens) e pelos objetos próximos ao objeto observado.

Conforme assinalado por Nicodemus et al. (1977), nas nomenclaturas dos tipos de reflectância, as características angulares da radiância incidente são nomeadas em primeiro lugar, seguidas pelas características angulares da radiância refletida, de tal forma que os atributos das quantidades de radiância e de reflectância devem ser indicados conforme ilustrado na Fig. 2.2. Para fundamentações complementares quanto à teoria das quantidades de reflectância e as respectivas terminologias, é indicado o trabalho de Schaepman-Strub et al. (2006).

Para entender as causas pelas quais diferentes objetos apresentam propriedades peculiares de reflexão, absorção ou emissão, torna-se necessário levar em conta as relações entre a REM e as características atômicas e moleculares dos objetos em estudo.

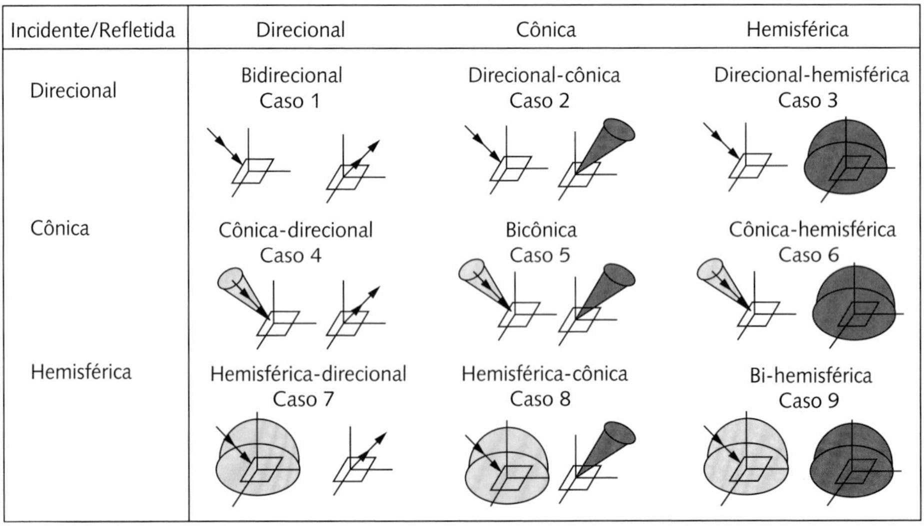

Incidente/Refletida	Direcional	Cônica	Hemisférica
Direcional	Bidirecional Caso 1	Direcional-cônica Caso 2	Direcional-hemisférica Caso 3
Cônica	Cônica-direcional Caso 4	Bicônica Caso 5	Cônica-hemisférica Caso 6
Hemisférica	Hemisférica-direcional Caso 7	Hemisférica-cônica Caso 8	Bi-hemisférica Caso 9

FIG. 2.2 *Relação das terminologias das radiâncias incidente e refletida, usadas para descrever as quantidades de reflectância*
Fonte: *adaptado de Schaepman-Strub et al. (2006).*

Como se sabe, a matéria é composta de átomos e de moléculas com composições específicas de cada material. Portanto, conforme Jars (2015), a matéria absorve ou emite REM num determinado comprimento de onda de acordo com seus estados interiores, que podem ser subdivididos em algumas classes, tais como a ionização, a excitação, a vibração molecular e a rotação molecular.

A fonte de radiação usada na região do visível e do infravermelho refletido é o Sol, e a variável de maior interesse é a reflectância dos objetos da superfície terrestre. Já no infravermelho termal, a fonte de energia radiante usada é o próprio objeto estudado, uma vez que qualquer objeto à temperatura ambiente emite REM, com um pico em aproximadamente 10.000 nm.

Na região das micro-ondas, há dois tipos de sensoriamento remoto: o passivo e o ativo. No passivo, a radiação micro-ondas é emitida pelo próprio objeto estudado, ao passo que no ativo o coeficiente de retroespalhamento é detectado pelo sensor que anteriormente havia emitido pulsos de radiação de comprimentos de onda radar.

A Fig. 2.3 ilustra graficamente os três tipos de sensoriamento remoto (óptico, termal e micro-ondas) e suas características principais.

A energia solar, que, no sensoriamento remoto passivo, é o principal meio carregador de informações sobre os objetos da superfície terrestre, ao incidir sobre a superfície desses objetos pode sofrer três tipos de interação (Fig. 2.4): absortância (α_λ), transmitância (τ_λ) ou reflectância (ρ_λ), e, pela lei da conservação da energia, tem-se:

$$\alpha_\lambda + \tau_\lambda + \rho_\lambda = 1 \tag{2.1}$$

Os sensores ópticos, que atuam na faixa espectral entre o visível e o infravermelho de ondas curtas (400 nm a 2.500 nm), registram apenas as intensidades de radiância refletida pelos objetos. Cada tipo de material da superfície terrestre apresenta um comportamento específico quanto às quantidades de energia refletida, absorvida ou transmitida, em função de suas particularidades e das condições em que se encontra no momento em que é sensoriado. Isso pode ser explicado em virtude das trocas e interações da energia carregada pelas ondas eletromagnéticas com a energia contida nos átomos e moléculas da matéria que compõe os objetos sensoriados.

Como se sabe, a energia radiante é transferida de um corpo em quantidades fixas conforme:

$$E = h\,c/\lambda \tag{2.2}$$

em que:

E = energia (J);

h = constante de Planck (6,626 × 10^{-34} J s);
c = velocidade de propagação da energia;
λ = comprimento de onda da radiação.

Consequentemente, os pequenos comprimentos de onda, do visível ao infravermelho de ondas curtas, carregam energia, a qual é suficiente para interagir em níveis microscópicos com os materiais, e, assim, podem carregar informações sobre a composição ou a constituição desses materiais. Por exemplo, a REM da faixa óptica refletida por um solo pode carregar informações relacionadas com seu teor de matéria orgânica ou de óxidos de ferro, assim como, no caso de folhas vegetais, informações sobre o teor de clorofila ou de umidade interna.

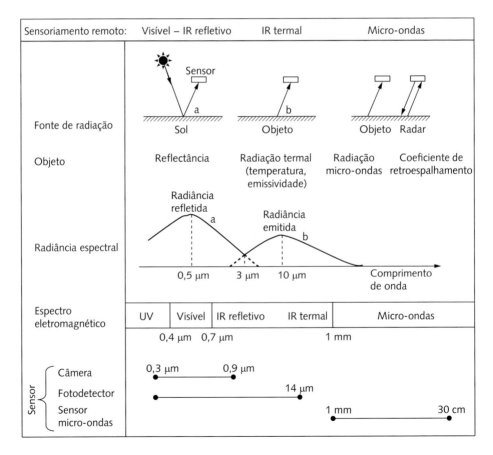

FIG. 2.3 *Os três tipos de sensoriamento remoto quando são consideradas as regiões espectrais*
Fonte: adaptado de Jars (2015).

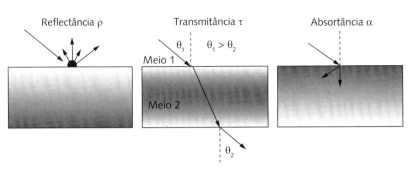

FIG. 2.4 *Processos de interação da REM com os materiais*
Fonte: adaptado de Menezes e Almeida (2012).

Conforme Menezes e Almeida (2012), a Física Quântica possui a fundamentação teórica para explicar as interações de trocas energéticas da REM com os materiais, sendo que cada comprimento de onda carrega uma específica e única quantidade de energia e cada átomo ou molécula tem seus específicos níveis ou estados de energia.

Pela teoria quântica, um átomo ou molécula pode existir somente em certos estados ou níveis de energia permitidos, de modo que o átomo ou molécula somente absorverá uma quantidade específica da energia eletromagnética (número de fótons) se essa quantidade for suficiente para mudar num átomo ou molécula seu estado de energia fundamental para outro excitado, caso em que se diz que ocorreu uma transição entre os estados de energia.

Em razão desse comportamento quântico das interações energia × matéria, as transições de energias eletrônicas e moleculares ocorrem somente quando a energia de um comprimento de onda específico, ao incidir num material, consegue excitar um processo interno ao nível de átomo ou de molécula.

Dessa forma, a quantidade de energia absorvida naquele específico comprimento de onda caracterizará uma determinada feição espectral de absorção, que contribuirá para formar a *assinatura espectral* característica da composição daquele material. Ou seja, o termo *assinatura* faz alusão ao fato de que, assim como cada assinatura humana é única e exclusiva, também cada curva espectral, em tese, caracteriza um específico material.

A Fig. 2.5 ilustra o que muitos chamam de assinaturas espectrais de alguns dos materiais mais comuns da superfície terrestre, os solos, as rochas e a vegetação. Evidentemente, existem múltiplos tipos de solo, com diferentes composições e conteúdos de umidade e em várias condições ambientais, e cada um terá sua respectiva curva espectral, assim como há diversos tipos de rocha e inúmeros tipos de vegetação, cada qual com suas respectivas curvas espectrais.

Nessa figura, os pequenos "vales" (bandas de absorção) indicados pelas setas nas curvas espectrais mostram os comprimentos de onda onde ocorreu absorção da REM em virtude de interações com átomos e moléculas específicos daqueles materiais, via processos eletrônicos (transições atômicas) e processos vibracionais (transições moleculares).

No instante em que a REM com comprimento de onda 1.450 nm, por exemplo, incide na vegetação, ocorre uma absorção decorrente do conteúdo interno de umidade, causando a feição de absorção centrada naquele comprimento de onda (ver a seta com a letra A na Fig. 2.5).

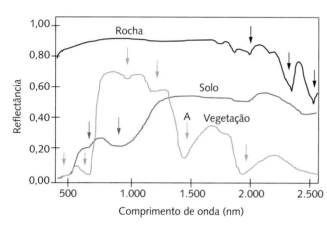

FIG. 2.5 *Exemplos de espectros de reflectância de vegetação, rocha carbonática e solo com óxido de ferro e indicação das bandas de absorção de seus principais constituintes. A letra A corresponde à feição de absorção, em torno de 1.450 nm, devida ao conteúdo interno de umidade da vegetação*
Fonte: *adaptado de Menezes e Almeida (2012).*

Uma absorção centrada no comprimento de onda 2.270 nm indica a existência do íon CO_3 do mineral calcita, ao passo que, na vegetação, a absorção em 650 nm é atribuída ao pigmento clorofila. Da mesma forma, as outras setas indicam absorções decorrentes de diferentes causas nos outros comprimentos de onda e nos diferentes materiais representados na figura.

Acrescenta-se ainda que se deve analisar não só a posição central da feição de absorção, mas também sua profundidade, uma vez que cada componente da matéria interage mais em determinado comprimento de onda e a profundidade da banda de absorção está, geralmente, relacionada com o teor daquele componente, sendo que, quanto maior o teor, maior a profundidade da banda de absorção.

Em análises mais aprofundadas das bandas de absorção, pode-se avaliar a largura, a forma, a profundidade e a posição dessas bandas no espectro.

Para maiores detalhamentos sobre a interação da REM com a matéria, indica-se o capítulo dois de Jensen (2009) e o capítulo dois de Menezes e Almeida (2012).

2.2 Comportamento espectral da vegetação agrícola

O sensoriamento na região espectral compreendida entre o visível e o infravermelho de ondas curtas (400 nm a 2.500 nm) é baseado em medições remotas da REM refletida pelos alvos da superfície terrestre. Assim, as informações coletadas pelos sensores necessitam ser interpretadas com base no pressuposto de que diferentes alvos apresentam distintos comportamentos espectrais.

Para um uso otimizado dos dados de sensoriamento remoto, é essencial que se tenha um adequado entendimento sobre como atuam fatores que interferem nas respostas espectrais dos objetos sensoriados. Entre tais fatores, destacam-se: a maneira pela qual a REM é coletada (sensores, plataformas, bandas espectrais), a presença da atmosfera terrestre, e as interferências das geometrias de iluminação e de observação.

Pode-se considerar que um dossel de vegetação é constituído por elementos de espalhamento muito grandes em comparação com os comprimentos de onda da REM de interesse, tendo como fundo a superfície do solo. A radiação incidente será espalhada por componentes das plantas, como as folhas, as hastes, as flores etc., e, dessa maneira, uma parte dessa radiação espalhada deixará o dossel na direção para cima.

Se, como indicado na Fig. 2.6, um dossel for observado sob o ângulo zenital θ_o por um sensor de ângulo sólido de visada W_d, uma quantidade de potência radiativa P_o (A_o, θ_o, λ) emanando da área A_o atingirá a abertura do sistema sensor e será captada pelo detector. Essa potência origina-se dos componentes do dossel e da fração do solo vista diretamente pela abertura do sistema sensor.

Assume-se que, na maioria dos casos, as folhas do dossel são os elementos refletores dominantes em comparação com os demais componentes da planta. Sob luz solar direta, observam-se as folhas irradiadas diretamente ou uma parte delas que

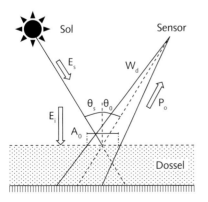

FIG. 2.6 Detecção da radiância do dossel de uma cultura sob um ângulo zenital de visada θ_o, com um ângulo sólido W_d, sendo

E_s = irradiância difusa, E_i = irradiância solar direta, θ_s = ângulo zenital solar, θ_o = ângulo zenital de observação, A_o = área visada pelo sensor, W_d = ângulo sólido de visada e
P_o = potência radiativa que atingirá a abertura do sistema sensor
Fonte: adaptado de Bunnik (1978).

esteja na porção mais superficial do dossel, e ainda, no caso de cobertura incompleta do solo, uma parte do solo sob iluminação direta. Além disso, o campo de visada também é preenchido pelos elementos de folhas e de solos sob sombra.

O perfil do fluxo radiante dentro do dossel é determinado pela distribuição espacial das folhas e por suas propriedades de reflectância e de transmitância para a REM, como função do comprimento de onda e também da reflectância espectral do solo de fundo. A quantidade de sombra presente dentro do dossel está relacionada ao ângulo solar e à distribuição de orientações das folhas.

O nível de irradiância local em cada componente observado do dossel e no solo dependerá do perfil do fluxo radiante e da distribuição de sombras dentro do dossel.

Por sua vez, a quantidade e a localização dos componentes observados do dossel e do solo dependem do ângulo de visada (Boxe 2.1). Quando a visada for perpendicular, a fração do terreno observada será proporcional à porcentagem de cobertura vegetal, caso a cobertura do solo pelo dossel seja inferior a 100%.

Sob visada oblíqua, a maior fração de componentes observados será composta das camadas superiores do dossel, ficando o solo mais escondido.

Quando são estudadas culturas agrícolas plantadas com estrutura em fileiras, deve ser considerado um fator complicativo adicional. A estrutura em fileiras interfere na maneira como ocorre a penetração da radiação através do dossel, bem como na quantidade observada de folhas, de solos e de sombras.

Dessa maneira, verifica-se que são vários os parâmetros importantes para o sensoriamento remoto agrícola e fica claro que as relações entre as propriedades físicas e morfológicas de um dossel agrícola são dinâmicas, não correspondendo de modo único nem simples com uma assinatura espectral única, estática e imutável.

2.3 Propriedades refletivas das folhas verdes

As folhas são os elementos dominantes das plantas no que se refere à influência sobre as propriedades espectrais de dosséis vegetais. Assim, alguns autores têm publicado excelentes revisões bibliográficas sobre o comportamento espectral de folhas individuais e também de dosséis vegetais, entre os quais se pode citar Gates et al. (1965), Knipling (1970), Bauer et al. (1980) e Gausman (1985).

Em se tratando das propriedades de reflectância e de transmitância de folhas individuais, é necessário considerar que esse comportamento está relacionado com suas propriedades físicas.

O exame da estrutura interna de uma folha normal mostra que ela é limitada, em suas superfícies superior (ventral) e inferior (dorsal), pela epiderme. Entre as cama-

Boxe 2.1 As influências do ângulo de iluminação e do ângulo de observação no comportamento espectral da vegetação agrícola

Como se sabe, o comportamento espectral da vegetação agrícola é do tipo não lambertiano, e, portanto, os dosséis espalham em intensidades e direções diferentes a REM neles incidente. Isso traz consequências principalmente quando os dosséis apresentam estruturas não uniformes.

Sabe-se que a soja, por exemplo, mostrará sua estrutura de plantio em linhas até o momento em que as plantas recobrirem completamente a superfície do solo, formando então uma espécie de "colchão verde uniforme".

Essa dinâmica da transição da condição de estrutura em linhas até o momento da cobertura completa pode ser considerada um crescimento da lambertianidade, que ocorre praticamente no estádio de "colchão verde uniforme".

Em razão dessa não lambertianidade, uma questão que deve ser adequadamente considerada é a dos sensores que obtêm respostas espectrais da vegetação agrícola em visadas oblíquas. Isso porque a resposta de um dossel de soja de 60 dias pós-plantio obtida por um sensor A a nadir, por exemplo, certamente será diferente daquela obtida pelo mesmo sensor A numa visada oblíqua.

Sabe-se que esse sensor A, quando opera obtendo dados obliquamente, pode fazê-lo com o Sol iluminando o alvo no mesmo plano do sensor (*backward*) ou iluminando o alvo no plano contrário do plano do sensor (*forward*).

No primeiro caso, o sensor estará voltado para as partes iluminadas das plantas e, portanto, tenderá a registrar maiores reflectâncias do que no caso *forward*, uma vez que, nesse segundo caso, o sensor estará voltado para as partes mais sombreadas.

Dessa forma, quando se pretende estimar variáveis biofísicas com base em respostas obtidas por sensores que operam em ângulos oblíquos de visada, é necessário tomar as devidas precauções, pois, dependendo de a visada ser *backward* ou *foward*, em função dos chamados *efeitos direcionais dos ângulos de visada e de iluminação*, um mesmo talhão pode apresentar valores diferentes para a variável espectral utilizada para a estimativa em foco.

Para maiores detalhamentos sobre os efeitos da não lambertianidade do comportamento espectral da vegetação agrícola sobre a estimativa de variáveis biofísicas, é indicado o trabalho de Breunig et al. (2011).

das da epiderme está o mesófilo, que, no caso de muitas folhas, pode ser subdividido em dois tipos: o mesófilo paliçádico, na parte mais ventral, e o mesófilo esponjoso, na porção mais dorsal. O tecido do mesófilo contém os pigmentos, que são divididos em plastídeos e em vacúolos dissolvidos no suco celular.

Os plastídeos mais importantes são os cloroplastos verdes, os quais contêm clorofila dentro dos grana. Além dos cloroplastos, estão presentes também os carotenoides, que determinam a cor de uma folha na ausência da clorofila.

Cabe mencionar também que, dentro da estrutura do mesófilo, estão presentes cavidades de ar cheias de vapor saturado de água.

Considerando o espectro de reflectância de uma folha verde normal no intervalo entre 400 nm e 2.500 nm (Fig. 2.7), ele pode ser subdividido em três regiões espectrais: visível, infravermelho próximo e infravermelho de ondas curtas. No visível, ou seja, entre 400 nm (azul) e 700 nm (vermelho), a reflectância é muito baixa. Em 550 nm ocorre um pico, isto é, uma diminuição relativa de absorção, o qual explica por que a vegetação é percebida na cor verde. Esse pico é causado por duas bandas de absorção da clorofila centradas em aproximadamente 450 nm (azul) e 650 nm (vermelho) (Hoffer, 1978).

Carotenos e xantofilas estão entre os pigmentos mais expressivos presentes nas folhas, porém, em geral, apresentam-se em menores quantidades que a clorofila (6%

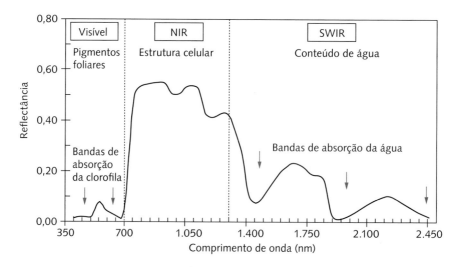

Fig. 2.7 *Comportamento espectral de um alvo de vegetação e principais fatores que influenciam na reflectância (pigmentos foliares, estrutura celular, conteúdo de água), considerando as diferentes regiões espectrais do sensoriamento remoto passivo (visível, infravermelho próximo – NIR e infravermelho de ondas curtas – SWIR) entre 350 nm e 2.500 nm*

e 29%, respectivamente) (Gates et al., 1965), estando correlacionados com a banda de absorção presente no azul (entre 400 nm e 550 nm) do espectro.

A clorofila também absorve nessa faixa espectral, de modo que ela, por geralmente estar presente em maior quantidade, mascara as absorções pelos pigmentos amarelos (carotenos e xantofilas). Contudo, na senescência das folhas, a clorofila praticamente desaparece, tornando-se então predominantes os pigmentos amarelos.

Desse modo, verifica-se que mudanças na pigmentação das folhas afetam a cor e a forma da curva de reflectância na região entre 400 nm e 700 nm (Hoffer; Johannsen, 1969).

Nas proximidades de 700 nm, na transição para a região do infravermelho próximo, começa um crescimento acentuado da reflectância. Esse ponto é denominado *red edge* ou *borda vermelha*, sendo considerado o limite entre o processo de absorção pela clorofila no vermelho e o processo de espalhamento do infravermelho próximo devido à estrutura interna das folhas (Curran et al., 1991).

Na região espectral do infravermelho próximo (entre 700 nm e 1300 nm), as folhas verdes sadias apresentam altos valores de reflectância (45-50%), alta transmitância (45-50%) e baixa absortância (menos de 5%), conforme explica Hoffer (1978).

Essa elevada reflexão de energia na região do infravermelho próximo é atribuída por vários autores à estrutura interna das folhas. Os trabalhos de Gates et al. (1965), Knipling (1970) e Bunnik (1978), entre outros, atribuem a Willstäter e Stoll (1918) a explicação desse fenômeno. Segundo esses autores, a radiação solar é difundida e espalhada através da cutícula e da epiderme foliar para as células do mesófilo e as cavidades de ar no interior da folha. Aí a radiação é novamente espalhada e sofre reflexões e refrações múltiplas devido à diferença de índices de refração entre o ar (1,0) e as paredes celulares hidratadas (1,4). Uma vez que a estrutura interna das folhas geralmente varia entre as espécies, as diferenças de reflectância são, em geral, maiores no infravermelho do que no visível.

Na região do infravermelho de ondas curtas, como indicam Bauer et al. (1980), a reflectância da vegetação verde é dominada por fortes bandas de absorção pela água, que ocorrem aproximadamente em 1.400 nm, 1.900 nm e 2.700 nm; portanto, as regiões entre essas bandas de absorção são fortemente influenciadas pelo conteúdo de umidade das folhas. Nessa região espectral, a reflectância foliar é inversamente relacionada com a quantidade total de água presente nas folhas.

É importante destacar que o número de bandas espectrais do sensor utilizado (multiespectral ou hiperespectral) determinará a quantidade de detalhes perceptíveis nas curvas espectrais obtidas (Boxe 2.2).

Boxe 2.2 Diferenças entre comportamento hiperespectral e comportamento multiespectral de alvos naturais

O sensoriamento remoto hiperespectral, também chamado de *espectroscopia de imageamento*, é caracterizado por sensores que operam em centenas de bandas espectrais finas e praticamente contínuas.

Em consequência desse grande número de bandas, é possível recuperar os espectros dos alvos estudados, nos quais se pode identificar e quantificar as bandas de absorção, que permitem inferir sobre a presença, nesses alvos, de determinados componentes, como minerais, pigmentos, nutrientes e sedimentos.

No sensoriamento remoto multiespectral, a REM proveniente dos alvos estudados é captada pelo uso de sensores que possuem um número relativamente pequeno de bandas, as quais são largas (> 50 nm) e descontínuas. Assim, as bandas de absorção não podem ser identificadas, devido à resolução espectral grosseira.

Um exemplo de sensor multiespectral é o OLI/Landsat-8, com 11 bandas espectrais, sendo o Aviris um exemplo de sensor hiperespectral, com 224 bandas espectrais.

Evidentemente, cada tipo de sensor tem, em função de suas características de resolução espectral, indicações para as quais cada tipo de sensoriamento remoto é indicado.

As folhas das plantas refletem, transmitem e absorvem a REM que sobre elas incide e essas relações são função do comprimento de onda (λ), obedecendo à equação do balanço de energia:

$$I_\lambda = R_\lambda + A_\lambda + T_\lambda \qquad (2.3)$$

em que I é a energia incidente, R é a refletida, T é a transmitida e A é a absorvida.

A Fig. 2.8 mostra o processo de interação da REM com uma folha e também as curvas que explicam as diferentes porcentagens de transmitância, de absortância e de reflectância ao longo do intervalo espectral entre 500 nm e 2.500 nm.

Considerando as três regiões espectrais da faixa entre 400 nm e 2.500 nm, as propriedades de reflectância, transmitância e absortância pelas folhas dependem principalmente da concentração de pigmentos e de água, além da estrutura interna, que é

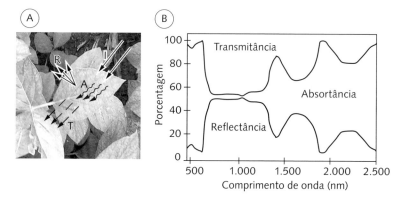

FIG. 2.8 *Tipos de interação da REM incidente sobre uma folha vegetal. Em (A), I é a energia incidente, R é a energia refletida, A é a energia absorvida e T é a energia transmitida. Em (B), são salientadas as curvas de reflectância, transmitância e absortância características das folhas verdes*

função das espécies. Essas entidades fisiológicas e morfológicas dependem do tipo de folha, do estádio de maturação e da senescência.

Quanto ao tipo de folha, há significativas diferenças nas características de reflectância, principalmente no infravermelho próximo, de folhas de monocotiledôneas, que possuem o mesófilo foliar indiferenciado, e de folhas de dicotiledôneas, que apresentam mesófilos dorsiventrais (Gausman et al., 1973).

À medida que as folhas amadurecem, sua reflectância no visível diminui, ao passo que no infravermelho próximo a reflectância aumenta. Gausman et al. (1970) atribuíram esse efeito a um maior número de espaços intercelulares de ar no mesófilo de folhas maduras, quando comparadas com folhas jovens mais compactas.

A senescência produz um efeito oposto ao da maturação, ou seja, a reflectância no visível aumenta devido à diminuição das clorofilas (menor absorção), enquanto a reflectância no infravermelho diminui, embora relativamente menos do que o aumento na reflectância visível.

As propriedades ópticas das folhas de plantas são também afetadas por vários tipos de estresse, incluindo deficiências nutricionais, salinidade e danos causados por doenças e insetos, conforme assinala Knipling (1970).

Como indicam Bauer et al. (1980), estresses são acompanhados, tipicamente, por redução na produção de clorofila, o que causa menor absorção de energia pelas folhas e, portanto, aumento na reflectância visível. Assim, as folhas aparecerão amarelas ou cloróticas, em razão do aumento na concentração dos carotenoides. Na porção do infravermelho próximo, a reflectância reduz-se devido aos citados estresses, embora um estresse que cause perda de água das folhas deva resultar em aumento na reflectância infravermelha. Entretanto, as mudanças na reflectância em função da umidade não são substanciais enquanto o turgor das folhas apresentar valores superiores a 75%.

Quando se sobrepõem várias camadas de folhas (Fig. 2.9), ocorre um aumento (em comparação com a reflectância de uma folha individual) nos níveis de reflectância nas porções espectrais do infravermelho próximo até que se atinja um valor estável máximo, denominado reflectância infinita e simbolizado por R_∞ (Allen; Richardson, 1968).

Esse fenômeno da reflectância infinita é explicado pelas características de reflectância e de transmitância das folhas vegetais na região do infravermelho próximo, conforme ilustrado na Fig. 2.10. Nessa região espectral, a folha verde reflete aproximadamente 50% e transmite cerca de 50% da energia nela incidente. Assim, representando a energia total incidente numa camada de folhas como I, $T_1 = 0{,}5I$ é transmitido através da primeira camada e $R_1 = 0{,}5I$ é refletido. De T_1 que chega à segunda camada, $R_2 = 0{,}5T_1$ é refletido pela segunda camada e $T_2 = 0{,}5T_1$ é transmitido para a terceira camada, e assim sucessivamente.

Ao analisar, na Fig. 2.9, o platô do infravermelho próximo, é possível ver que, quando se passa de uma camada de folhas para duas camadas, a diferença de reflec-

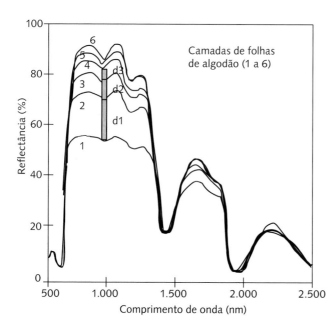

FIG. 2.9 *Reflectância de diferentes números de camadas foliares de algodão sobrepostas. A diferença de reflectância entre as camadas de folhas 1-2, 2-3 e 3-4 é indicada por d1, d2 e d3, respectivamente*
Fonte: adaptado de Allen e Richardson (1968).

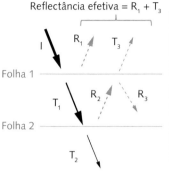

FIG. 2.10 Efeito de camadas múltiplas na reflectância e na transmitância de folhas vegetais verdes

tância é grande (d1), e depois, quando se passa de duas para três camadas, haverá uma diferença (d2) menor que d1. O mesmo ocorre quando se passa de três para quatro camadas (d3), com d2 > d3. Sucessivamente, essa diminuição vai se verificando à medida que aumenta o número de camadas.

2.4 Propriedades refletivas de dosséis

A reunião de todos os componentes da vegetação acima da superfície do solo é denominada dossel vegetal.

Assim sendo, as propriedades de reflectância de folhas individuais são, evidentemente, fundamentais para o entendimento da refletividade de uma planta inteira ou de um dossel vegetal (comunidade de plantas); contudo, não se pode extrapolar diretamente, sem necessários ajustamentos, os dados espectrais de uma folha individual para os de um dossel.

Há diferenças qualitativas e quantitativas nos dois tipos de espectro. Numa base percentual, a reflectância de um dossel é consideravelmente menor do que a de uma folha individual, em virtude de atenuações gerais da radiação devidas a variações no ângulo de iluminação, na orientação das folhas, nas sombras e nas superfícies de fundo não foliares, tais como o solo sobre o qual crescem as plantas (Knipling, 1970).

Há então que se considerar que os dosséis vegetais são mais que simples coleções de folhas, conforme ressaltam Bauer et al. (1981), e que interações complexas, que não são fatores influenciantes quando espectros de folhas individuais são medidos, devem ser levados em conta no sensoriamento remoto de dosséis que se desenvolvem nas condições de campo.

Entre as mais importantes e mais citadas variáveis que influenciam a reflectância dos dosséis estão o índice de área foliar (IAF), a distribuição de ângulos foliares

(DAF), a porcentagem de cobertura do solo (COV), a reflectância do solo e as propriedades ópticas das folhas e dos outros componentes dos dosséis.

Diferenças nesses parâmetros são causadas por variações em fatores culturais e ambientais, incluindo data de plantio, cultivar, espaçamentos inter e intrafileiras, adubação e umidade do solo, entre outros. Os ângulos azimutal e zenital do Sol e de visada também afetam a reflectância medida das culturas.

Nessa mesma linha de raciocínio, Knipling (1970) assinala que as diferenças de refletividade que permitem discriminar espécies de plantas e tipos de vegetação podem ser baseadas nas características de suas folhas e nas características dos dosséis. As folhas de uma dada espécie tendem a ter algumas características próprias, como superfície (típica de cada espécie), espessura, estrutura interna e conteúdo de pigmentos.

Similarmente, o dossel, tanto em sua dimensão horizontal quanto na vertical, tende a ter uma estrutura ou geometria característica, que é determinada pelo tamanho, pela forma e pela orientação das plantas e de suas folhas, bem como pelas práticas culturais e pelas condições ambientais de crescimento. Assim, conforme conclui Knipling (1970), todos esses fatores influenciam as propriedades ópticas da folha e do dossel, e, dessa forma, os padrões de reflectância recebidos pelos sensores remotos representam a integração desses vários efeitos.

No caso das culturas agrícolas de ciclo curto (*e.g.*, soja, milho e batata), há uma variação na quantidade de material vegetal contido no dossel da plantação durante o ciclo fenológico, que é parâmetro cultural de máximo interesse na interação com a REM, a qual leva as informações da cultura até os sensores remotos.

Como é mostrado na Fig. 2.11, a extensão do ciclo de uma cultura de ciclo curto pode ser subdividida, de maneira esquemática, em três fases fenologicamente distintas. Numa primeira fase, que envolve o plantio, a germinação e o desenvolvimento inicial, e durante a qual a cultura não recobre totalmente a superfície do solo, ocorre o domínio do solo nas interações com a REM.

Numa segunda fase, acontece o domínio da cobertura verde nas interações da cultura com a REM. Nesse ponto, já se pode considerar formado o dossel ou "telhado" da lavoura, e, numa visada vertical sobre a cultura, só se enxergaria o entrelaçamento das folhas verdes (evidentemente, em função de fatores como o espaçamento e a densidade de plantas). Na segunda metade dessa fase, em geral ocorre o florescimento e a formação dos grãos.

Na terceira e última fase do ciclo fenológico-espectral de uma cultura agrícola, sobrevêm a maturação e a senescência. Geralmente, dá-se então o secamento e a

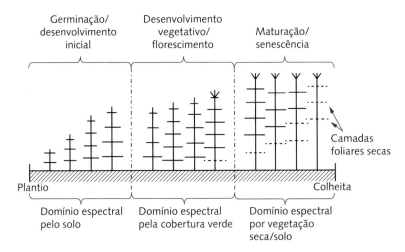

FIG. 2.11 *Ilustração esquemática das três grandes fases do ciclo fenológico de uma cultura agrícola de ciclo curto, destacando-se os principais componentes que influenciam a resposta espectral dos dosséis*
Fonte: adaptado de Formaggio (1989).

queda acentuada das folhas, voltando a ser exposta uma grande porcentagem do substrato, e, assim, ocorre o domínio conjugado da vegetação seca e do "plano de fundo".

Nesse ponto, é importante ficar claro que cada cultura tem características fenológicas próprias no decorrer de seu ciclo biológico, seja em função de sua dinâmica de desenvolvimento, seja em relação a aspectos de arquitetura das plantas e a aspectos de tratos culturais, quando se comparam diferentes plantações da mesma cultura.

Têm sido citados múltiplos fatores como influenciantes nas respostas espectrais dos dosséis vegetais de culturas agrícolas. Entre eles, pode-se destacar os solos (substrato), a estrutura do dossel (densidade de plantio e arquitetura das plantas) e aspectos de geometria de iluminação e de visada da cena.

A influência do solo, como "plano de fundo" da cena agrícola, sobre a reflectância espectral de culturas tem sido reconhecida por muitos autores, principalmente para baixas porcentagens de cobertura vegetal e também para lavouras em fileiras quando visadas verticalmente e sob altos ângulos de elevação solar.

Como afirmam Kollenkark et al. (1982a), dados multiespectrais coletados sobre alvos vegetais frequentemente representam uma mistura complexa das contribuições espectrais de plantas individuais, de sombras e de solos. Estudando a influência do ângulo de iluminação solar sobre a reflectância de um dossel de soja, os autores observaram que os maiores valores de reflectância ocorreram quando o ângulo azimutal solar era igual ao ângulo azimutal das fileiras de plantas. Houve variações de reflectância, durante o dia, de até 140% na banda espectral do vermelho, sendo que os maiores valores foram encontrados quando o solo entre as fileiras estava iluminado, e os menores valores, quando o solo estava sombreado pelas plantas. Com relação às variações diurnas do fator de reflectância no infravermelho próximo, elas foram menores do que aquelas do visível e não estavam claramente relacionadas com as interações Sol × direção das fileiras como no visível. À medida que a cobertura vegetal sobre o solo se aproximou de 100%, fechando o dossel, aquelas variações diurnas de reflectância diminuíram.

Segundo Kollenkark et al. (1982b), significativas diferenças no fator de reflectância devidas ao tipo de solo, para as bandas espectrais do vermelho e do infravermelho próximo, foram especialmente proeminentes quando havia baixos valores de cobertura do solo. Em ambas as bandas, os fatores de reflectância da cultura sobre solo escuro foram significativamente menores do que os fatores de reflectância sobre solo claro, até que os dosséis desenvolvessem pelo menos 80% de cobertura.

Quanto à influência dos tipos de solo, são bastante ilustrativos os gráficos apresentados na Fig. 2.12, em que se pode verificar que, no caso dos solos escuros (baixa reflectância no vermelho), praticamente não há mudanças na reflectância bidirecional do dossel à medida que vão sendo aumentados os índices de área foliar (IAF). O que se nota é a grande influência dos tipos de solo na fase em que os IAFs são baixos, para as três bandas espectrais analisadas (Colwell, 1974a).

Jackson, Slater e Pinter Jr. (1983) também afirmam que os tipos de solo influenciam de maneiras distintas as variáveis espectrais de dosséis agrícolas. Ou seja, os solos claros e, portanto, mais refletivos, influenciam mais os índices de vegetação do que os solos escuros, pouco refletivos. A magnitude dos efeitos causados pelos solos (como painéis de fundo do dossel agrícola, quando este é visado por um sensor) será diferente para os vários índices e transformações espectrais em função, também, das condições em que se encontram esses solos no momento das medições espectrais. Por exemplo, para muitos solos a reflectância, no caso de eles estarem úmidos, terá um valor correspondente à metade do valor que teria se os solos estivessem secos.

Ainda com referência às influências espectrais dos solos e levando também em consideração aspectos de geometria de iluminação da cena visada por um sensor, se os ângulos de elevação solar estiverem baixos durante as medições espectrais, provavelmente a superfície do solo entre as fileiras da cultura estará sombreada e a influência desse sombreamento será maior (ou seja, a sombra será mais escura)

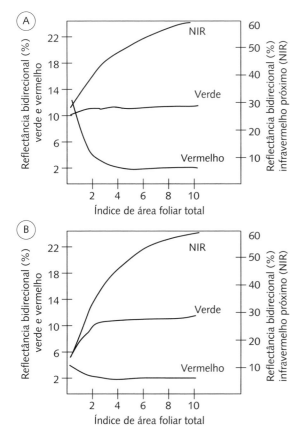

FIG. 2.12 *Reflectância bidirecional de dosséis vegetais simulados para (A) solo claro e (B) solo escuro, para as bandas verde, vermelha e infravermelha*
Fonte: adaptado de Colwell (1974b).

para o visível do que para o infravermelho próximo. Isso porque os comprimentos de onda do infravermelho próximo têm maior transmitância através do dossel de folhas, além de permitir maior quantidade de luz difusa devido ao espalhamento múltiplo, ao passo que no visível há maior absorção da energia incidente por parte dos pigmentos (Colwell, 1974b; Kollenkark et al., 1982a).

No que se refere aos fatores de dossel que influenciam de modo significativo a reflectância das lavouras agrícolas, aqueles relacionados com a estrutura do dossel estão entre os mais citados.

Kimes e Kirchner (1983) afirmam que a estrutura do dossel vegetal é um dos principais determinantes do comportamento eletromagnético (propriedades absortivas, refletivas, transmissivas e emissivas) desse dossel vegetal.

Em estudos de sensoriamento remoto, a estrutura do dossel descreve como as unidades individuais de espalhamento (folhas) estão posicionadas no dossel, sendo essa variável determinante para as transferências radiativas para dentro e acima do dossel.

Os mesmos autores assinalam ainda que a estrutura do dossel pode ser matematicamente descrita por parâmetros físicos, tais como a distribuição das plantas no terreno, o IAF, a densidade espacial foliar e a distribuição dos ângulos de inclinação/azimutal das folhas.

Todos esses parâmetros estruturais, como expõem Kimes e Kirchner (1983), variam espacial e temporalmente com o tipo de vegetação, o estádio de desenvolvimento e as condições da cultura.

É preciso salientar que, para um determinado dossel vegetal, a distribuição de ângulos de inclinação/azimutal das folhas pode mudar significativamente no decorrer do dia. Essa variação diurna pode ser devida ao tipo de vegetação, a movimentos heliotrópicos das folhas, a condições ambientais (*e.g.*, ventos) e a estresses da vegetação (*e.g.*, estresse de água).

Jackson e Pinter Jr. (1986) afirmam que a arquitetura das plantas determina a não lambertianidade das propriedades de reflexão eletromagnética dos dosséis vegetais, e, evidentemente, passam então a ser fundamentais os aspectos geométricos relacionados com os ângulos de elevação/azimute do Sol e do sensor.

Kimes (1984) considera em seu trabalho quatro tipos de dosséis teóricos, com diferentes distribuições de orientação foliar: (a) erectófilo, em que as folhas são predominantemente verticais; (b) esférico ou cônico, em que há igual probabilidade para todas as orientações foliares; (c) planófilo, em que as folhas são predominantemente horizontais; e (d) heliotrópico, em que as folhas faceiam o Sol (Fig. 2.13).

Conforme explicam Jackson e Pinter Jr. (1986), os elementos verticais de um dossel erectófilo captam a radiação refletida para dentro do dossel, com uma correspondente redução na quantidade de radiação refletida verticalmente em direção a um radiômetro orientado para o nadir.

O oposto é verdadeiro para um dossel planófilo, em que as folhas horizontalmente dispostas refletem mais na direção vertical e menor quantidade de radiação é captada para dentro do dossel. Assim, um sensor apontado para o nadir pode receber 20% a 30% mais radiação de um dossel planófilo do que de um outro erectófilo.

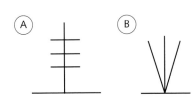

FIG. 2.13 *Ilustração esquemática de dosséis dos tipos (A) planófilo e (B) erectófilo*

Como assinalam Pinter Jr. et al. (1985), mesmo para um sensor com um ângulo de visada constante, variações nos ângulos de iluminação solar causam variações na resposta espectral provinda de arquiteturas diferentes.

Kirchner, Kimes e McMurtrey III (1982) obtiveram os fatores de reflectância direcional de dosséis de alfafa e os relacionaram com a estrutura do dossel, com variáveis agronômicas e com condições de irradiância em quatro fases do ciclo de corte da forrageira. Ressaltam os autores que selecionaram a alfafa em virtude de sua ampla variação quanto à estrutura geométrica de dossel durante um ciclo de corte (ela passa de erectófila após a ceifa para cônica durante o desenvolvimento vegetativo, e então para quase planófila na maturidade antes da ceifa) e também por não apresentar uma pronunciada estrutura de fileiras. Na banda TM3 (vermelho, 630-690 nm) do satélite Landsat, a magnitude do fator de reflectância, para o sensor a nadir, diminui à medida que a forrageira amadurece (Fig. 2.14A) devido aos aumentos de área foliar, que, por sua vez, incrementam a absorção de radiação pela clorofila na banda espectral do vermelho. Dessa forma, conforme a alfafa amadurece, menor quantidade de radiação atinge a superfície de fundo, composta de solo e restos vegetais, que são mais reflectivos que as folhas verdes de alfafa nessa banda espectral.

Com relação à trajetória da reflectância em função das variações do ângulo zenital solar, aumentando-se esse ângulo ocorrem decréscimos nas reflectâncias dos

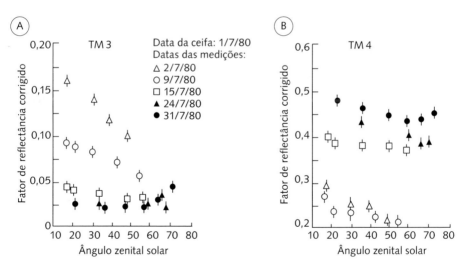

FIG. 2.14 Fatores de reflectância para a alfafa, obtidos a nadir nas bandas (A) TM3 e (B) TM4 do Landsat, como função do ângulo zenital solar. Os erros de estimativa (dois desvios-padrão) são indicados pelas barras em cada ponto plotado
Fonte: adaptado de Kirchner, Kimes e McMurtrey III (1982).

dosséis mais erectófilos ou cônicos (característicos dos dosséis em desenvolvimento pós-ceifa) na banda TM3 (vermelho) e elas tornam-se relativamente constantes (tendendo para comportamento mais lambertiano) à medida que a alfafa amadurece e se torna cada vez mais planófila.

Na banda TM4 (infravermelho próximo, 760 nm a 900 nm), a magnitude do fator de reflectância aumenta conforme a alfafa amadurece (Fig. 2.14B) – uma vez que, quanto maior a área foliar, mais a reflectância foliar domina a superfície do solo –, bem como aumentam as reflexões múltiplas do infravermelho próximo nas folhas.

Quanto à trajetória da reflectância em função do ângulo zenital solar, a mesma tendência geral observada para a banda TM3 ocorre para a banda TM4, porém de maneira menos pronunciada. Ou seja, as reflectâncias diminuem levemente na banda TM4 com os aumentos nos ângulos zenitais nos estádios em que os dosséis são mais erectófilos e eles tornam-se mais constantes naqueles estádios mais planófilos (fase madura após a ceifa).

Esse exemplo da alfafa pode ser considerado bastante ilustrativo, uma vez que demonstra com bastante clareza o que ocorre com a reflectância em duas das bandas de maior utilidade na avaliação de parâmetros biofísicos de culturas (vermelho e infravermelho próximo) quando o sensor está posicionado a nadir, ou seja, a mais comum direção de visada para medição e coleta de dados de sensoriamento remoto. Isso porque a alfafa simula razoavelmente as estruturas de dosséis agrícolas ao longo de seu ciclo de corte, passando de erectófila para cônica e, então, para quase planófila.

Dentro das considerações sobre o parâmetro estrutural do dossel, é conveniente destacar as distinções que são feitas nos artigos científicos relacionados com reflectância espectral de culturas. Isto é, há os dosséis agrícolas completos, aqueles que são homogêneos e que recobrem totalmente a superfície do solo, e há os incompletos, também denominados *esparsos*, que são aqueles em que se podem notar claramente as fileiras de plantas e as superfícies de solos expostos entre fileiras, em virtude de o dossel não revestir totalmente o solo.

Nesse sentido, Ranson, Biehl e Bauer (1985) expõem que culturas em fileiras apresentam-se espectralmente complexas, uma vez que a cena visada por um sensor compõe-se basicamente de vegetação e de solo exposto em proporções que variam no decorrer do ciclo.

Complicando um pouco mais, há que se considerar também a presença das sombras lançadas pelas fileiras de plantas sobre as porções de solo exposto entre fileiras ou sobre as fileiras adjacentes. A quantidade e a distribuição das sombras variam com a posição do Sol (Fig. 2.15).

Além desses, outros fatores que também devem ser considerados no que se refere à influência nas reflectâncias de dosséis agrícolas incompletos são a direção das

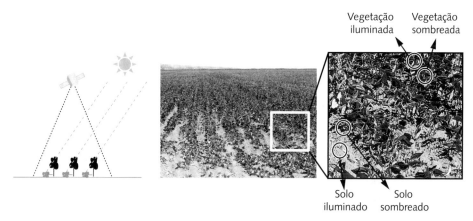

FIG. 2.15 *Ilustração do sombreamento de um dossel vegetal incompleto*

fileiras (Jackson et al., 1979; Ranson et al., 1981; Vanderbilt et al., 1981) e os comprimentos de onda (Kollenkark et al., 1982a; Kirchner; Kimes; McMurtrey III, 1982; Ranson; Biehl; Bauer, 1985).

Jackson et al. (1979) citam também o espaçamento, a altura das plantas, a porcentagem de cobertura do solo e a variedade, entre outros. Nesse contexto, esses autores observaram que as mudanças de reflectância nas bandas visíveis com a elevação solar podem ser explicadas com base na alta absorção pelas folhas verdes e também nas diferentes proporções de sombreamento no solo e em outras plantas, dependendo da elevação solar, da direção das fileiras de plantio e da altura das plantas. Para fileiras orientadas na direção norte-sul, o solo entre elas é sombreado logo de manhã e quase totalmente iluminado por volta do meio-dia – assim, a reflectância nas bandas espectrais do visível aumenta até um máximo nesse horário.

Para as fileiras leste-oeste, Jackson et al. (1979) indicam que a fração de solo iluminado entre fileiras muda menos do que para o caso das fileiras norte-sul, dependendo do espaçamento e da altura das plantas, com a reflectância mostrando uma variação correspondentemente menor.

Com relação ao infravermelho próximo (700-1.300 nm), nessa banda espectral ocorre uma transmitância alta através das folhas verdes, sendo necessária uma quantidade três a quatro vezes maior de camadas de folhas para atingir a reflectância máxima em comparação com o visível. Para baixos ângulos de elevação solar, a luz entra no dossel em ângulos tais que numerosas folhas são encontradas e a reflectância é alta. Próximo ao meio-dia, o número de folhas diretamente encontradas pela REM solar é menor, causando uma menor reflectância no infravermelho próximo. Dessa forma, conforme Jackson et al. (1979), a orientação de fileiras tem um efeito menor na reflectância do infravermelho próximo do que na reflectância do visível, em razão de o infravermelho próximo, tendo muito maior transmitância entre as folhas, produzir efeito de sombreamento menor em relação ao visível.

2.5 Variáveis biofísicas das culturas agrícolas

A partir deste ponto, passa-se a discorrer sobre as relações entre as variáveis espectrais e as variáveis agronômicas, conforme têm sido abordadas pela literatura específica sobre esse tema.

Em geral, as principais variáveis de sensoriamento remoto utilizáveis para a estimativa de variáveis agronômicas são índices espectrais de vegetação baseados em bandas localizadas no vermelho e no infravermelho próximo.

Uma das variáveis agronômicas de maior interesse tem sido o IAF, que é um dos indicadores de dosséis mais utilizados em trabalhos relacionados com sensoriamento remoto multiespectral de culturas agrícolas. Segundo Loomis e Williams (1969), trata-se do melhor parâmetro que tem sido usado para a mensuração da densidade de cobertura vegetal.

Magalhães (1985) pondera que o IAF corresponde à área foliar existente em relação à superfície ocupada pelas plantas ou pela comunidade vegetal. A capacidade de ocupação do terreno pelas partes aéreas das plantas pode ser estimada por meio da determinação da área foliar existente em uma dada superfície de terreno.

O IAF descreve a dimensão do sistema assimilador de uma comunidade vegetal. Em alguns casos, em que outras partes da planta além das folhas, como caules, pecíolos e brácteas, contribuem de maneira substancial para a fotossíntese, estas devem ser adicionadas à área foliar no cálculo dos parâmetros da análise do crescimento.

Segundo Asrar et al. (1984), o IAF é um importante parâmetro do dossel vegetal. A magnitude e a duração do IAF estão fortemente relacionadas com a capacidade do dossel em interceptar radiação fotossinteticamente ativa; portanto, o IAF está correlacionado com a fotossíntese do dossel e com a acumulação de matéria seca, em situações nas quais não predomina o estresse (água, doenças, pragas etc.).

As medições diretas da área foliar, como explicam os autores, são extremamente tediosas, e o desenvolvimento de uma técnica rápida e simples via sensoriamento remoto para avaliar a área foliar seria, sem dúvida, uma grande contribuição.

O comportamento do IAF durante o ciclo de uma cultura anual pode ser considerado de tendência parabólica, com valores baixos no início, posteriormente atingindo um pico e em seguida com valores baixos novamente, como é mostrado na Fig. 2.16.

Evidentemente, fatores como datas de plantio, cultivares, densidades de plantio, espaçamentos, precipitação pluviométrica (ou irrigação artificial), pragas, doenças e adubação, entre outros, interferem de forma marcada no desenvolvimento das

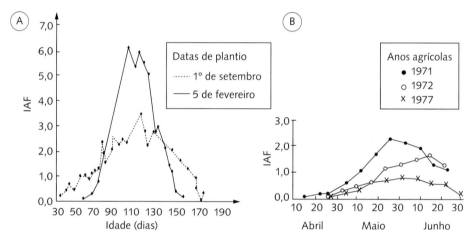

FIG. 2.16 *Perfis temporais do índice de área foliar (IAF) para a cultura do trigo em: (A) duas datas de plantio distintas; (B) três diferentes anos agrícolas, cultivares e densidades de plantio*
Fonte: adaptado de (A) Asrar, Kanemasu e Yoshida (1985) e (B) Aase (1978).

culturas, e essa influência geralmente é bem evidenciada pelo IAF, o que torna este um dos principais indicadores do vigor da vegetação agrícola.

Vários trabalhos têm relatado que combinações lineares de dados espectrais no vermelho e no infravermelho próximo são significativamente correlacionadas com as porções verdes fotossinteticamente ativas dos dosséis de plantas (Tucker, 1979; Wiegand; Richardson; Kanemasu, 1979; Holben; Tucker; Fan, 1980; Kimes et al., 1981; Hatfield et al., 1985).

Holben, Tucker e Fan (1980) verificaram que o índice de vegetação por diferença normalizada (*normalized difference vegetation index* – NDVI), proposto por Rouse et al. (1973), apresenta uma tendência curvilinear quando relacionado com o aumento do IAF ao longo do ciclo fenológico, o que geralmente restringe esse índice a situações de grande biomassa verde devido à natureza assintótica da relação IAF × NDVI (Fig. 2.17).

A explicação para esse comportamento assintótico do NDVI, também conhecido como *saturação*, em relação ao aumento do IAF é a reflectância infinita (R_∞), sobre a qual já se tratou anteriormente, ou seja, pelas características de reflectância e de transmitância das folhas vegetais na região do infravermelho próximo.

Asrar, Kanemasu e Yoshida (1985) estudaram a influência de algumas práticas de manejo (*efeitos não simétricos*) e do ângulo de iluminação solar (*efeitos simétricos*) sobre o IAF quando estimado por meio de dois diferentes índices espectrais: a razão NIR/Red (infravermelho próximo/vermelho), índice proposto por Jordan (1969), e o NDVI.

Quanto aos efeitos não simétricos, a data de plantio e a época de irrigação em relação ao estádio de crescimento apresentaram efeitos significativos sobre o desenvolvimento das folhas de trigo. Uma redução na umidade do solo afetou tanto a duração como a magnitude do IAF máximo nas últimas datas de plantio. Em geral, um estresse de umidade durante os estádios vegetativos resultou numa redução no IAF máximo, ao passo que o estresse de água durante o período reprodutivo diminuiu a duração do IAF verde. Esses tratamentos de manejo afetaram a tendência cíclica da resposta espectral dos dosséis de trigo. O efeito desses tratamentos foi notado nos valores de IAF estimados com base em medições de reflectância de dossel.

Com relação aos efeitos simétricos, a geometria de dossel e os ângulos solares também afetaram as propriedades espectrais dos dosséis e, portanto, o IAF estimado. Um aumento nos ângulos zenitais solares resultou num aumento geral no IAF estimado obtido por ambos os métodos (razão NIR/Red e NDVI). Isso foi atribuído à forte dependência da reflectância vermelha do dossel em relação ao ângulo de iluminação solar, uma vez que a reflectância no infravermelho é menos sensível às mudanças diurnas.

Asrar, Kanemasu e Yoshida (1985) indicaram ainda que as influências simétricas do ângulo de iluminação solar sobre o IAF estimado com base em dados espectrais não foram tão significativas quanto as dos efeitos não simétricos causados pelas práticas de manejo e/ou pelas variabilidades intralavouras. Entretanto, os efeitos de ambos os fato-

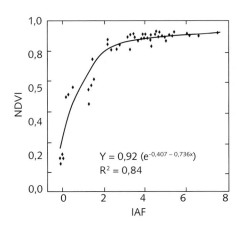

FIG. 2.17 Relação entre o IAF ao longo do ciclo fenológico e o índice espectral NDVI para a soja Fonte: adaptado de Holben, Tucker e Fan (1980).

res (simétricos e não simétricos) foram integrados no IAF estimado por meio de medições de reflectância espectral de dossel.

Para o trigo, Asrar et al. (1984) encontraram que, à medida que as folhas cresceram em tamanho e em número, aumentando o IAF, o NDVI também aumentou rapidamente no início, mas atingiu um platô para valores de IAF acima de 3,0, o que também foi obtido por Holben, Tucker e Fan (1980) (Fig. 2.17).

Nesse platô assintótico, ocorrem mudanças muito pequenas do NDVI em razão de acontecerem mudanças ainda menores na radiação refletida pelo dossel das plantas mesmo diante da continuação dos aumentos do IAF, por causa do fenômeno da reflectância infinita (R_∞), como já foi aventado anteriormente. A ocorrência do comportamento assintótico caracteriza a chamada *saturação* do NDVI.

Considerando uma cultura agrícola qualquer, à medida que vão aumentando os valores de IAF ao longo do avanço do ciclo fenológico, crescem também os valores de porcentagem de cobertura vegetal sobre o solo (COV) e os de fitomassa (FIT), até um determinado momento em que IAF e FIT continuam a aumentar, porém COV atinge seu valor máximo (100% de cobertura do terreno).

A esse propósito, Holben, Tucker e Fan (1980) relatam que a COV tem sido considerada um interessante indicador das condições de dossel. Esses autores também avaliaram as relações de variáveis espectrais com a COV numa configuração de alta densidade foliar de uma plantação de soja, encontrando um relacionamento baixo tanto para a razão NIR/Red como para o IAF (Fig. 2.18).

Uma vez ocorrido o fechamento do dossel (isto é, 100% de cobertura foliar), a COV não pode, por definição, continuar aumentando, embora as plantas de soja continuem a produzir folhas verdes.

Como se pode notar na Fig. 2.18, e conforme assinalam Tucker, Elgin Jr. e McMurtrey III (1979), as relações do NDVI com a COV exibem um nítido *fenômeno de trajetória* da variável com o tempo no decorrer do ciclo agrícola, sendo os padrões e os formatos dessas trajetórias relativamente similares, crescendo com os aumentos de COV ao longo do avanço do ciclo fenológico, chegando a um ápice e depois iniciando uma descida, em razão do início da fase de senescência (ver Fig. 2.11, que ilustra esquematicamente as três grandes fases fenológico-espectrais das culturas de ciclo curto).

Nesse mesmo contexto, Tucker, Elgin Jr. e McMurtrey III (1979) assinalam que as plantações tornam-se espectralmente visíveis quando a COV atinge entre 30% e 35% para a soja e entre 20% e 25% para o milho. Desses pontos em diante, os valores crescem até que os respectivos dosséis atinjam a cobertura máxima (100%), sendo que a porcentagem máxima de cobertura corresponde aos máximos valores das variáveis espectrais. Quando se inicia o processo de senescência, os valores espectrais e a COV também começam a decrescer, conforme ilustrado pelo fenômeno de trajetória mostrado na Fig. 2.18.

Kollenkark et al. (1982b) reportam que fatores como espaçamento, data de plantio e cultivar, para a soja, foram responsáveis por influências na COV, no IAF, na fitomassa e no estádio de desenvolvimento da cultura, e, consequentemente, variações nesses parâmetros agronômicos foram também manifestadas na reflectância do dossel.

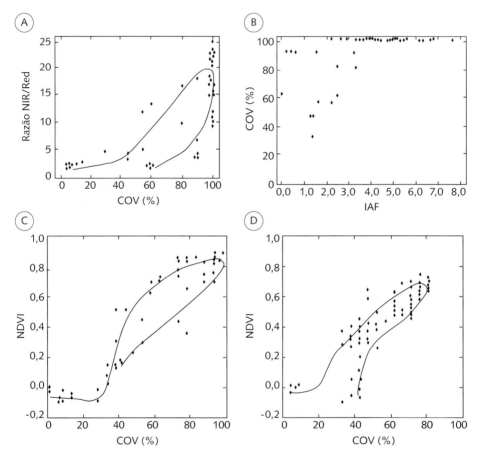

FIG. 2.18 Relações (A) entre as variáveis porcentagem de cobertura vegetal sobre o solo (COV) e razão NIR/Red para a soja, (B) entre IAF e COV para a soja, (C) entre COV e índice espectral NDVI para a soja e (D) entre COV e NDVI para o milho. As setas em (A), (C) e (D) indicam o fenômeno de trajetória dos dados ao longo dos respectivos ciclos agrícolas
Fonte: adaptado de (A,B) Holben, Tucker e Fan (1980) e (C,D) Tucker, Elgin Jr. e McMurtrey III (1979).

Os níveis de reflectância dos solos também são um fator de influência, conjuntamente com a COV, à medida que o ciclo fenológico aumenta, sendo isso corroborado por Huete, Jackson e Post (1985), que constataram, para a cultura do algodão, que a reflectância composta (vegetação + solo) convergiu no vermelho (Fig. 2.19A) para um valor constante quando a COV era de 90%, após o que teve um leve aumento e tornou-se independente da influência dos solos como superfície de fundo.

No caso do infravermelho próximo (Fig. 2.19B), com o desenvolvimento e o aumento da vegetação, ocorreu um aumento francamente linear dos valores de reflectância desde a fase de solo exposto até cerca de COV igual a 90%. A seguir, houve um aumento súbito na reflectância do NIR para valores de COV acima de 90%, o que foi atribuído a um rápido acúmulo de biomassa verde, a despeito de aumentos pequenos da porcentagem de cobertura verde lateralmente. É interessante visualizar também que, mesmo para COV de 100%, a reflectância no NIR foi consistentemente mais alta para o solo mais reflectivo (*superstition sand*), devido à penetração da radiação do NIR no dossel totalmente fechado.

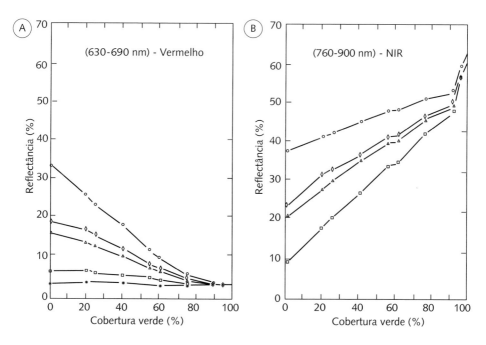

FIG. 2.19 *Relações entre a porcentagem de cobertura verde (algodão) e a reflectância (A) no vermelho e (B) no infravermelho próximo (NIR) para cinco solos diferentes: Superstition sand (seco) (O), Avondale loam (seco) (◊), Whitehouse-BSCL (seco) (△), Cloversprings loam (seco) (□) e Cloversprings loam (úmido) (●)*

Pelas indicações de Huete, Jackson e Post (1985), portanto, vislumbra-se que, não obstante o raciocínio lógico que se possa ter inicialmente, os solos são fatores importantíssimos na resposta espectral das culturas agrícolas, não só nas fases iniciais e nas fases finais (quando, em geral, há baixa porcentagem de cobertura vegetal sobre a superfície), mas até um ponto relativamente avançado de seu ciclo fenológico, principalmente para os comprimentos de onda infravermelhos, que têm maior capacidade de penetração (transmitância) no dossel vegetal.

O parâmetro agronômico fitomassa também tem sido citado como um dos principais envolvidos na influência sobre a reflectância dos dosséis vegetais agrícolas.

Como afirmam Kimes et al. (1981), há grande interesse de utilizar a espectrorradiometria portátil como uma ferramenta de pesquisa não destrutiva em substituição ou em suporte a medições mais trabalhosas de vegetação, sendo a fitomassa um dos parâmetros que se tem desejado estimar via variáveis espectrais, isso devido à potencialidade de a fitomassa servir como importante dado de entrada para modelos de crescimento e de produtividade de culturas (Wiegand; Richardson; Kanemasu, 1979; Tucker et al., 1980).

Os padrões de comportamento da variável matéria seca/fitomassa ao longo do ciclo da soja e do milho são mostrados na Fig. 2.20. Na Fig. 2.20A, observa-se a distribuição de fitomassa entre as diferentes partes das plantas (vagens, hastes e folhas) ao longo do ciclo agrícola. Na Fig. 2.20B, verifica-se como diferentes níveis de adubação nitrogenada afetam a fitomassa.

Nesse contexto, Aase e Siddoway (1981) fizeram o relacionamento entre o NDVI e a matéria seca total para o trigo considerando seis diferentes densidades de plantio e encontraram as tendências mostradas na Fig. 2.21. Eles assinalam que nenhuma relação geral poderia ser estabelecida entre o NDVI e a matéria seca total, exceto para um determinado período, que corresponde aos estádios de crescimento durante o perfilhamento. Conforme indicam esses autores, durante o estádio de perfilhamento do trigo, as plantas são compostas principalmente de material foliar e existe, então, um forte relacionamento entre área foliar e matéria seca total acima da superfície; porém, subsequentemente, essa tendência se desfaz.

Tucker, Elgin Jr. e McMurtrey III (1979) obtiveram as relações entre o NDVI e as fitomassas fresca e seca para o milho e para a soja (Fig. 2.22). Como mostram esses autores, os valores iniciais, tanto para o NDVI como para a fitomassa, foram baixos para ambas as culturas analisadas. Dentro de quatro semanas para a soja e de seis semanas para o milho, os valores do NDVI atingiram um máximo, porém a biomassa continuou a aumentar.

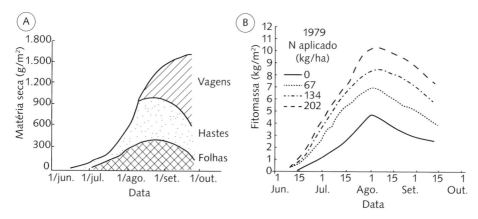

FIG. 2.20 *Padrões de comportamento da matéria seca/fitomassa ao longo do ciclo agrícola para (A) a soja e (B) o milho sob diferentes tratamentos de adubação de nitrogênio (N)*
Fonte: adaptado de (A) Kollenkark et al. (1982b) e (B) Walburg et al. (1982).

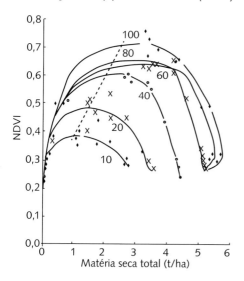

FIG. 2.21 *NDVI versus matéria seca total para seis densidades de plantio de trigo. A linha tracejada mostra o momento em que se atingiu a máxima porcentagem de cobertura do terreno em cada densidade de plantio*
Fonte: adaptado de Aase e Siddoway (1981).

Nas Figs. 2.22A,C, quando a curva começou a se tornar assintótica (fitomassas fresca e seca de cerca de 12.000 kg/ha e 2.500 kg/ha, respectivamente), o dossel da soja atingiu a máxima porcentagem de cobertura vegetal sobre o terreno (COV); isso é evidenciado justamente pela natureza assintótica da curva NDVI *versus* fitomassa.

Após esse ponto de início da tendência assintótica (Fig. 2.22C), a COV permaneceu constante e continuou, com o avançar do ciclo, a produzir os fotossintetizados que aumentaram a fitomassa seca acima da superfície. Essa relação manteve-se constante até que a soja atingiu a senescência (cerca de 9.000 kg/ha de fitomassa seca) e

2 Comportamento espectral de culturas agrícolas | 91

os valores do NDVI começaram a diminuir, juntamente com uma redução nas fitomassas seca e fresca.

Conforme ressaltam Tucker, Elgin Jr. e McMurtrey III (1979), a redução da fitomassa fresca resultou da maturação das plantas, de perdas de folhas secas e de pecíolos e da consequente perda de umidade em razão da senescência.

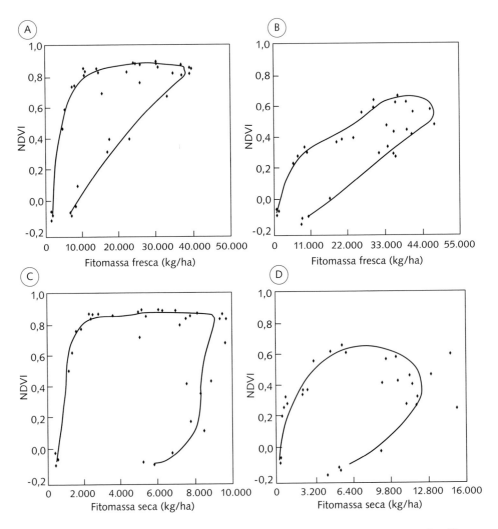

FIG. 2.22 *Relações entre o NDVI e (A) a fitomassa fresca de soja, (B) a fitomassa fresca de milho, (C) a fitomassa seca de soja e (D) a fitomassa seca de milho. As setas indicam o fenômeno de trajetória dos dados*
Fonte: adaptado de Tucker, Elgin Jr. e McMurtrey III (1979).

Com relação ao milho, as relações temporais entre o NDVI e a fitomassa foram menos evidentes (Figs. 2.22B,D), possivelmente devido às dificuldades encontradas nas medições, como assinalam os autores. A diminuição nos valores do NDVI ocorreu em virtude da clorose (amarelecimento) das folhas e da associada queda de folhas; a redução na densidade de clorofila resultou no decréscimo do NDVI.

Finalizando, os autores afirmam que o fenômeno de trajetória (indicado pelas setas nos gráficos da Fig. 2.22) nas relações entre o NDVI e a fitomassa com o tempo mostra a íntima relação das variáveis de reflectância no vermelho e no infravermelho próximo com o crescimento e o desenvolvimento das plantas.

Kimes et al. (1981) encontraram tendências muito similares às encontradas por Tucker, Elgin Jr. e McMurtrey III (1979) para as relações entre o NDVI e as fitomassas fresca e seca, corroborando-lhes as indicações e concluindo que o sensoriamento remoto *in situ* pode ser aplicado como técnica não destrutiva para estimar variáveis agronômicas do milho altamente relacionadas com o *status* fisiológico do dossel dessa cultura.

Questões

2.1) O que se entende pelo termo *deslocamento da borda vermelha* (borda vermelha ou *red edge*) quando se fala de comportamento espectral de vegetação?

Resposta: A região espectral entre 680 nm e 700 nm, denominada borda vermelha (*red edge*), é uma das mais sensíveis a estresses na vegetação. Essa região corresponde ao aumento súbito de reflectância que ocorre na curva espectral da vegetação ao passar do vermelho para o infravermelho próximo (ver Fig. 2.7).

Assim, ao analisar espectros da vegetação, quando se verificam deslocamentos desse segmento (ou seja, da transição vermelho/infravermelho próximo) em direção a comprimentos de onda menores, tem-se a ocorrência do fenômeno designado como *deslocamento da borda vermelha para o azul* (em inglês, *blue shift of the red edge*), perceptível quando é plotada a curva de reflectância × comprimento de onda.

Estresses severos da vegetação, causados, por exemplo, por desidratação foliar, provocam o aparecimento desse fenômeno. Nessa mesma linha, quando o objetivo é estimar o conteúdo de clorofila foliar, a técnica denominada determinação da posição da borda do vermelho (em inglês, *red edge position determination*, REPD) tem se mostrado útil, em virtude de a posição dessa borda possuir relação com os níveis de nitrogênio e de clorofila nas folhas.

Cho e Skidmore (2006) apresentam uma inovadora técnica para a extração da posição da borda do vermelho com base em dados hiperespectrais.

2.2) O que é *reflectância infinita* e como esse fenômeno pode interferir no desempenho dos índices espectrais de vegetação?

Resposta: Durante o desenvolvimento do ciclo fenológico de uma cultura agrícola, a quantidade de camadas foliares vai crescendo à medida que o tempo após o plantio vai aumentando.

Assim, se durante esse desenvolvimento for utilizado um sensor para obter o comportamento espectral na região do infravermelho próximo, será verificado que ocorrerão aumentos significativos de reflectância nesse intervalo.

Porém, conforme o número de camadas foliares cresce de uma camada para duas camadas, o aumento da reflectância é relativamente grande.

Em seguida, quando se passa de duas para três camadas, o aumento será um pouco menor do que o anterior. Outra diminuição ocorre quando se passa de três para quatro camadas, e assim sucessivamente. Ou seja, os aumentos de reflectância vão sendo cada vez menores à medida que cresce o número de camadas foliares.

Isso se deve às características de reflectância e de transmitância das folhas vegetais no intervalo espectral do infravermelho próximo (ver Fig. 2.10). De fato, no infravermelho próximo a reflectância é de aproximadamente 50% da energia incidente e a transmitância também é de cerca de 50%.

Por sua vez, os índices espectrais de vegetação (ver Cap. 3) são valores obtidos por meio de pequenas fórmulas matemáticas de relacionamento entre as reflectâncias da vegetação em determinados intervalos espectrais (muitas vezes, no vermelho e no infravermelho próximo), com o objetivo de permitir a realização de estimativas de variáveis biofísicas.

Desse modo, devido ao fenômeno da reflectância infinita (ilustrada pelas Figs. 2.9 e 2.10), o índice de vegetação por diferença normalizada (NDVI), por exemplo, quando plotado contra os aumentos do IAF ocorrentes durante o desenvolvimento de um ciclo fenológico, em vez de apresentar uma tendência linear mostrará uma tendência assintótica (ver Fig. 2.17). Esse comportamento assintótico também é conhecido como saturação dos índices de vegetação.

Se essa relação fosse do tipo linear, o NDVI seria um meio excelente de estimar variáveis biofísicas como o IAF, uma vez que, à medida que o IAF aumentasse, o NDVI aumentaria proporcionalmente. Contudo, o comportamento assintótico dificulta tais estimações.

ÍNDICES ESPECTRAIS DE VEGETAÇÃO × AGRICULTURA

Entre as principais contribuições dos dados de sensoriamento remoto para objetivos e aplicações em agricultura, situam-se aquelas relacionadas com o monitoramento e a estimativa de parâmetros biofísicos das culturas agrícolas.

Nesse sentido, os índices espectrais de vegetação (IVs) desempenham papel de primeira linha como meio para caracterizar a dinâmica temporal e o vigor da vegetação agrícola (Boxe 3.1).

Os fundamentos envolvidos nas interações entre a radiação eletromagnética e a vegetação, os quais possibilitam o funcionamento desses índices, foram expostos no Cap. 2, que trata sobre o comportamento espectral de culturas.

Os IVs podem ser definidos como formulações matemáticas desenvolvidas a partir de dados espectrais obtidos por sensores remotos, principalmente nas bandas do vermelho e do infravermelho próximo, visando permitir avaliações e estimativas da cobertura vegetal de uma área, em termos de parâmetros como área foliar, fitomassa, porcentagem de cobertura do solo e atividade fotossintética.

Essas transformações matemáticas podem ser interpretadas como medidas semianalíticas da atividade da vegetação e têm sido largamente utilizadas em razão de conseguirem representar com fidedignidade variações da folhagem verde não somente em termos sazonais, mas também ao longo da superfície terrestre, com o objetivo de detectar variabilidades espacializadas.

> **Boxe 3.1 As potencialidades dos índices espectrais de vegetação para a agricultura**
>
> O potencial dos IVs para a agricultura é vasto em razão de propiciarem a capacidade de avaliar a quantidade e as condições das plantas, em extensas áreas, de modo rápido, repetitível e com fundamentação física. Existem numerosos IVs já desenvolvidos, a partir de dados tanto multiespectrais (bandas largas) como hiperespectrais (bandas estreitas).
>
> Esses índices podem ser de insubstituível utilidade para a estimativa de variáveis biofísicas, como a porcentagem de cobertura verde sobre o solo, a fitomassa, o IAF, o conteúdo de água e de componentes bioquímicos, a produtividade, e a fração da radiação fotossinteticamente ativa, entre outras características biofísicas.
>
> Os IVs apresentam correlações entre a radiação solar e os tecidos fotossinteticamente ativos das plantas, tornando-se então indicativos das propriedades biofísicas dinâmicas relacionadas com a produtividade e o balanço de energia da vegetação.
>
> Na agricultura de precisão, alguns desses índices podem ser utilizados para quantificar a variabilidade espacial das plantas de cada talhão produtivo, permitindo ampliar a capacidade de um manejo mais otimizado e sustentável das lavouras.
>
> As tecnologias de sensoriamento remoto deverão melhorar crescentemente, tanto em termos de resoluções temporais como em relação às resoluções espectrais e espaciais, e, portanto, deverão propiciar oportunidades cada vez maiores de geração das informações fundamentais para a agricultura, como a estimativa da produtividade, das áreas plantadas e da variabilidade espacial das culturas agrícolas.

Pode-se dizer que os IVs buscam realçar informações sobre a fitomassa verde contidas em dados de reflectância espectral, procurando minimizar efeitos indesejáveis causados por solos subjacentes à vegetação, atmosfera atravessada pela radiação eletromagnética e variações da geometria Sol-alvo-sensor.

Os dados de imagens orbitais são usualmente armazenados em valores de números digitais (NDs) (*digital numbers*, DNs). Os dados Landsat-5, por exemplo, eram armazenados em valores de 8 *bits* e, portanto, podiam variar entre 0 e 255. Para outros satélites, o armazenamento pode ser em valores de 10 ou 16 *bits*.

Deve-se levar em conta que, se os dados são fornecidos em NDs, isso significa que aquelas imagens estão nas mesmas condições em que o respectivo satélite "vê" quando está em seu posicionamento de altitude no espaço e, portanto, esses dados não passaram ainda por correções.

A energia que chega ao sensor em órbita é quantificada radiometricamente (por exemplo, 8 *bits*) por meio de uma transformação matemática simples do tipo $y = ax + b$. Posteriormente, os valores NDs podem ser transformados em valores de radiância de maneira apropriada – no caso dos dados Landsat, por exemplo, a forma de transformação pode ser encontrada no *software* i.landsat.toar (Grass, 2017). Essa energia é denominada *radiância ao nível do sensor* (*radiance-at-sensor*) ou *radiância no topo da atmosfera*.

Tendo-se os valores de radiância ao nível de sensor, é preciso remover a influência atmosférica, já que, no momento da coleta dos dados, existe toda a camada da atmosfera entre o sensor orbital e a superfície terrestre. No caso dos dados Landsat, há uma forma simples de realizar tais correções, a qual está disponível em i.landsat.toar e utiliza a correção DOS (Chavez, 1988). Existe uma forma de correção que pode ser utilizada para outros satélites e está disponível em i.atcorr.

Uma vez realizadas as correções atmosféricas sobre os dados de satélite, tem-se em mãos a reflectância ao nível de superfície, que, teoricamente, pode variar entre 0 e 1. A variável reflectância ao nível de superfície é considerada o melhor tipo de dado para o cálculo dos IVs (Teillet et al., 1997).

Quando se observa o ciclo de crescimento de uma cultura de ciclo curto (Fig. 3.1), por exemplo, é possível verificar que as fases vão sucedendo-se, a começar pelo plantio, passando pelo desenvolvimento vegetativo (quando o índice de área foliar, IAF, cresce gradualmente), vindo em seguida a maturidade e chegando, por fim, à fase de colheita, quando as folhas, em geral, secam em razão da transferência de energia para os grãos.

Os IVs devem ter a capacidade de captar as mudanças de fitomassa ao longo do ciclo, ao mesmo tempo que devem ser minimamente sensíveis aos ruídos causados pelos solos subjacentes.

Quando um sensor remoto obtém dados sobre uma superfície vegetada para que depois sejam extraídas informações a respeito daquela superfície, é necessário considerar as curvas espectrais dos dois componentes principais ali presentes, ou seja, a vegetação e o solo. As porcentagens relativas de cada um dos componentes em cada *pixel* influenciarão na resposta final a ser verificada naquele *pixel*.

Tanto quanto possível, é desejável que os IVs isolem os ruídos causados pela presença dos solos como fundos de cena.

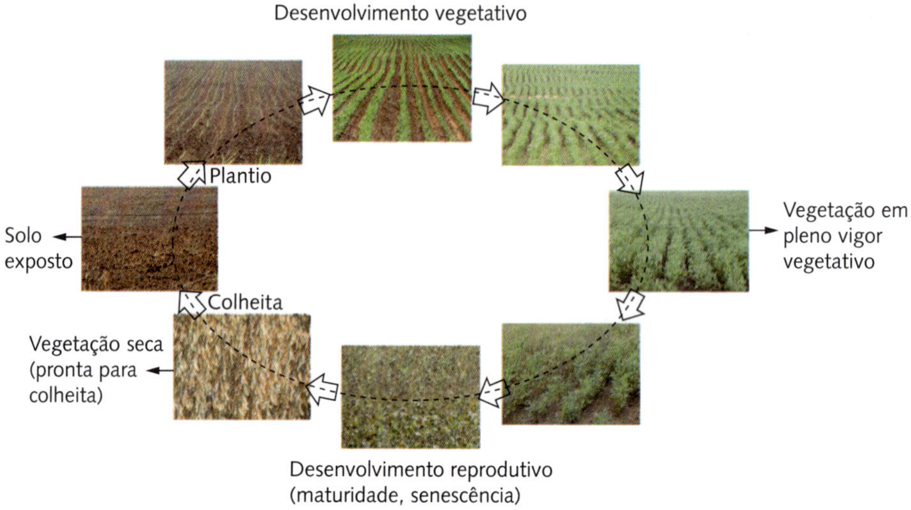

FIG. 3.1 *Ilustração esquemática das principais fases de desenvolvimento de uma cultura agrícola de ciclo curto (soja)*

Conforme ilustrado na Fig. 3.2, dependendo de como aumente o número de camadas foliares (uma a sete camadas), as respostas espectrais serão proporcionalmente expressas em diminuições na banda do vermelho (A) e em aumentos no infravermelho próximo (B). As variações nessas duas bandas constituem focos de fornecimento de informações sobre a fitomassa via uso dos IVs.

Quais são as suposições básicas necessárias para o funcionamento dos IVs? A mais básica delas é de que alguns tipos de formulação matemática usando dados espectrais sensoriados remotamente podem conter informações úteis sobre a vegetação sensoriada.

O pressuposto seguinte é de que as respostas espectrais de *pixels* que contêm solos expostos (não vegetação) formarão uma linha, denominada linha do solo (Fig. 3.3), quando tais respostas forem distribuídas em diagramas de dispersão (banda do vermelho × banda do infravermelho próximo). A linha do solo é considerada a de vegetação zero.

Acima da linha do solo estarão as linhas correspondentes a *pixels* com vegetação. No diagrama representado na Fig. 3.3, quanto mais distante (para cima) da linha do solo uma isolinha estiver, maior será a quantidade de fitomassa correspondente.

Na linha do solo (Fig. 3.3), há que se considerar que, quanto mais espectralmente escuros forem os solos, ou seja, quanto menores forem as reflectâncias no vermelho e no infravermelho próximo, mais próximos de (A) esses solos estarão represen-

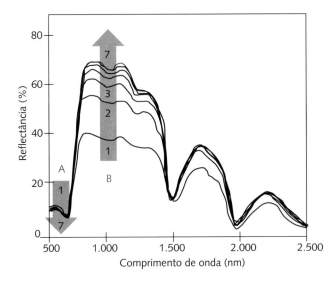

FIG. 3.2 *Curvas espectrais para a vegetação, considerando diferentes IAFs, em que são realçadas as variações nas bandas do vermelho (A) e do infravermelho próximo (B), que estão entre as bandas mais utilizadas em IVs. Os números de 1 a 7 representam a quantidade de camadas foliares*

tados, e, por outro lado, quanto mais refletivos (mais claros) forem os solos, mais próximas de (B) suas reflectâncias estarão representadas.

A linha do solo é obtida quando, num espaço vermelho × infravermelho próximo, são plotados pontos espectrais referentes a *pixels* que contêm exclusivamente solos expostos, tanto os escuros como os claros, obtendo-se, em seguida, a linha que melhor se ajusta aos pontos correspondentes a esses solos.

Se, em vez de um diagrama bidimensional como o da Fig. 3.3, for ajustado um diagrama com três variáveis espectrais, no lugar da linha do solo haverá um plano de solos. Kauth e Thomas (1976) fizeram o ajuste tridimensional citado, ou seja, usaram mais de duas variáveis espectrais, e obtiveram uma figura semelhante a um capuz com borla (*tasseled cap*). Esses autores descobriram que, afastando-se da base do plano de solos, o ponto mais alto do "capuz" correspondia a regiões de alta quantidade de vegetação.

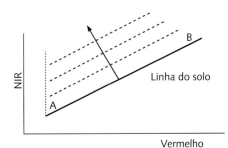

FIG. 3.3 *Diagrama de dispersão vermelho × infravermelho próximo (NIR) ilustrando a linha do solo e as linhas de isovegetação acima dela. A seta indica o crescimento do IAF. Por sua vez, (A) representa a região espectral correspondente aos solos mais escuros, e (B), a região espectral relativa aos solos mais claros*

Existem vários tipos de IV, que, conforme Ray (2016), em geral podem ser agrupados em três classes: índices intrínsecos ou simples, índices que utilizam a linha do solo e índices atmosfericamente corrigidos.

3.1 ÍNDICES INTRÍNSECOS OU SIMPLES

Entre os índices simples mais conhecidos estão o *simple ratio* (SR), proposto por Jordan (1969) e obtido por meio da Eq. 3.1, e o *normalized difference vegetation index* (NDVI), proposto por Rouse et al. (1973) e calculado conforme a Eq. 3.2. O SR pode ter uma larga amplitude de valores, ao passo que o NDVI pode variar entre –1 e 1.

$$SR = NIR/Red \tag{3.1}$$

$$NDVI = (NIR - Red)/(NIR + Red) \tag{3.2}$$

em que:
NIR = reflectância no infravermelho próximo;
Red = reflectância no vermelho.

É importante ressaltar que o NDVI é um dos índices empregados há mais tempo e está entre os mais utilizados em razão de sua excelente responsividade a variações de vigor da vegetação.

O *weighted difference vegetation index* (WDVI), obtido por meio da Eq. 3.3, foi proposto por Clevers (1988) e pretende ser uma formulação matemática mais simples do que o *perpendicular vegetation index* (PVI, exposto em seguida), porém com maior amplitude de variação e menor sensibilidade às variações atmosféricas.

$$WDVI = NIR - g \cdot Red \tag{3.3}$$

em que:
NIR = reflectância no infravermelho próximo;
Red = reflectância no vermelho;
$g = NIR_{solo}/Red_{solo}$.

3.2 ÍNDICES QUE UTILIZAM A LINHA DO SOLO

Entre os índices que utilizam a linha do solo está o *perpendicular vegetation index* (PVI), proposto por Richardson e Wiegand (1977) e calculado conforme a Eq. 3.4. Esse índice assume que, quanto maior for a distância de um ponto em relação à linha do solo, maior será a quantidade de vegetação presente no respectivo *pixel*, de cujas respostas espectrais foram extraídos os dados plotados.

$$PVI = \text{sen}(a)\, NIR - \cos(a)\, Red \tag{3.4}$$

em que:
a = ângulo entre a linha do solo e o eixo NIR;
NIR = reflectância no infravermelho próximo;
Red = reflectância no vermelho.

Outro índice que utiliza a linha do solo é o *soil adjusted vegetation index* (Savi), proposto por Huete (1988) e projetado de forma a minimizar os efeitos dos solos abaixo da vegetação. É calculado conforme a Eq. 3.5 e pode variar entre –1 e 1.

$$Savi = [(NIR - Red)(1 + L)]/[(NIR + Red) + L] \tag{3.5}$$

em que:
NIR = reflectância no infravermelho próximo;
Red = reflectância no vermelho;
L = fator de ajuste do índice Savi.

O fator L pode assumir valores de 0,25 a 1, a depender da quantidade de cobertura do solo, sendo 0,5 o valor mais utilizado. De acordo com Huete (1988), é indicado um valor de L de 0,25 para vegetação densa, 0,5 para vegetação com densidade intermediária e 1 para vegetação com baixa densidade. Se o valor de L for igual a 0, o Savi terá valores equivalentes aos do NDVI.

O Savi pretende ser um híbrido entre os índices do tipo razão e os índices perpendiculares, aqueles que dependem da linha do solo. A construção original desse índice foi baseada em medições feitas para dosséis de algodão e de gramíneas e leva em conta que as linhas de isovegetação não seriam, na realidade, paralelas à linha do solo e, assim, não convergiriam para um ponto único (Huete, 1988).

É oportuno indicar que o fator L foi encontrado por tentativa e erro, até ser identificado um fator que tivesse dado resultados com iguais IVs tanto para solos claros quanto para solos escuros.

Cabe também mencionar por que é necessário incluir o termo $(1 + L)$ na formulação do Savi. A fundamentação é que a inclusão desse termo multiplicativo faz com que a amplitude de variação desse IV fique entre –1 e +1. Isso foi feito de tal maneira que o índice se reduza ao NDVI quando o fator de ajuste L seja igual a zero, conforme pode ser deduzido da Eq. 3.5.

O *transformed soil adjusted vegetation index* (TSAVI) foi desenvolvido por Baret et al. (1989) e Baret e Guyot (1991) assumindo que a linha do solo tem inclinação e intercepto arbitrários e, assim, faz uso desses valores para ajustar o IV. Isso seria um artifício para escapar da arbitrariedade de escolha do valor de L que ocorre no Savi. O TSAVI é obtido por meio da Eq. 3.6 e pode variar entre –1 e +1.

$$TSAVI = [s(NIR - s\ Red - a)]/[a\ NIR + Red - a\ s + X(1 + s\ s)] \qquad (3.6)$$

em que:
s = declividade da linha do solo;
NIR = reflectância no infravermelho próximo;
Red = reflectância no vermelho;
a = intercepto da linha do solo;
X = fator de ajuste visando minimizar o ruído dos solos.

O parâmetro X foi ajustado de maneira a minimizar o efeito do solo como substrato de fundo, porém na verdade não se pode dizer que se tenha chegado a uma forma não arbitrária de encontrar seu valor, que nos artigos originais foi proposto como igual a 0,08.

O *modified soil adjusted vegetation index* (MSAVI) foi desenvolvido por Qi et al. (1994). Como assinalado anteriormente para o Savi, também nesse caso o fator de ajuste L depende da quantidade de cobertura verde presente, o que pode levar a certa circularidade, uma vez que seria necessário saber de quanto é a cobertura verde antes de calcular o IV, que é a variável que deve fornecer ao usuário a informação sobre quanto é a cobertura de vegetação ali presente.

Dessa forma, a ideia básica ao desenvolver o MSAVI foi fornecer um fator de correção (L) variável, fazendo com que as linhas de isovegetação não convergissem para um ponto único, ou seja, cruzassem a linha do solo em diferentes pontos. O MSAVI é calculado por meio da Eq. 3.7 e pode variar entre –1 e 1.

$$MSAVI = [(NIR - Red)(1 + L)]/(NIR + Red + L) \qquad (3.7)$$

em que:
NIR = reflectância no infravermelho próximo;
Red = reflectância no vermelho;
L = 1 – 2s NDVI WDVI, sendo s a declividade da linha do solo e tendo sido NDVI e WDVI apresentados respectivamente nas Eqs. 3.2 e 3.3.

O *enhanced vegetation index* (EVI) foi desenvolvido como uma otimização destinada a realçar o sinal da vegetação, buscando maior sensibilidade para locais com alta fitomassa, procurando aperfeiçoar o monitoramento da vegetação por meio da diminuição das influências do sinal proveniente dos solos e das influências atmosféricas (Huete et al., 1997). O EVI pode ser calculado conforme:

$$EVI = G\{(NIR - Red)/[NIR + C_1(Red - C_2(Blue + L))]\} \quad (3.8)$$

em que:
G = fator de ganho;
NIR = reflectância no infravermelho próximo;
Red = reflectância no vermelho;
Blue = reflectância no azul;
C_1 = coeficiente de ajuste para o efeito de aerossóis da atmosfera na banda do vermelho;
C_2 = coeficiente de ajuste para o efeito de aerossóis da atmosfera na banda do azul;
L = fator de ajuste para o solo.

Os valores em geral adotados para o algoritmo do EVI são: L = 1, C_1 = 6, C_2 = 7,5 e G = 2,5 (Justice et al., 1998).

O EVI2 corresponde a um EVI com apenas duas bandas, que tem similaridade com o EVI de três bandas, principalmente pelo fato de os efeitos atmosféricos serem insignificantes, com uma qualidade de dados mantida (Zhangyan et al., 2007). O EVI2 é calculado conforme a Eq. 3.9 e pode variar entre –1 e 1.

$$EVI2 = 2,5[(NIR - Red)/(NIR + 2,4Red + 1)] \quad (3.9)$$

em que:
NIR = reflectância no infravermelho próximo;
Red = reflectância no vermelho.

Os IVs necessitam ser o menos possível sujeitos a interferências externas, e um dos ruídos que devem ser mais evitados é o dos efeitos atmosféricos. Os ruídos atmosféricos, de fato, podem interferir na maioria das aquisições de dados de sensoriamento remoto, sobretudo em nível orbital.

Tais efeitos podem tanto atenuar quanto espalhar a radiação eletromagnética coletada pelos sensores remotos em função da presença de aerossóis na atmosfera, que pode variar significativamente ao longo de uma mesma cena captada. Desse modo, tais variações podem afetar os valores dos IVs, o que é particularmente relevante quando são comparados índices de diferentes datas.

3.3 ÍNDICES ATMOSFERICAMENTE CORRIGIDOS

Entre os índices que procuram minimizar os efeitos de ruídos atmosféricos está o *global environmental monitoring index* (Gemi), que foi desenvolvido por Pinty e Verstraete (1991). Esses autores procuraram eliminar a necessidade de detalhadas correções atmosféricas, podendo esse índice ser calculado pela Eq. 3.10, com amplitude de variação entre 0 e 1.

$$Gemi = \eta(1 - 0{,}25\eta) - [(Red - 0{,}125)/(1 - Red)] \qquad (3.10)$$

sendo

$$\eta = [2(NIR^2 - Red^2) + 1{,}5NIR + 0{,}5Red]/(NIR + Red + 0{,}5) \qquad (3.11)$$

em que:
NIR = reflectância no infravermelho próximo;
Red = reflectância no vermelho.

Outro índice que busca minimizar os efeitos atmosféricos é o *atmospherically resistant vegetation index* (Arvi), que foi proposto por Kaufman e Tanré (1992) como um processo de autocorreção para efeitos atmosféricos no canal do vermelho (*red*), com base na diferença entre o vermelho e o azul (*blue*), podendo ser calculado conforme a Eq. 3.12 e variando entre –1 e +1.

$$Arvi = (NIR - RB)/(NIR + RB) \qquad (3.12)$$

sendo

$$RB = Red - \gamma(Red - Blue) \qquad (3.13)$$

em que:
Red = reflectância no vermelho;
Blue = reflectância no azul.

No cálculo do Arvi, verifica-se que os autores propõem a substituição do *Red* na fórmula do NDVI pelo termo RB, sendo que o coeficiente gama (γ) assume valor igual a 1,0.

Kaufman e Tanré (1992) propuseram também o mesmo tipo de substituição no índice Savi, produzindo então o *soil adjusted atmospherically resistant vegetation index* (Sarvi).

Conforme Qi et al. (1994), essas classes de IV são um pouco mais sensíveis às mudanças na quantidade de vegetação do que o Gemi e, por outro lado, menos sensíveis aos efeitos atmosféricos e aos ruídos dos solos do que o Gemi.

Por sua vez, Gitelson, Kaufman e Merzlyak (1996) propuseram outro índice com o objetivo de diminuir os efeitos atmosféricos, denominado *green atmospherically resistant vegetation index* (Gari), cuja formulação corresponde a:

$$Gari = \{NIR - [Green - (Blue - Red)]\}/\{NIR + [Green - (Blue - Red)]\} \qquad (3.14)$$

em que:
Blue, *Green*, *Red*, *NIR* = valores dos *pixels* nas bandas azul, verde, vermelho e infravermelho próximo, respectivamente.

Deve-se ressaltar que os procedimentos de adequadas correções atmosféricas produzem melhorias significativas em dados de sensoriamento remoto e são indicados para a obtenção dos melhores resultados possíveis com o uso de IVs.

3.4 O ÍNDICE NDWI

Um índice que não é classificado dentro das categorias até aqui expostas é o *normalized difference water index* (NDWI), proposto por Gao (1996), cujo principal objetivo é o sensoriamento remoto da água líquida contida na vegetação.

Enquanto o NDVI é baseado no uso de uma banda espectral no vermelho (próximo a 660 nm) e outra no infravermelho próximo (próximo a 869 nm) (ver Eq. 3.2), o NDWI utiliza duas bandas espectrais no infravermelho próximo, centradas aproximadamente em 860 nm e em 1.240 nm, nas quais a radiação eletromagnética incidente sobre o dossel da vegetação interage em profundidades similares, uma vez que ambas estão no infravermelho próximo. No caso das bandas utilizadas no NDVI, isso não ocorre, em razão de uma banda estar localizada no vermelho e outra no infravermelho próximo.

Dessa forma, pode-se considerar que o NDWI é uma quantificação das moléculas de água líquida presentes no dossel vegetal, as quais interagem com a radiação solar incidente, sendo que, inclusive, as bandas espectrais usadas nesse índice são menos sensíveis aos efeitos de espalhamento atmosférico do que os comprimentos de onda usados no NDVI.

3.4.1 Fundamentação para o NDWI

Conforme Gao (1996), o fundamento para a escolha de duas bandas no infravermelho próximo está relacionado ao fato de os espectros de reflectância da vegetação verde no intervalo entre 900 nm e 2.500 nm serem dominados pela absorção devida à água líquida, sendo fracamente afetados por absorções devidas a outros componentes bioquímicos (Gao; Goetz, 1994).

De fato, Tucker (1980) já havia observado que o intervalo espectral 1.550-1.750 nm, correspondente à banda 5 do TM/Landsat, era o melhor, dentro da região 750-2.500 nm, para finalidades de monitoramento do *status* da água no dossel vegetal a partir do espaço.

Cibula, Zetka e Rickman (1992) também haviam demonstrado que as reflectâncias na banda TM-5 para alguns tipos de vegetação aumentavam à medida que o conteúdo de água decrescia.

Como se sabe, os espectrômetros imageadores adquirem imagens em centenas de bandas estreitas contíguas, de tal modo que, para cada *pixel*, um espectro de reflectância ou de emitância pode ser obtido sem *gaps*. Assim, sensores de bandas hiperespectrais têm a capacidade de propiciar dados espectrais de bandas estreitas para a obtenção do NDWI, visando ao sensoriamento da água líquida contida na vegetação.

3.4.2 Formação do NDWI

O NDWI proposto por Gao (1996) utiliza dois canais espectrais localizados no intervalo do infravermelho próximo, um centrado em 860 nm e outro em 1.240 nm, aproximadamente, apresentando uma formulação matemática semelhante à do NDVI, conforme:

$$NDWI = [\rho_{860} - \rho_{1.240}]/[\rho_{860} + \rho_{1.240}] \qquad (3.15)$$

em que:

$\rho(\lambda)$ = reflectância aparente nos comprimentos de onda de 860 nm e 1.240 nm.

Como mostrado na Fig. 3.4, ambas as bandas usadas no NDWI localizam-se no platô de elevada reflectância do infravermelho próximo, sendo esperado que as propriedades de espalhamento para as duas bandas sejam aproximadamente as mesmas.

Duas bandas de absorção pela água líquida são centradas em 980 nm e em 1.200 nm. De acordo com Gao (1996), embora a banda de 1.240 nm esteja fora do centro da feição de absorção pela água líquida (1.200 nm), ambos os comprimentos de onda têm comportamentos comparáveis.

O valor de NDWI para essa curva espectral da vegetação verde é de 0,064 (positivo). As reflectâncias da vegetação seca no intervalo 800-1.300 nm geralmente aumentam, exceto próximo de 1.200 nm, onde existe uma fraca banda de absorção devida à celulose. O efeito da absorção pela celulose em 1.240 nm é muito menor do que em 1.200 nm. Portanto, o uso de uma banda estreita em 1.240 nm na formação do NDWI evita em grande medida os indesejáveis efeitos da absorção pela celulose desse IV.

O valor de NDWI para a curva da vegetação seca (Fig. 3.4) é de –0,056 (negativo). Em geral, o valor de NDWI para a vegetação verde é positivo em razão da fraca banda de absorção causada pela água líquida próximo de 1.240 nm.

A absorção da água líquida na região de 1.500-2.500 nm para a vegetação verde é significativamente mais forte do que aquela na região de 900-1.300 nm, como pode ser visto na Fig. 3.4.

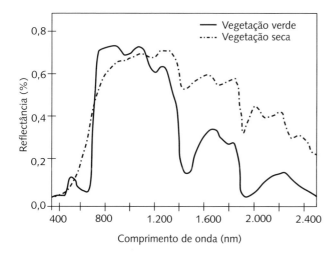

FIG. 3.4 Exemplos de espectros de reflectância da vegetação medidos em laboratório

Os espectros de reflectância na região de 1.500-2.500 nm saturam quando o IAF atinge o valor quatro ou mais (Lillesaeter, 1982). Por outro lado, pelo fato de a absorção pela água líquida na região de 900-1.300 nm ser fraca, o espectro da vegetação nessa região é sensível a mudanças no conteúdo de água líquida até que o IAF atinja o valor oito.

Para fundamentações e discussões mais detalhadas sobre o NDWI, é indicado o trabalho de Gao (1996).

3.5 O ÍNDICE IDEAL

Verifica-se, pelo que foi exposto até aqui, que existe uma grande variedade de IVs, sendo que cada um possui um desempenho melhor sob um específico ponto de necessidade dos usuários.

O IV ideal seria aquele em que se verificasse uma resposta linear à medida que as variações de vegetação fossem ocorrendo, com alto valor de R^2, e, além disso, com baixa dispersão ao redor da reta de ajuste (Fig. 3.5).

Contudo, na prática, não existem tais condições de idealidade. O índice NDVI, por exemplo, responde a variações de fitomassa até certo ponto e depois apresenta saturação (Fig. 3.6).

A explicação para a ocorrência desse comportamento assintótico a partir de determinada densidade de vegetação, representada pelos valores de IAF crescentes no eixo x da Fig. 3.6, é atribuída às características de interação entre a radiação eletromagnética incidente e as camadas múltiplas de folhas (ver Fig. 2.10).

Quando uma quantidade (I) de radiação no infravermelho próximo incide na primeira camada de folhas de um dossel vegetal (ver Fig. 2.10), cerca de metade de I é refletida (R_1) e metade é transmitida (T_1) através dessa primeira camada. Em seguida, T_1 vai incidir na segunda camada. Ao atingir a segunda camada, T_1, por sua vez, terá metade refletida (R_2) e metade transmitida para a terceira camada (T_2).

Isso ocorre sucessivamente, uma vez que, como se sabe, uma folha vegetal em geral reflete praticamente metade da radiação infravermelha que nela incide, e a outra metade é transmitida.

Dessa forma, o resultado final será que, em média, o NDVI tenderá a apresentar o fenômeno denominado *saturação* quando houver certo número de camadas foliares, ou seja, com IAFs ao redor de 3 a 5, dependendo do tipo de planta (Carlson; Ripley, 1997). Esse fenômeno da saturação do NDVI está ilustrado na Fig. 3.6.

Existem culturas agrícolas que, em determinadas fases de seu ciclo, apresentam IAFs maiores do que os citados limites de 2,5 a 3, contudo isso não impede o uso dos IVs que dependem de bandas no vermelho e no infravermelho próximo, tomando-se os devidos cuidados de não inferir valores absolutos de

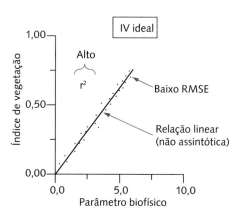

FIG. 3.5 Ilustração da relação entre um IV ideal e um determinado parâmetro biofísico da vegetação

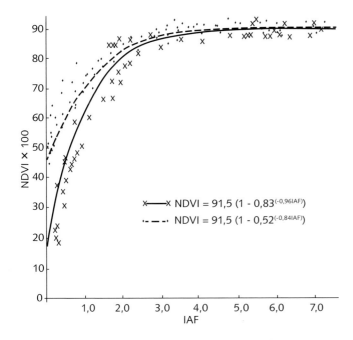

FIG. 3.6 Ilustração do comportamento do NDVI em face de aumentos de IAF para a cultura do trigo, ressaltando-se a ocorrência de saturação (a curva torna-se assintótica próximo do momento em que o IAF atinge o valor aproximado de 2,5)

variáveis biofísicas pelo uso exclusivo desses índices, mas usando-os apenas com os devidos potenciais informativos que carregam.

3.6 Influências da relação angular do sistema fonte--alvo-sensor nos índices espectrais de vegetação

Há certa quantidade de fatores interferentes nos valores dos IVs, os quais estão relacionados com o sistema de sensoriamento remoto em uso, e, assim, é necessário ter na devida conta esses fatores para usar adequadamente os índices e para evitar erros nos casos em que eles forem utilizados para estimativas de parâmetros biofísicos da vegetação agrícola.

Entre os componentes de um sistema de sensoriamento remoto, os que exercem influência direta nas respostas das culturas agrícolas captadas pelos sensores remotos estão relacionados com: a fonte de radiação, que em geral é o Sol, devendo-se, portanto, levar em conta os ângulos de iluminação (zenital e azimutal); o sensor (bandas espectrais, resolução geométrica, ângulos de visada); e o próprio alvo (tipo de cultura, fase fenológica, tipo de solo, relevos).

As variações de reflectância causadas por mudanças relacionadas com os ângulos Sol-alvo-sensor são comumente referidas como efeitos bidirecionais nos estudos de radiação de cena.

As culturas agrícolas em geral se comportam como alvos não lambertianos (ou anisotrópicos) em relação aos processos de interação da radiação eletromagnética. Portanto, as respostas a essas interações ocorrem com intensidades diferenciadas conforme haja mudanças nos ângulos da fonte de radiação e do sensor utilizado (Myneni; Williams, 1994).

O dossel de uma cultura agrícola é composto de todas as partes vegetais acima do solo: as folhas (que são o principal elemento do dossel que interage com a radiação eletromagnética incidente), as hastes e as inflorescências.

Para as culturas plantadas em linha, numa significativa porção do ciclo de crescimento haverá os efeitos desse tipo de plantio, em função da quantidade de sombras que se farão presentes em cada *pixel*.

Quando se considera o sistema Sol-alvo-sensor, a resposta espectral (R) de um *pixel* de uma cultura agrícola plantada em linha pode ser descrita pelos seguintes componentes:

$$R = \%V_i + \%S_i + \%V_s + \%S_s \tag{3.16}$$

em que:
$\%V_i$ = porcentagem de vegetação iluminada;
$\%S_i$ = porcentagem de solo iluminado nas entrelinhas;
$\%V_s$ = porcentagem de vegetação sombreada;
$\%S_s$ = porcentagem de solo sombreado.

Com o desenvolvimento da cultura durante o ciclo de crescimento, a cobertura verde vai aumentando ao longo do ciclo e a quantidade de solo exposto nas entrelinhas vai diminuindo.

Evidentemente, as variações causadas pelos efeitos bidirecionais devem ser avaliadas com os devidos cuidados, a fim de que os valores dos IVs sejam corretamente considerados, sobretudo quando forem feitas estimativas de parâmetros biofísicos.

O comportamento da vegetação em relação aos vários fatores que interferem nas respostas espectrais foi bem discutido no Cap. 2.

3.7 Índices de bandas estreitas (hiperespectrais)

Pode-se dizer que, em relação aos IVs, o que foi descrito até este ponto considera sensores de bandas largas. Contudo, é muito significativa a contribuição dos chamados sensores hiperespectrais quando se trata desses índices.

Os sensores hiperespectrais permitem registrar a resposta espectral dos alvos terrestres em centenas de bandas estreitas ao longo do espectro refletivo (400 nm a 2.500 nm). Esses sensores podem ser tanto imageadores como não imageadores.

Os espectrômetros imageadores, usados em plataformas de sensoriamento remoto, proveem imagens similares às fornecidas por sensores multiespectrais convencionais, porém com resolução espectral muito maior. Esses sistemas, ao terem o potencial de fornecer assinaturas espectrais de alta resolução, proporcionam meios para identificar tipos de classe ou de espécie, em nível aéreo ou orbital.

Os sensores não imageadores também proveem dados com alta resolução espectral, mas esses dados são usados em nível terrestre. Nesse caso, os objetos são pré-identificados e suas respostas espectrais são registradas com objetivos comparativos ou para correlações com outros parâmetros foliares, tais como conteúdos bioquímicos.

Muitos estudos têm sido realizados com a finalidade de correlacionar parâmetros bioquímicos, conteúdos de água, estresses de plantas ou mudanças fenológicas com respostas espectrais de plantas.

O sensoriamento remoto possui como metas, entre suas grandes aplicações, as de procurar obter determinações o mais precisas possível sobre parâmetros da paisagem natural e da agricultura.

Com os desenvolvimentos realizados principalmente na década de 1970 e posteriores, os sensores de bandas largas trouxeram grandes perspectivas com relação à disponibilização de dados, os quais até então não eram obteníveis, mas que, com os dados orbitais, passaram a ser disponibilizados de forma regular para grandes áreas da superfície terrestre.

Contudo, por volta de meados da década de 1980, novas tecnologias foram desenvolvidas e adveio a hiperespectralidade, em busca de superar algumas limitações dos dados dos sensores multiespectrais (bandas espectrais largas). Esses sensores permitiam a extração de úteis informações, porém em escalas relativamente grosseiras, em virtude das larguras e do limitado número de bandas, fazendo com que uma grande quantidade de informações transportadas pela reflectância da vegetação fosse perdida devido ao chamado fenômeno de *averaging*, causado pelas bandas largas.

Os dados hiperespectrais, pelas características de elevada resolução espectral das bandas estreitas, possuem um potencial informativo significativamente maior do que os dados multiespectrais (bandas largas), podendo até mesmo fornecer informações sobre as propriedades físico-químicas dos alvos sensoriados. O Cap. 7 aborda esse tema com maior detalhamento.

Conforme Thenkabail, Smith e De Pauw (2000), os espectros de reflectância de superfícies naturais são sensíveis a ligações químicas específicas em materiais, tanto os sólidos como os líquidos ou os gasosos. As variações na composição dos materiais causam mudanças na posição e na forma de bandas de absorção das curvas espectrais. Assim, uma grande variedade de materiais tipicamente encontrados na natureza pode resultar em assinaturas espectrais específicas, que são portadoras de informações de interesse.

Desse modo, os IVs de bandas estreitas derivados de dados hiperespectrais propiciam a obtenção de informações muito detalhadas sobre as culturas agrícolas, tais como fitomassa, IAF, conteúdo de pigmentos (*e.g.*, clorofila e carotenoides), estresses causados por fitopatologias ou por secas, influência do tipo de manejo (*e.g.*, aplicação de nitrogênio, tipo de cultivo) e outras propriedades bioquímicas (*e.g.*, lignina, celulose, resíduos vegetais) (Thenkabail; Lyon; Huete, 2011b; Ullah et al., 2012).

Sem dúvida, para a extração de informações a partir de dados hiperespectrais, tornam-se necessários algoritmos adaptados a esses dados, como o método de remoção do contínuo (*continuum removal*), o *hierarchical multiple endmember spectral mixture analysis* (Mesma), a análise derivativa, abordagens de *unmixing*, redes neurais, entre outros (Jollineau; Howarth, 2008; Thenkabail, Smith e De Pauw, 2000; Galvão et al., 2011).

3.8 O ÍNDICE RED-EDGE

A feição chamada de *red-edge* foi pela primeira vez descrita por Collins (1978). Quando se estuda a curva espectral da vegetação, verifica-se que existe uma feição bastante específica na região entre 690 nm e 720 nm, a qual é caracterizada por uma baixa reflectância do vermelho em virtude da absorção pela clorofila, e em seguida subindo bruscamente até um platô, com frequência chamado de *red-edge shoulder*, que se inicia por volta de 800 nm e para o qual a elevada reflectância no infravermelho é associada à estrutura interna e ao conteúdo interno de água das folhas.

Uma vez que o *red-edge* é uma feição relativamente larga, com cerca de 30 nm, e que com frequência pode ser quantificado com um valor específico, esse valor pode ser comparado quando se pretende, por exemplo, diferenciar espécies vegetais.

Para uma adequada estimativa da inflexão *red-edge*, necessita-se de medições espectrais em bandas estreitas específicas e, portanto, de dados hiperespectrais.

Guyot e Baret (1988), para determinar o *red-edge*, aplicaram um modelo linear simples à inclinação vermelho-infravermelho próximo usando quatro comprimentos de onda, os quais estavam centrados em 670 nm, 700 nm, 740 nm e 780 nm. As reflectâncias medidas em 670 nm e em 780 nm foram usadas para estimar a reflectância do ponto de inflexão (Eq. 3.17), e um procedimento de interpolação linear foi aplicado entre 700 nm e 740 nm para estimar o comprimento de onda do ponto de inflexão (Eq. 3.18).

$$R_{red\text{-}edge} = (R_{670} + R_{780})/2 \qquad (3.17)$$

$$\lambda_{red\text{-}edge} = 700 + 40[(R_{red\text{-}edge} - R_{700})/(R_{740} - R_{700})] \qquad (3.18)$$

Gitelson, Merzlyak e Lichtenthaler (1996) detectaram as posições do *red-edge* e os conteúdos de clorofila de folhas de *maple* e de *horse chestnut* com base em dados de reflectância na região próxima de 700 nm. Os resultados demonstraram que a posição e a magnitude da primeira derivativa do pico, em 685-706 nm, forneceram altas correlações com a concentração foliar de clorofila. A reflectância nas proximidades de 700 nm foi considerada um indicador muito sensível da posição do *red-edge* e da concentração de clorofila.

3.9 Avaliação dos índices para a estimativa de variáveis bioquímicas das plantas

Uma grande quantidade de estudos tem sido realizada visando relacionar a reflectância foliar com os conteúdos bioquímicos das folhas. A ideia que fundamenta esses estudos é a busca das melhores correlações que permitam estimar os diferentes compostos químicos presentes nas folhas.

Paralelamente à busca de específicas e estreitas correlações entre os comprimentos de onda e os componentes bioquímicos, diversos algoritmos têm sido propostos, os quais utilizam índices na forma de razões e de combinações de diferentes comprimentos de onda para a estimativa de compostos bioquímicos.

Yoder e Pettigrew-Crosby (1995), por exemplo, conduziram uma investigação com o objetivo de determinar se concentrações de clorofila e de nitrogênio poderiam ser estimadas com base em espectros de folhas de *maple* obtidos em laboratório e se seria possível estender as conclusões para dosséis vegetais dessa espécie. Assim, as bandas espectrais mais bem correlacionadas com os conteúdos de clorofila e de nitrogênio foram selecionadas usando *stepwise regression*, as quais posteriormente foram comparadas com aquelas obtidas na escala de dossel. Para o conteúdo de clorofila, as melhores correlações foram observadas nos comprimentos de onda de 550 nm e de 730 nm, enquanto para o conteúdo de nitrogênio foram observadas em 560 nm e em 734 nm. As melhores correlações foram obtidas pelo uso do algoritmo *first difference of log* (1/R).

A determinação não destrutiva do conteúdo de clorofila de folhas de tabaco por meio de medições de reflectância foi estudada por Lichtenthaler et al. (1996). Os comprimentos de onda entre 530 nm e 630 nm e os próximos de 700 nm foram os mais sensíveis a variações no conteúdo de clorofila. O ponto de inflexão do *red-edge* estava significativamente correlacionado com o conteúdo de clorofila, entretanto, as melhores correlações foram obtidas pelo uso de índices espectrais de bandas estreitas do tipo razão em 700 nm e 750 nm (R_{750}/R_{700}), bem como em 750 nm e 550 nm (R_{750}/R_{550}). Para ambas as razões, os coeficientes de correlação (r^2) foram maiores do que 0,93. Além disso, essas razões foram sensíveis ao conteúdo de clorofila tanto para baixos quanto para médios e altos conteúdos, ao passo que o NDVI não mostra correlações em altos valores de clorofila.

A capacidade de avaliar o nível de água da vegetação é um fator considerado crítico para a sobrevivência e o desenvolvimento das culturas agrícolas, estando os estresses de umidade entre os mais potenciais limitadores da produtividade agrícola. Dessa forma, a habilidade de avaliar os sintomas de estresses de umidade usando medições espectrais é uma das mais investigadas metas das pesquisas em sensoriamento remoto agrícola.

No manejo da agricultura, é fundamental ser capaz de detectar o início do estresse de água tão cedo quanto possível, de modo a ampliar as chances de aplicar medidas preventivas, como a irrigação.

O índice NDWI, cujas bases já foram expostas anteriormente neste capítulo, pode ser considerado um dos índices espectrais de bandas estreitas com capacidade para monitorar o estado de umidade da vegetação agrícola.

Peñuelas et al. (1993) encontraram que a reflectância na região de 950-970 nm poderia ser um interessante indicador do *status* de água das plantas. A razão das reflectâncias em 970 nm e 900 nm (R_{970}/R_{900}), a primeira derivativa da mínima reflectância na citada região espectral e a posição do comprimento de onda de mínima reflectância foram os parâmetros encontrados como os mais correlacionados com o conteúdo relativo de água, o potencial de água foliar, a condutância estomatal e as diferenças de temperatura ar-folha. Fortes correlações foram observadas quando o conteúdo relativo de água era menor do que 80% e o estresse de água estava bem avançado.

Carter (1994) apresentou alguns índices hiperespectrais de razão como indicadores de estresse das plantas. As razões foram obtidas de dados hiperespectrais (2 nm) de vegetação sob diferentes condições de estresse. Os agentes de estresse incluíam competição, herbicidas, patógenos, ozônio, micorrizas, senescência e desidratação, com o teste de seis diferentes espécies de planta. Foi encontrado que as razões $R_{695}/$

R_{420}, R_{605}/R_{760}, R_{695}/R_{760} e R_{710}/R_{760} eram significativamente superiores ($p \leq 0{,}05$) para as folhas estressadas do que para as não estressadas por todos os agentes estressantes. As razões R_{695}/R_{420} e R_{695}/R_{760} mostraram as melhores correlações.

Um dos IVs de bandas estreitas muito utilizados tem sido o *photochemical reflectance index* (PRI), proposto por Gamon, Peñuelas e Field (1992), em razão de sua consistência no relacionamento com a variável eficiência do uso da luz (*light use efficiency*, LUE), tendo, portanto, o potencial de propiciar um monitoramento global contínuo da produtividade primária das plantas a partir do espaço. A formulação do PRI pode ser conforme a Eq. 3.19 ou a Eq. 3.20, estando a amplitude de valores situada entre –1 e 1.

$$PRI = (\rho_{531} - \rho_{570})/(\rho_{531} + \rho_{570}) \tag{3.19}$$

Alguns autores preferem a seguinte formulação:

$$PRI = (\rho_{570} - \rho_{531})/(\rho_{570} + \rho_{531}) \tag{3.20}$$

Outros índices de bandas estreitas podem ser citados, como:
* *plant senescence reflectance index*: PSRI = $(R_{680} - R_{500})/R_{750}$ (Merzlyak et al., 1999);
* *water band index*: WBI = (R_{900}/R_{970}) (Peñuelas et al., 1997);
* *anthocyanin reflectance index*: ARI1 = $(1/R_{550}) - (1/R_{700})$ (Gitelson; Merzlyak; Chivkunova, 2001);
* *carotenoid reflectance index*: CRI1 = $(1/R_{510}) - (1/R_{550})$ (Gitelson et al., 2002);
* *modified chlorophyll absorption in reflectance index*: MCARI = $[(R_{700} - R_{670}) - 0{,}2(R_{700} - R_{550})](R_{700}/R_{670})$ (Daughtry et al., 2000).

O Quadro 3.1 ilustra alguns índices de bandas estreitas e suas relações com variáveis biofísicas da vegetação. Cabe mencionar que, no que se refere a aplicações envolvendo variáveis biofísicas (*e.g.*, IAF, F_{apar}, cobertura verde), estudos recentes têm mostrado que os índices de bandas estreitas possuem elevado potencial de fornecer informações adicionais em relação às bandas multiespectrais (largas). Alguns estudos que podem ser consultados a esse respeito são os de Curran, Dungan e Gholz (1990), Blackburn e Pitman (1999) e Chen, Elvidge e Groeneveld (1998). Em IDB (2017) há vários índices e suas respectivas formulações e indicações.

É importante salientar que as viabilidades desses índices de bandas estreitas são muitas e indicar que o futuro do sensoriamento remoto hiperespectral apresenta-se como de grandes potencialidades.

Dessa forma, é possível vislumbrar que a aplicação do sensoriamento remoto hiperespectral para estudos relacionados com a vegetação agrícola deverá permitir mapear e monitorar variáveis importantes das culturas, incluindo os estresses (causados por água, insetos ou poluição, entre outros), a produção agrícola, a produtividade, os sequestros de carbono, a fenologia e a maturação das culturas (Boxe 3.2).

O sensoriamento remoto é considerado uma indispensável ferramenta que pode amplificar significativamente a eficácia dos métodos tradicionais de monitorar o meio ambiente, em razão de sua capacidade em cobrir rapidamente grandes áreas e com coberturas repetidas, fornecendo as informações espaciais e temporais necessárias para o manejo sustentável.

Vários avanços tecnológicos associados a diminuição de custos e melhoria em resoluções e qualidade dos dados têm sido obtidos nas últimas décadas e muitos outros estão por vir. O potencial do sensoriamento remoto na agricultura é muito grande, e muitos IVs têm sido desenvolvidos visando estudar a vegetação agrícola.

Boxe 3.2 O sensoriamento remoto hiperespectral dos pigmentos vegetais

A dinâmica das concentrações de pigmentos pode ser considerada diagnóstica de uma amplitude de propriedades e processos fisiológicos das plantas (Blackburn, 2007).

Pode-se considerar que os mais importantes dos pigmentos são as clorofilas (*a* e *b*), uma vez que desempenham o papel de controlar a quantidade de radiação solar que a folha absorve; portanto, a concentração foliar de clorofila controla o potencial fotossintético e, consequentemente, a produção primária.

Na estrutura molecular da clorofila está presente uma grande proporção de nitrogênio, e, assim, a determinação do conteúdo de clorofila provê significativo indicador indireto do *status* nutritivo das plantas.

Além disso, a clorofila geralmente diminui na presença de estresses e durante a fase de senescência. Portanto, medições dos conteúdos de clorofila total, de clorofila *a* e de clorofila *b*, individualmente, podem proporcionar informações úteis sobre as interações planta-ambiente.

Carotenoides (isto é, carotenos e xantofilas) e antocianinas também são pigmentos importantes na fisiologia das plantas. As propriedades de absortância espectral dos pigmentos são manifestadas nos espectros de reflectância das folhas, o que oferece a oportunidade de usar medições da radiação refletida como metodologia não destrutiva para quantificar os pigmentos.

Conforme Blackburn (2007), os sistemas de sensoriamento remoto multiespectral, como o TM e o ETM+, do Landsat, têm estado operacionais por décadas e índices espectrais de bandas largas têm sido desenvolvidos para quantificar propriedades biofísicas da vegetação, tais como o IAF.

Entretanto, os índices espectrais de bandas largas não são adequados para o sensoriamento remoto de propriedades bioquímicas da vegetação, ao contrário dos índices de bandas estreitas (os hiperespectrais, com bandas iguais ou mais estreitas do que 10 nm), que têm demonstrado tal capacidade.

Com o advento dos sensores hiperespectrais aerotransportados, como o Aviris (Airborne Visible/Infrared Imaging Spectrometer) e o HyMap, e, em seguida, dos espectrômetros imageadores orbitais, como o Chris (Compact High Resolution Imaging Spectrometer) e o Hyperion, dotados de resoluções espectrais e radiométricas elevadas e adequada relação sinal/ruído, aumentaram as oportunidades para a aquisição de espectros de reflectância espectral e para o teste de metodologias e índices para o imageamento das concentrações de pigmentos vegetais.

As futuras gerações de imageadores hiperespectrais deverão facilitar o desenvolvimento de um leque ainda maior de aplicações, na medida em que cresce o interesse particularmente na área da agricultura de precisão, que demanda instrumentos montados em tratores e implementos. O crescimento e o progresso da tecnologia de sensores deverão ampliar significativamente as capacidades de aquisição rotineira de dados hiperespectrais e potencialmente de quantificação dos pigmentos foliares num amplo leque de escalas espaciais, de forma repetitiva.

QUADRO 3.1 ALGUNS IVs DE BANDAS ESTREITAS E AS VARIÁVEIS DA VEGETAÇÃO COM AS QUAIS SÃO CORRELACIONADOS

IV	Fórmula	Variáveis correlatas	Proponentes	Nomes dos IVs
SR	R_{IVP}/R_V	Cobertura verde	Jordan (1969)	*Simple ratio*
NDVI	$(R_{IVP} - R_V)/(R_{IVP} + R_V)$	Cobertura verde, vigor da vegetação	Rouse et al. (1973)	*Normalized difference vegetation index*
mNDVI	$(R_{750} - R_{705})/(R_{750} + R_{705})$	Conteúdo de clorofila das folhas	Fuentes et al. (2001)	*Modified NDVI*

Quadro 3.1 (continuação)

IV	Fórmula	Variáveis correlatas	Proponentes	Nomes dos IVs
SGR	$\sum_{n=500}^{599} R_n$	Índice de cobertura vegetal verde	Fuentes et al. (2001)	*Summed green reflectance*
RGR	$(R_{600-699})/(R_{500-599})$	Antocianinas/ Clorofila	Fuentes et al. (2001)	*Red/green ratio*
NPCI	$(R_{680} - R_{430})/(R_{680} + R_{430})$	Pigmentos totais/ Clorofila	Peñuelas, Baret e Filella (1995)	*Normalized pigments*
SRPI	R_{430}/R_{680}	Conteúdo carotenoide/ clorofila a	Zarco-Tejada (2000)	*Simple ratio pigment index*
NPQI	$(R_{415} - R_{435})/(R_{415} + R_{435})$	Degradação da clorofila/ detecção precoce do estresse	Zarco-Tejada (2000)	*Normalized phaeophytinization index*
SIPI	$(R_{800} - R_{445})/(R_{800} - R_{680})$	Carotenoide/ clorofila a	Zarco-Tejada (2000)	*Structure intensive pigment index*
PI1	R_{695}/R_{422}	Estado de estresse da planta	Zarco-Tejada (2000)	*Pigment index*
PI2	R_{695}/R_{760}	Estado de estresse da planta	Zarco-Tejada (2000)	*Pigment index*
PI3	R_{440}/R_{690}	Índice de saúde da vegetação, razão fluorescência da clorofila	Lichtenthaler et al. (1996)	*Pigment index*
NDNI	$[\log(R_{1.680}/R_{1.510})]/[\log(1/R_{1.680}\,R_{1.510})]$	Concentração foliar de nitrogênio	Serrano, Peñuelas e Ustin (2002)	*Normalized difference nitrogen index*
NDLI	$[\log(R_{1.680}/R_{1.754})]/[\log(1/R_{1.680}\,R_{1.754})]$	Concentração foliar de lignina	Serrano, Peñuelas e Ustin (2002)	*Normalized difference lignin index*
CAI	$0,5(R_{2.020} + R_{2.220}) - R_{2.100}$	Feições de absorção por celulose e lignina, discriminação entre serapilheira e solos	Nagler, Daughtry e Goward (2000)	*Cellulose absorption index*

Questões

3.1) O que é *radiação de cena* e como ela pode afetar os IVs aplicados a culturas agrícolas?

Resposta: Os sistemas de sensoriamento remoto são constituídos, basicamente, por conjuntos compostos de três componentes: fonte-sensor-alvo. Por seu lado, as culturas agrícolas em geral não apresentam comportamento lambertiano, ou seja, não refletem a radiação nelas incidente de forma isotrópica.

Os denominados *efeitos direcionais* do conjunto fonte-sensor-alvo desempenham, desse modo, papel preponderante, que depende das bandas espectrais do sensor usado, dos ângulos de observação e de iluminação e das propriedades dos dosséis vegetais (arquitetura, estádio fenológico, espécie).

Assim, as reflectâncias no vermelho e no infravermelho próximo, que são os comprimentos de onda mais utilizados em IVs multiespectrais, poderão, para um mesmo talhão de soja, por exemplo, ser significativamente diferentes para distintos conjuntos de ângulos Sol-alvo-sensor. Consequentemente, os índices obtidos por essas diferentes condições poderão ser distintos, embora o talhão agrícola tenha sido o mesmo.

Dessa forma, é necessário sempre considerar adequadamente as condições do conjunto Sol-alvo-sensor, para que os *efeitos direcionais* não sejam causa de indesejáveis imprecisões quando se pretende estimar variáveis biofísicas a partir de IVs.

Para maiores detalhamentos, recomenda-se o trabalho de Breunig (2011), que apresenta minuciosas análises sobre a questão da radiação de cena e os efeitos direcionais para estimativas de variáveis biofísicas de soja por meio de IVs.

3.2) Uma grande variedade de sensores orbitais tem sido utilizada para obter dados de sensoriamento remoto, e, assim, um grande número de sensores tem disponibilizado dados. Caso se obtenham dados desses diferentes sensores, é possível comparar os IVs gerados por cada um deles?

Resposta: Cada tipo de sensor possui seu respectivo número de bandas, suas resoluções (espectral, radiométrica, geométrica e temporal) e suas características de ângulo de visada (nadir, *off*-nadir). Todas essas características representam significativos fatores de interferência no momento de obtenção dos IVs.

Quando se consideram aplicações desses índices para o monitoramento de culturas agrícolas, um dos principais requisitos é a questão da repetitividade temporal, em razão das rápidas mudanças fenológicas em contraste com a questão do problema com nuvens, que, muitas vezes, prejudicam a disponibilização de imagens de qualidade sobre as áreas agrícolas de interesse.

Assim, existe o interesse em combinar, na medida do possível, dados provenientes de diferentes sistemas orbitais com o objetivo de preencher *gaps* de disponibilidade de imagens devido a problemas com nuvens.

Os sistemas de baixa resolução geométrica têm, em geral, maior repetitividade temporal, ao passo que os de alta resolução espacial apresentam baixas taxas de revisita, que procuram compensar por meio de visadas oblíquas.

Como se sabe, os efeitos direcionais Sol-alvo-sensor, no caso de visadas oblíquas, desempenham um importante fator de variação dos IVs, e, portanto, é necessário um adequado cuidado quando se pretende utilizar esses dados para a obtenção desses índices.

Por outro lado, diferentes sensores têm distintas larguras de banda e estes também podem ser fatores de variação dos índices, merecendo, portanto, igual cuidado.

Para maiores detalhamentos sobre todos os citados fatores de interferência sobre os IVs, são recomendados os trabalhos de Teillet et al. (1997) e Steven et al. (2003).

quatro
Interpretação visual de imagens obtidas por sensores remotos orbitais para análise de alvos agrícolas

A interpretação visual de imagens obtidas por sensores remotos orbitais pode ser definida como um processo de extração de informações sobre os alvos da superfície terrestre (*e.g.*, talhão de cana-de-açúcar, pastagem, plantação de seringueira) tendo como base a resposta espectral desses alvos, a partir de imagens adquiridas por sensores a bordo de satélites. Exemplos de aplicação são dados no Boxe 4.1.

Boxe 4.1 Aplicações potenciais da interpretação de imagens de satélite na agricultura

Na área de agricultura, são inúmeras as aplicações potenciais da interpretação de imagens de satélite. Pode-se citar como exemplos:
* Mapeamento de áreas agrícolas
* Identificação de espécies cultivadas
* Identificação de época de plantio e colheita
* Identificação de tipo de manejo adotado (*e.g.*, colheita de cana-de-açúcar com ou sem queimada)
* Monitoramento da intensificação agrícola (*e.g.*, identificação de áreas que produzem duas safras ao ano – 1ª e 2ª safras)
* Mapeamento de áreas irrigadas por pivô central

Para facilitar o processo de interpretação visual de imagens orbitais, são levados em consideração alguns elementos básicos, como a tonalidade, a cor, a forma, a textura, a sombra, o padrão, o tamanho e a localização geográfica. É como montar um quebra-cabeça (Fig. 4.1), em que cada elemento representa uma peça (uma informação) e, juntando todas as peças, é possível visualizar a figura final, ou seja, interpretar a imagem. A seguir é apresentada a descrição de cada um desses elementos. Algumas partes do texto foram adaptadas de Florenzano (2011) e Moreira (2011).

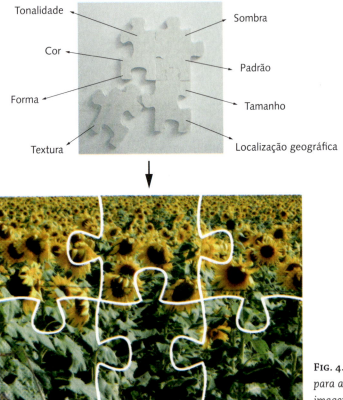

FIG. 4.1 *Elementos básicos para a interpretação visual de imagens orbitais*

4.1 TONALIDADE

A tonalidade é um elemento-chave para a interpretação do comportamento espectral de alvos em imagens em preto e branco, visto que cada alvo reflete a energia solar de forma diferenciada. Em cada banda espectral das imagens, as variações da cena são representadas por diferentes tons (tonalidades de cinza), que podem variar do branco ao preto. Quanto mais energia (luz) um alvo refletir, mais sua representação na imagem vai tender à cor branca. E quanto menos energia um alvo refletir, ou seja, quanto mais energia absorver, mais sua representação na imagem vai tender à cor preta.

Por exemplo, na região espectral do infravermelho próximo (NIR) a vegetação verde reflete bastante energia, enquanto os corpos d'água absorvem muita energia. Dessa forma, em uma imagem correspondente à banda do NIR, um talhão de milho em pleno desenvolvimento vegetativo aparecerá em tons de cinza bem claros (Fig. 4.2C) e um lago será representado pela cor preta (Fig. 4.2D).

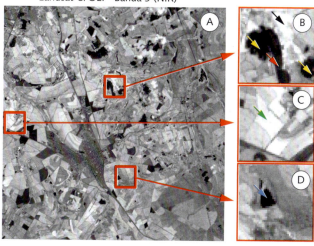

FIG. 4.2 (A) Recorte da banda 5 do sensor OLI da cena de uma imagem Landsat-8. Essa banda corresponde ao NIR (850--880 nm). Alguns alvos foram destacados: (B) nuvem (seta preta), sombra da nuvem (setas amarelas) e solo exposto (seta vermelha); (C) vegetação verde (seta verde); (D) corpo d'água (seta azul).

Vale ressaltar que a tonalidade de um mesmo alvo varia dependendo da banda espectral analisada. Nesse caso, é muito importante conhecer o comportamento espectral dos alvos em cada faixa do espectro eletromagnético a ser analisado para interpretar corretamente as imagens (ver Cap. 2). Exemplos de espectros de vegetação verde, palhada (vegetação seca deixada no campo após a colheita, como palhada de milho e cana-de-açúcar), solo exposto e corpo d'água são apresentados na Fig. 4.3.

Na Fig. 4.2 foi apresentado o recorte de uma imagem Landsat-8 referente à banda do NIR (B5) do sensor OLI. Os recortes para outras bandas (B2 a B7) dessa mesma área são exibidos na Fig. 4.4. Observa-se que um talhão de milho em pleno desenvolvimento vegetativo (Figs. 4.4C e 4.5) aparecerá no NIR – faixa espectral na qual a vegetação verde sadia reflete mais – em tons claros, ao passo que nas outras bandas a tonalidade será bem mais escura. Entre as bandas do visível (B2 a B4), esse alvo terá tonalidade mais clara (isto é, apresentará menor absorção) no comprimento de onda do verde (B3), por causa da forte absorção por pigmentos fotossintetizantes nas bandas do azul (B2) e do vermelho (B4). No caso da palhada, que é composta de tecido vegetal seco, a reflectância será maior (ou seja, a absorção será menor)

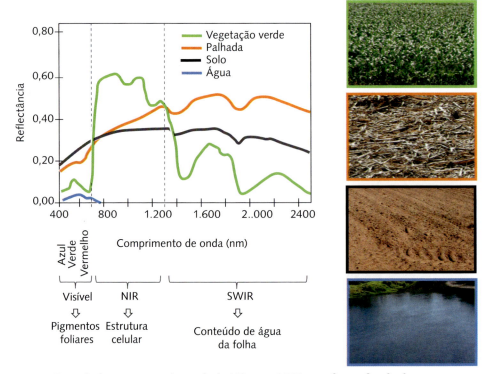

FIG. 4.3 *Exemplo de espectros no intervalo de 400 nm a 2.500 nm e fotografias de alvos encontrados em áreas agrícolas: vegetação verde (milho), palhada (palhada de milho deixada no campo após a colheita), solo exposto e corpo d'água (lago)*

nas bandas do infravermelho de ondas curtas (SWIR) (B6 e B7), devido à perda de água das folhas. Além disso, em comparação com uma vegetação verde, a palhada apresentará tonalidade mais clara nas bandas do visível, em virtude da queda de absorção de radiação nesses comprimentos de onda ocasionada pela degradação da clorofila e de outros pigmentos.

Alvos distintos podem aparecer com a mesma tonalidade em uma determinada banda, como é o caso da sombra, do solo exposto e do corpo d'água, que se manifestam na cor preta na banda do NIR (Fig. 4.2B,D). No entanto, ao juntar a informação sobre a tonalidade de outras bandas, os alvos podem ser diferenciados. Na Fig. 4.4E, a sombra da nuvem aparece em preto em todas as bandas, mas o solo exposto varia sua tonalidade dependendo da banda espectral. O corpo d'água também aparece em preto em todas as bandas apresentadas (Fig. 4.4D), assim como a sombra, por causa de sua baixa reflectância. A distinção entre a sombra e o corpo d'água é realizada com base em outros elementos (*e.g.*, forma, localização), que serão discutidos adiante.

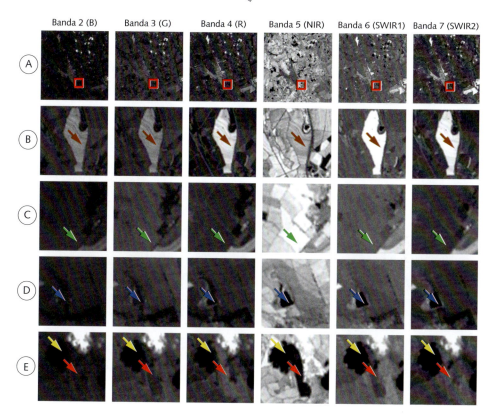

FIG. 4.4 (A) Recorte de seis bandas do sensor OLI da cena de uma imagem Landsat-8: B2 (450-510 nm), B3 (530-590 nm), B4 (640-670 nm), B5 (850-880 nm), B6 (1.570-1.650 nm) e B7 (2.110-2.290 nm), correspondentes às regiões do azul (B), do verde (G), do vermelho (R), do NIR e do infravermelho de ondas curtas 1 (SWIR1) e 2 (SWIR2), respectivamente. Cinco alvos foram destacados: (B) palhada (seta marrom), (C) vegetação verde (seta verde), (D) corpo d'água (seta azul), e (E) sombra de nuvem (seta amarela) e solo exposto (seta vermelha)

4.2 Cor

Uma forma de juntar a informação de diferentes bandas espectrais é fazer uma composição colorida de imagens de diferentes bandas. Conforme pode ser visualizado na Fig. 4.6, a diferenciação dos alvos destacados fica mais evidente quando a interpretação é feita com base em uma imagem em composição colorida em vez de uma imagem com uma única banda em tons de cinza. Além de agregar informação de diferentes bandas, outra vantagem da interpretação de imagens coloridas é que o olho humano distingue mais as cores do que os tons de cinza.

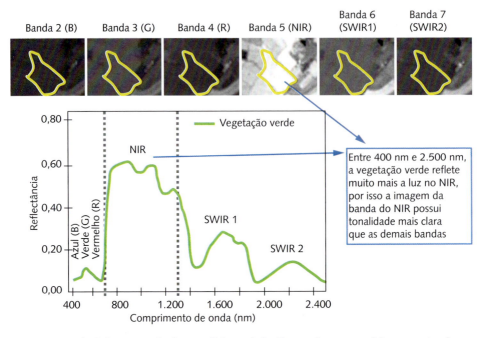

FIG. 4.5 *Exemplo de interpretação de um talhão agrícola (destacado em amarelo) em recortes de seis bandas do sensor OLI/Landsat-8 (B2 a B7) com base na curva espectral de vegetação verde, entre 400 nm e 2.500 nm*

A composição é denominada *cor verdadeira* quando as bandas referentes aos comprimentos de onda do vermelho, do verde e do azul (*e.g.*, as bandas OLI B4, B3, B2, respectivamente) são associadas aos canais do vermelho (R), do verde (G) e do azul (B), nessa ordem (RGB 432) (Fig. 4.7A). Essa é a composição na qual os humanos estão acostumados a enxergar os alvos terrestres. Por sua vez, as demais composições são chamadas de *falsa cor*, pois os alvos assumem cores "não naturais" (*e.g.*, a vegetação aparece na cor vermelha, e não na cor verde) (Fig. 4.7B).

Enquanto na composição cor verdadeira só há a informação espectral da região do visível (azul, verde e vermelho), na composição falsa cor outras regiões do espectro eletromagnético podem ser exploradas.

Levando em conta os espectros mostrados na Fig. 4.3, os exemplos da Fig. 4.6 e o que foi discutido até agora, pode-se perceber que, ao juntar informação das três regiões espectrais (visível, NIR e SWIR), aumenta a possibilidade de identificar os alvos com base nas imagens de satélite.

Nas imagens em composição colorida, a cor do alvo vai depender: da quantidade de energia que ele refletir (Fig. 4.3) em cada banda da composição colorida escolhida;

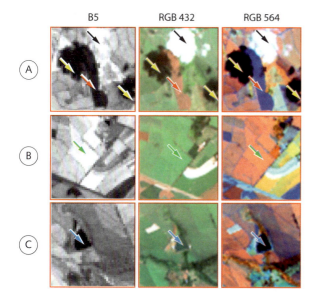

FIG. 4.6 *Comparação de recortes de imagens OLI/Landsat-8 da banda 5 (NIR) e em composição colorida (combinação de três bandas) RGB 432 (cor verdadeira) e RGB 564 (falsa cor) de uma mesma área agrícola. Alguns alvos foram destacados: (A) nuvem (seta preta), sombra da nuvem (setas amarelas), solo exposto (seta vermelha), (B) vegetação verde (seta verde) e (C) corpo d'água (seta azul)*

da cor que for associada às bandas originais (Fig. 4.7A,B); e da mistura entre as cores, considerando o processo aditivo de cores (Fig. 4.7C).

Para a interpretação de imagens de áreas agrícolas, normalmente se utiliza uma composição na qual as bandas do NIR, do SWIR e do vermelho (Red) são associadas aos canais R, G e B, respectivamente (*e.g.*, RGB 564 das bandas do OLI) (Boxe 4.2 e Fig. 4.7B). Nessa composição, a vegetação verde sadia aparece em tons de vermelho, visto que a vegetação sadia reflete mais no NIR e a banda correspondente a esse comprimento de onda (*e.g.*, B5 do sensor OLI) é associada ao filtro do vermelho (R).

A escolha por essa composição pode ser justificada pelo fato de os alvos agrícolas serem mais facilmente diferenciados quando estão em tons de vermelho em vez de tons de verde, o que pode ser visualizado na Fig. 4.8. As mesmas bandas foram usadas nas três composições coloridas apresentadas, mas foram atribuídas a canais diferentes (RGB 564, RGB 456 e RGB 654). Na Fig. 4.8A,C, a vegetação aparece na cor verde, pois a banda do NIR foi atribuída ao filtro G, ao passo que na Fig. 4.8B aparece em vermelho, já que a banda do NIR foi atribuída ao filtro R. Ao observar os cinco talhões destacados (setas amarelas), percebe-se que, enquanto na Fig. 4.8A,C (RGB 456 e RGB 654, respectivamente) esses alvos aparecem em verde-escuro/verde-claro/azul e verde-escuro/verde-claro/amarelo, respectivamente, na Fig. 4.8B (RGB 564) é possível observar uma maior diferenciação desses alvos, visto que eles assumem cores mais variadas (marrom, vermelho, laranja-escuro, laranja-claro, amarelo).

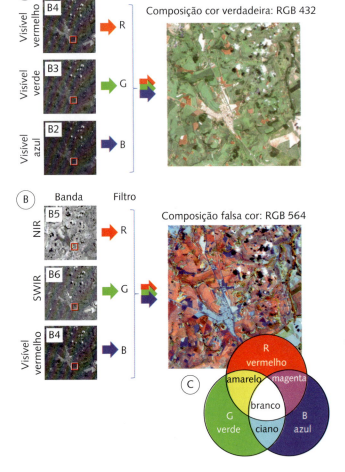

Fig. 4.7 Ilustração do processo de formação de imagens de satélite em composição cor verdadeira (A) e falsa cor (B) utilizando imagens das bandas B2 a B6 do sensor OLI/Landsat-8. Na composição falsa cor, os alvos assumem cores "não naturais", e para interpretar a imagem é preciso levar em conta o sistema aditivo de cores (C), que é formado pelas cores primárias da luz (vermelho, azul e verde)

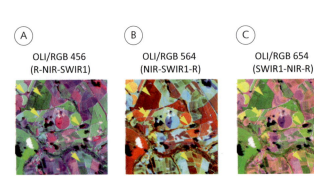

Fig. 4.8 Recorte da cena de uma imagem OLI/Landsat-8 em três composições coloridas falsa cor: (A) RGB 456 (R-NIR-SWIR1), (B) RGB 564 (NIR-SWIR1-R) e (C) RGB 654 (SWIR1-NIR-R)

128 | Sensoriamento Remoto em Agricultura

Boxe 4.2 Composição colorida RGB NIR-SWIR-Red

Nas imagens em composição colorida RGB NIR-SWIR-Red, comumente utilizada para estudos agrícolas, a vegetação verde sadia (*e.g.*, milho em pleno vigor vegetativo) aparece em tons de vermelho, pois tem alta reflectância no NIR. No entanto, algumas plantas, como a soja em pleno vigor vegetativo, aparecem em tons de amarelo. Isso é explicado pela alta reflectância no NIR e também no SWIR (embora menor que no NIR) e pelo fato de a mistura das cores vermelha e verde resultar em amarelo, segundo o sistema aditivo de cores. No gráfico ao lado são apresentados valores de número digital (ND) para as bandas do NIR, do SWIR e do vermelho (Red), exemplificando a resposta espectral de talhões de soja e de milho em pleno vigor vegetativo na composição colorida citada.

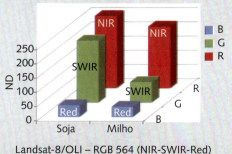

Landsat-8/OLI – RGB 564 (NIR-SWIR-Red)

Valores de número digital (ND) para as bandas do NIR, do SWIR e do vermelho (Red), com a resposta espectral de talhões de soja e de milho em pleno vigor vegetativo na composição colorida RGB NIR-SWIR-Red

Variações de cor (matiz) da imagem podem também representar diferenças de idade ou de fases fenológicas de plantas de uma mesma espécie. Por exemplo, considerando a composição colorida RGB 564 (NIR-SWIR1-Red, sensor OLI), talhões mais velhos de eucalipto apresentam plantas mais altas e aparecem mais escuros nas imagens quando comparados aos talhões com plantas mais novas (menores) (Fig. 4.9A). Por sua vez, plantas de trigo, quando começam a maturar, perdem a coloração vermelha intensa na imagem (Fig. 4.9B).

4.3 Forma

A forma diz respeito às feições dos alvos terrestres. Existem dois tipos de forma: irregulares, que são indicadores de alvos naturais, como matas, lagos, rios e nuvens;

Fig. 4.9 *Recortes da cena de uma imagem OLI/Landsat-8 na composição colorida falsa cor RGB 564 (NIR-SWIR1-Red) e respectivas fotos obtidas no campo: (A) talhões de eucalipto de diferentes idades, em que a seta branca indica o talhão mais velho e, portanto, árvores mais altas, e a seta amarela indica o talhão mais novo e, assim, árvores menores; (B) talhão de trigo irrigado com plantas em fases diferentes de desenvolvimento, em que a seta branca indica a parte do talhão que está em uma fase fenológica mais avançada que as outras partes, indicadas pelas setas amarelas*

e regulares, que indicam alvos artificiais construídos pelo homem, como talhões agrícolas, áreas irrigadas por pivô central, áreas de reflorestamento e cidades.

Exemplos de alvos com formas regulares e irregulares são apresentados na Fig. 4.10. Alguns alvos podem ser identificados apenas com base na forma, como é o caso dos rios e das áreas agrícolas irrigadas por pivô central, que apresentam forma curvilínea e circular, respectivamente.

4.4 Tamanho

O tamanho é função da escala da imagem e é relativo aos alvos presentes nela. A escala representa a proporção entre o alvo real na superfície terrestre e sua representação na imagem, ou seja, indica em quantas vezes o tamanho real do alvo foi reduzido em sua representação na imagem (Fig. 4.11).

Com base no tamanho do alvo (escala), pode-se distinguir um sulco de erosão de uma voçoroca, uma área de agricultura de subsistência (pequenos talhões) de uma de agricultura comercial (talhões grandes), e um riacho de um rio.

4.5 Padrão

O padrão refere-se ao arranjo espacial dos alvos na superfície terrestre. Por exemplo, em imagens de satélite, o padrão de drenagem lembra a distribuição dos vasos sanguíneos do corpo humano (Fig. 4.12A). Talhões de cana-de-açúcar podem ser identificados por seus carreadores, que são vias de acesso entre os talhões (Fig. 4.12B). Áreas cultivadas com padrão quadriculado são indicadores de planta-

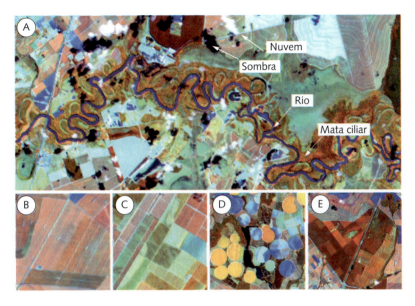

FIG. 4.10 *Recortes da cena de uma imagem OLI/Landsat-8 na composição colorida falsa cor RGB 564 (NIR-SWIR1-Red). Em (A), observam-se alvos de forma irregular, como rio, mata ciliar, nuvem e sombra de nuvem. Nos demais recortes, observam-se alvos de forma regular, ou seja, talhões de culturas agrícolas (B e C), áreas irrigadas por pivô central (formas circulares) (D) e áreas de silvicultura (E)*

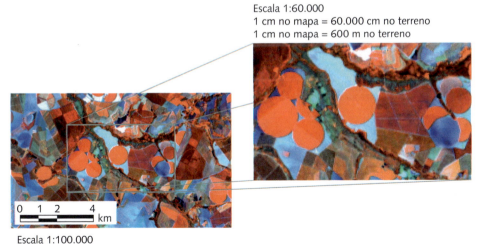

FIG. 4.11 *Recortes da cena de uma imagem OLI/Landsat-8 na composição colorida falsa cor RGB 564 (NIR-SWIR1-R), em duas escalas*

4 Interpretação visual de imagens obtidas por sensores remotos orbitais... | 131

ções de citros (Fig. 4.12C). Café plantado em linhas circulares em áreas de pivô de irrigação possuem padrão típico (Boxe 4.3).

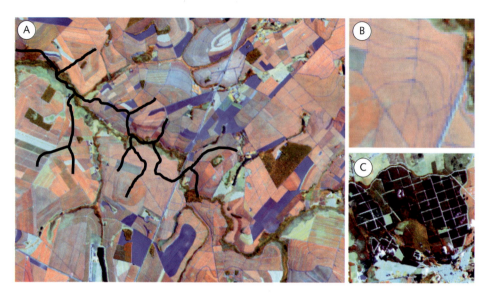

FIG. 4.12 *Recortes da cena de uma imagem OLI/Landsat-8 na composição colorida falsa cor RGB 564 (NIR-SWIR1-Red) em que três padrões são identificados: (A) drenagem (traçado em preto, que lembra os vasos sanguíneos do corpo humano), (B) talhão de cana-de-açúcar (presença de carreadores) e (C) plantação de citros (áreas quadriculadas)*

4.6 Sombra

A sombra pode ajudar a identificar diferentes alvos nas imagens de satélite, separando, por exemplo, áreas ocupadas com silvicultura (floresta plantada) de áreas com floresta natural.

Nas áreas de florestas plantadas, as árvores são do mesmo tamanho (mesma espécie), o dossel é mais homogêneo. Nas áreas de mata natural, as árvores são de diferentes espécies, com copas de diferentes alturas, e as copas das árvores mais altas fazem sombra nas mais baixas. Esse sombreamento faz com que o talhão tenha um aspecto diferente na imagem de satélite (textura rugosa), conforme pode ser observado na Fig. 4.13A,B.

A sombra pode também prejudicar a interpretação de imagens, visto que a visualização dos alvos pode ser comprometida pelo sombreamento causado pelo relevo, em regiões de declive, ou pela presença de sombra de nuvens (Fig. 4.13C).

BOXE 4.3 CAFÉ IRRIGADO POR PIVÔ CENTRAL

Conforme dito anteriormente, as culturas irrigadas por pivô central são facilmente identificadas nas imagens de satélite por apresentarem formas circulares.

A cultura do café apresenta uma particularidade, um padrão típico, que permite que seja diferenciada das demais quando cultivada em pivô (Moreira et al., 2010). Como é plantado em linhas circulares concêntricas, isto é, em círculos que têm o mesmo centro, quando irrigado em pivô central o café aparece na imagem de satélite como um gráfico de pizza 2D dividido por um X, que separa a área em duas cores diferentes, conforme pode ser observado nos recortes de imagens OLI/Landsat-8 (RGB NIR-SWIR1-Red) na figura a seguir. Nessa figura, são apresentados sete pivôs cultivados com café, todos ilustrando o padrão mencionado. Para melhor visualização das linhas de plantio concêntricas, uma imagem RapidEye, que possui alta resolução espacial (5 m), é mostrada para um dos pivôs.

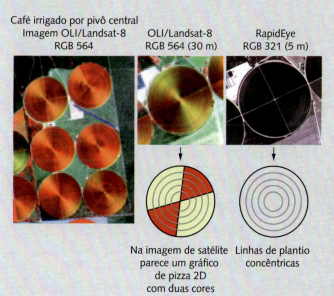

4.7 Textura

A textura está relacionada ao aspecto liso (uniforme) ou rugoso (desuniforme) dos alvos na imagem. Esse é um elemento básico considerado produto de outros elementos, como a tonalidade (variação de tons) e a sombra (efeito de sombreamento). Na Fig. 4.14 são apresentados três alvos de texturas distintas: rio, de textura lisa; mata, de textura rugosa; e talhões de cultura agrícola, de textura intermediária.

FIG. 4.13 *Recortes da cena de uma imagem OLI/Landsat-8 na composição colorida falsa cor RGB 564 (NIR-SWIR1-Red). Imagem e foto de uma floresta plantada (eucalipto) (A) e uma floresta natural (B). Em (C), o mesmo alvo (área agrícola irrigada por pivô central) é apresentado em duas imagens de datas distintas de passagem do satélite, sendo que na imagem inferior o alvo não pode ser visualizado por causa da sombra da nuvem*

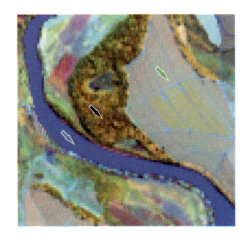

FIG. 4.14 *Recortes da cena de uma imagem OLI/Landsat-8 na composição colorida falsa cor RGB 564 (NIR-SWIR1-Red). Três alvos de diferentes texturas foram destacados: rio, de textura lisa (seta azul); mata, de textura rugosa (seta preta); e talhões de cultura agrícola, de textura intermediária (seta verde)*

4.8 Localização geográfica (características da região)

A localização geográfica está relacionada ao entendimento ou à familiarização com a região referente à imagem a ser interpretada. Quanto maior for o conhecimento sobre a área em questão, maior será a quantidade de informações que poderão ser extraídas a partir da interpretação das imagens.

Algumas informações relevantes no processo de interpretação de imagens de alvos agrícolas são os tipos de culturas tradicionalmente plantadas na região analisada, o calendário agrícola dessas culturas, o ciclo fenológico das culturas, o tipo de solo e as práticas culturais adotadas. Muitas dessas informações podem ser obtidas na internet, nos sites do Instituto Brasileiro de Geografia e Estatística (IBGE) (*e.g.*, Sistema IBGE de Recuperação Automática – Sidra), da Empresa Brasileira de Pesquisa Agropecuária (Embrapa) (*e.g.*, Agritempo) e do Instituto Agronômico (IAC) (*e.g.*, Centro Integrado de Informações Agrometeorológicas – Ciiagro).

Questões

4.1) Na Fig. 4.15 são apresentados recortes de imagens de três bandas de faixas espectrais distintas. Dada a informação de que os alvos destacados (setas amarelas) constituem área com vegetação verde, identificar qual a faixa espectral (visível, NIR ou SWIR) correspondente a cada imagem. Explicar sua resposta.

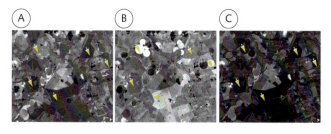

Fig. 4.15 Recortes de imagens de três bandas de faixas espectrais distintas

Resposta: (A) SWIR, (B) NIR e (C) visível. Considerando as faixas espectrais do visível, do NIR e do SWIR, a vegetação verde reflete mais no NIR e absorve mais no visível. Nas imagens em tons de cinza, quanto mais energia eletromagnética um alvo refletir, mais claro ele aparecerá na imagem; por outro lado, quanto menos energia ele refletir (quanto maior for sua absorção), mais escuro aparecerá na imagem. Nas três imagens apresentadas, os alvos destacados aparecem mais claros em (B) e mais escuros em (C). Portanto, (B) corresponde ao NIR, e (C), ao visível, restando níveis intermediários de tons de cinza para o SWIR (A).

4.2) Na Fig. 4.16 são apresentados recortes de imagens OLI/Landsat-8 em três diferentes composições coloridas falsa cor, constituídas pelas bandas B4 (vermelho), B5 (NIR) e B6 (SWIR1). Em cada imagem, qual banda foi atribuída a cada um dos canais (R, G e B) para formar essas composições? Explicar sua resposta.

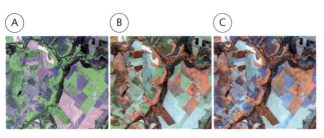

Fig. 4.16 Recortes de imagens OLI/Landsat-8 em três diferentes composições coloridas falsa cor, constituídas pelas bandas B4 (vermelho), B5 (NIR) e B6 (SWIR1)

Resposta: (A) RGB 654 (SWIR-NIR-R), (B) RGB 564 (NIR-SWIR-R) e (C) RGB 546 (NIR-R-SWIR). Pela forma, é possível identificar o rio na parte superior das imagens. Nas imagens (A) e (B), o rio aparece na cor azul, e em (C), na cor verde. Uma vez que corpos d'água absorvem energia eletromagnética na faixa do infravermelho e refletem um pouco no visível, se o rio aparece na cor azul ou verde é porque a banda B4 (vermelho) foi associada ao filtro do azul (B) ou do verde (G), respectivamente. Nas margens dos rios, observam-se matas de galeria (formação florestal que acompanha os cursos d'água). Em (A), a mata aparece na cor verde, e em (B) e (C), na cor vermelha. Como os alvos de vegetação verde possuem maior reflectância no NIR, isso indica que a banda B5 (NIR) foi atribuída ao filtro do verde (G) na imagem (A) e ao filtro do vermelho (R) nas imagens (B) e (C). Assim, na imagem (A) o rio aparece em azul, e a vegetação, em verde, porque a composição adotada foi a RGB 654. Na imagem (B), o rio aparece em azul, e a vegetação, em vermelho, devido à composição ser a RGB 564. Por fim, na imagem (C) o rio aparece em verde, e a vegetação, em vermelho, em virtude de a composição ser a RGB 546. O Quadro 4.1 ilustra o raciocínio feito para a identificação das composições coloridas.

Quadro 4.1 Raciocínio para a identificação das composições coloridas

	Filtro		
	R	G	B
1. Cor dos alvos nas imagens			
Rio na cor azul			B4 (R)
Rio na cor verde		B4 (R)	
Vegetação na cor verde		B5 (NIR)	
Vegetação na cor vermelha	B5 (NIR)		

QUADRO 4.1 (continuação)

		Filtro		
		R	G	B
2. Imagem	Cor dos alvos nas imagens			
(A)	Rio na cor azul + vegetação na cor verde		B5 (NIR)	B4 (R)
(B)	Rio na cor azul + vegetação na cor vermelha	B5 (NIR)		B4 (R)
(C)	Rio na cor verde + vegetação na cor vermelha	B5 (NIR)	B4 (R)	
3. Imagem	Cor dos alvos nas imagens			
(A)	Rio na cor azul + vegetação na cor verde	B6 (SWIR)	B5 (NIR)	B4 (R)
(B)	Rio na cor azul + vegetação na cor vermelha	B5 (NIR)	B6 (SWIR)	B4 (R)
(C)	Rio na cor verde + vegetação na cor vermelha	B5 (NIR)	B4 (R)	B6 (SWIR)

4.3) Na Fig. 4.17 é apresentado o recorte de uma imagem OLI/Landsat-8 em composição colorida RGB 564 (NIR-SWIR-R). Com base no comportamento espectral dos alvos encontrados nas áreas agrícolas (culturas, palhada, solo, floresta e água), identificar quais são os alvos indicados pelas letras (A), (B) e (C). Explicar sua resposta.

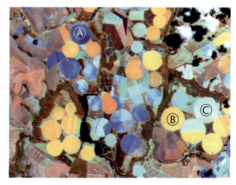

FIG. 4.17 Recorte de uma imagem OLI/Landsat-8 em composição colorida RGB 564 (NIR-SWIR-R)

Resposta: (A) Solo, (B) cultura agrícola e (C) palhada. Pela forma arredondada dos alvos, deduz-se que essas são áreas de agricultura irrigada por pivô central. Como a imagem está na composição colorida RGB NIR-SWIR-Red, o alvo (A) aparece na cor azul porque reflete mais na banda do vermelho, portanto é um solo. O alvo (B) aparece na cor amarela (mistura de vermelho com verde), o que indica que tem alta reflectância nas bandas do NIR e do SWIR, portanto é uma planta verde, possivelmente soja em pleno vigor vegetativo. O alvo (C) apresenta cor ciano/verde-clara, o que indica a presença de vegetação seca, ou seja, palhada.

cinco

Dinâmica agrícola e sensoriamento remoto

Para melhor compreender a dinâmica agrícola atual, é preciso conhecer um pouco do histórico de desenvolvimento da agricultura no Brasil. Até a década de 1950, o crescimento da produção agrícola brasileira ocorreu pela expansão da área cultivada. A partir da década de 1960, o aumento da produção também foi possível pelo desenvolvimento e disseminação de novas tecnologias e práticas agrícolas, como melhoria genética de sementes e uso de insumos químicos e mecanização, fase essa conhecida como Revolução Verde. Desse momento em diante, o Brasil entrou em um processo denominado *modernização da agricultura*, o qual foi intensificado a partir dos anos 1970. Em consequência disso, ocorreu o aumento do cultivo de monoculturas, como cana-de-açúcar e soja. Ainda nesse período, houve a integração entre a agricultura e a indústria pela formação dos chamados *complexos agroindustriais*. A partir da década de 1990, aconteceu a globalização da agricultura, com a internacionalização dos complexos agroindustriais e o crescimento da demanda por produtos agrícolas como fonte de proteína, fibras e matéria-prima para biocombustíveis.

Mais recentemente, motivado pela crescente demanda por alimentos, por um lado, e pela preocupação com a preservação das áreas de vegetação nativa (pressão para reduzir a expansão de áreas agrícolas sobre essas regiões), por outro, surgiu o processo de intensificação da agricultura. Isso é possível pela adoção de práticas como a irrigação e os sistemas de plantio de duas safras em um mesmo ano agrícola, que proporcionam um melhor aproveitamento das áreas agrícolas já consolidadas, permitindo elevar a produção sem a necessidade de aumentar as áreas cultivadas.

Nesse contexto, a agricultura brasileira atual apresenta alto dinamismo, como exemplificado no Boxe 5.1. Existe o desenvolvimento constante de tecnologias adaptadas para as condições nacionais (*e.g.*, correção de acidez, manejo da fertilidade do solo, novas variedades, práticas conservacionistas), que permitiu, por exemplo, o cultivo no Cerrado (Embrapa, 2014), área anteriormente considerada imprópria para a agricultura.

Cada vez mais cresce o uso da irrigação, como pode ser observado pelo aumento das áreas irrigadas por pivôs centrais (ANA; Embrapa/CNPMS, 2014, 2016). A possibilidade de irrigar artificialmente as plantações na estação seca favorece o cultivo das culturas de 2ª safra, que inicialmente foram denominadas *safrinha*, por serem menores e menos produtivas que a safra principal. No caso do milho, no entanto, desde 2012 a área cultivada dessa cultura é maior durante a 2ª safra do que durante o período de 1ª safra (IBGE, 2016).

Outro ponto relevante é que, com o desenvolvimento de variedades de culturas precoces, cujas plantas possuem ciclos mais curtos (que completam seu ciclo em um período de tempo menor), o cultivo de múltiplas safras é favorecido. Segundo a Embrapa (2014), o avanço tecnológico, somado às condições de clima do Brasil, propicia, em muitas regiões produtoras de grãos, duas e até três safras em um mesmo ano agrícola.

A agricultura nacional é dinâmica e também bastante diversificada. No país, são produzidas tanto culturas para exportação, as chamadas *commodities* (*e.g.*, café, laranja, cana-de-açúcar, soja e milho), como para o consumo no mercado interno (*e.g.*, arroz, feijão, batata e mandioca).

O Brasil possui um amplo território, com cinco regiões que apresentam diversidade de clima, solo, relevo, disponibilidade hídrica e cobertura vegetal. Somado aos aspectos físicos mencionados, por consequência do histórico de desenvolvimento da agricultura no país, também existem diferenças regionais de fatores econômicos e socioculturais, como acesso a fontes de financiamento, capacidade de absorção de novas tecnologias, perfil do produtor, tradição de cultivo, entre outros.

De acordo com a Embrapa (2014), a dimensão e a diversidade do Brasil em aspectos econômicos, sociais e ambientais proporcionam a coexistência de sistemas variados de produção, como os que fazem uso (moderado a elevado) de insumos, os de base agroecológica e os de agricultura orgânica. Além disso, a adoção de tecnologias moder-

Boxe 5.1 Dinâmica agrícola brasileira entre 1990 e 2014

A intensa dinâmica da agricultura brasileira foi demonstrada no trabalho de Luiz, Sanches e Neves (2017). Os autores fizeram um estudo com base nos dados da Pesquisa Agrícola Municipal (PAM), do IBGE, para soja, milho e cana-de-açúcar. No período de 25 anos analisado (1990-2014), a produtividade agrícola aumentou fortemente, a área colhida com soja, milho e cana-de-açúcar aumentou em 106,8%, e a quantidade produzida cresceu 197,4%, impulsionada pela intensificação da agricultura.

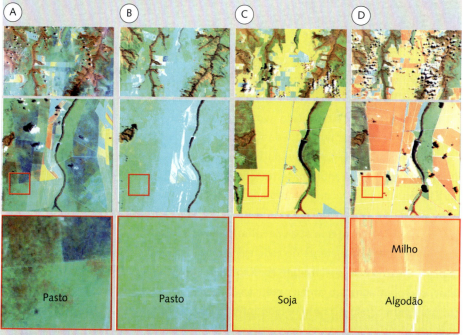

Recortes de imagens (composição colorida RGB NIR-SWIR-R) de áreas agrícolas do município de Sapezal (MT). Imagens TM/Landsat-5 (RGB 453) obtidas em (A) 25/12/1991 e (B) 2/6/1992 e imagens OLI/Landsat-8 (RGB 564) obtidas em (C) 9/1/2015 e (D) 17/5/2015. A vegetação verde aparece em matizes de vermelho, marrom, laranja e amarelo, e a vegetação seca (e.g., pastos na época da seca), em matizes de verde
Fonte: Luiz, Sanches e Neves (2017).

Além do aumento de produtividade, a mudança de protagonismo entre as regiões brasileiras foi destacada. Por exemplo, em 1990, 25% do total de milho era produzido nas regiões Sul, Sudeste e Centro-Oeste do país; mas, em 2014, o

Centro-Oeste, juntamente com o oeste baiano, passou a dominar a produção dessa cultura.

No trabalho, os autores enfatizam a importância de utilização das imagens de satélite para mapear e monitorar as mudanças de uso e cobertura da terra e a alta dinâmica agrícola brasileira. Um exemplo é mostrado para Sapezal (MT) com base na interpretação visual de imagens Landsat; observa-se que em 1991/1992 as pastagens predominavam nessa região (A e B). Atualmente, prevalece o plantio de soja na 1ª safra (C) e de milho e algodão na 2ª safra (D).

nas atinge apenas parte dos produtores nacionais. Esse conjunto de fatores, somados, gera uma diversidade no sentido de ser cultivado um número elevado de espécies, em calendários de plantio distintos, com adoção de variados tipos de manejo.

Além da dinâmica no sentido abordado, existe também a dinâmica relacionada ao processo de desenvolvimento das culturas agrícolas. De forma geral, o cultivo das espécies vegetais passa pelo preparo do solo, plantio, desenvolvimento vegetativo, desenvolvimento reprodutivo, senescência e colheita. O tempo que cada planta leva para se desenvolver varia de acordo com seu tipo de ciclo de vida (anual, perene ou semiperene) e o tipo da variedade (normal, precoce, semiprecoce ou superprecoce), sendo que cada planta tem suas peculiaridades.

É importante estar ciente de toda essa dinâmica e diversidade porque tudo isso impacta o uso do sensoriamento remoto. Por exemplo, as grandes culturas (*commodities*) são plantadas em áreas extensas, fortemente mecanizadas, ao passo que as culturas para consumo no mercado interno são normalmente cultivadas em áreas menores.

Enquanto grandes talhões agrícolas podem ser monitorados com o uso de sensores de resolução espacial grosseira (*e.g.*, 250 m), para as demais áreas são necessários sensores com resolução espacial mais fina (*e.g.*, menor ou igual a 30 m).

Levando em consideração o tipo de relevo, não só o tamanho da área é relevante, pois, mesmo se tiver grande extensão, uma área agrícola localizada em relevo acidentado exigirá o uso de sensores de alta resolução espacial (*e.g.*, cafeicultura de montanha).

O ciclo de vida das plantas é outro fator muito importante. Culturas perenes, como os citros e o café, permanecem no campo durante o ano todo, por anos; culturas semiperenes, como a cana-de-açúcar e a mandioca, têm ciclo de 1-2 anos; e lavouras temporárias, também conhecidas como anuais, como soja, milho e feijão, completam seu ciclo em poucos meses (dois a seis). A alta resolução temporal dos sensores é, portanto, mais crucial quando se trabalha com culturas temporárias do que com as demais, visto que seu tempo de permanência no campo é mais reduzido. Culturas de 2ª safra (safrinha) são mais aptas a serem monitoradas por sensoriamento remoto porque a incidência de nuvens na época em que são cultivadas é menor do que durante a safra principal (verão).

Mediante o exposto, percebe-se que cada caso é específico, ou seja, dependendo do ciclo de vida da cultura, do tamanho da área cultivada, das características da área, da época de plantio etc., um dado de sensoriamento remoto é mais adequado do que outro. Mas, de forma geral, pode-se afirmar que dados de sensores do tipo *Landsat-like* possuem resolução espacial (por volta de 30 m) adequada para serem utilizados na maioria das principais áreas agrícolas brasileiras, apesar de a resolução temporal desses sensores (*e.g.*, Landsat-8, com tempo de revisita de 16 dias) ainda precisar ser melhorada.

Para exemplificar a dinâmica das culturas agrícolas brasileiras e a importância da resolução temporal para estudar esse tipo de alvo, em seguida serão apresentados resultados obtidos por um projeto de pesquisa que monitorou uma região agrícola paulista utilizando dados de sensoriamento remoto orbital e dados de campo (Trajeto Mogi Guaçu-Mococa, do projeto intitulado "Desenvolvimento e Implementação de um Sistema de Monitoramento Agrícola para o Brasil via Dados de Satélites de Observação da Terra", do Programa Ciência sem Fronteiras, CNPq/Capes 402597/2012-5).

5.1 Trajeto Mogi Guaçu-Mococa

Com o objetivo de conhecer melhor o comportamento espectro-temporal de diferentes alvos agrícolas e acompanhar a dinâmica observada no campo por sensoriamento remoto, 55 talhões foram selecionados na mesorregião de Campinas (SP), ao longo da Rodovia SP-340, passando pelos municípios de Mogi Guaçu, Estiva Gerbi, Aguaí, Casa Branca e Mococa.

Essa área foi escolhida por sua importância agrícola, por apresentar grande diversificação de cultivos, por ser de fácil acesso e por estar localizada em uma região de sobreposição de duas órbitas adjacentes do satélite Landsat-8 (Luiz et al., 2015a). Essa localização privilegiada permite que essa região seja imageada tanto na órbita/ponto 219/75 como na 220/75 (Fig. 5.1). Dessa forma, é possível obter dados do OLI/Landsat-8 a cada sete ou nove dias, considerando que a resolução espacial do Landsat-8 é de 16 dias e que área é coberta por duas órbitas.

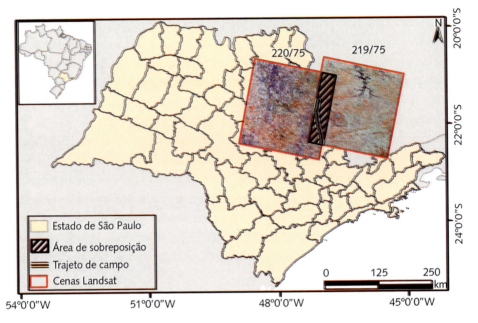

Fig. 5.1 *Localização do trajeto de campo Mogi Guaçu-Mococa (percurso destacado em amarelo), dentro da área de sobreposição de duas cenas Landsat referentes às órbitas/ponto 219/75 e 220/75 Fonte: Luiz et al. (2015a).*

Ao longo do ano agrícola 2014-2015, os 55 talhões selecionados foram visitados mensalmente no campo, para anotação de sua condição de cobertura (*e.g.*, tipo de cultura, estádio vegetativo) e para aquisição de fotos dos alvos. Simultaneamente, foram adquiridas todas as imagens OLI/Landsat-8 das órbitas/ponto 219-75 e 220-75 disponíveis para o mesmo período.

Vale destacar que, apesar de a área de estudo ser recoberta por duas órbitas/ponto do Landsat-8, não houve a disponibilidade de imagens OLI livres de nuvens para os meses de novembro de 2014 e março de 2015.

Foram acompanhadas plantações de culturas anuais (*e.g.*, soja, milho, trigo e batata), perenes (*e.g.*, citros e seringueira) e semiperenes (cana-de-açúcar e mandioca), talhões de silvicultura (*e.g.*, eucalipto e teca), um horto florestal, feno e pastagem.

5.2 Dinâmica do comportamento espectro-temporal de alvos agrícolas

Nas Figs. 5.2 a 5.19 são apresentadas as séries temporais de imagens OLI/Landsat-8 equalizadas (Boxe 5.2), na composição colorida RGB 564 (NIR-SWIR-Red), com as fotos obtidas em campo, de talhões de milho, trigo, sorgo, girassol, feijão, batata, soja, cana-de-açúcar, mandioca, pastagem, feno, laranja, seringueira, eucalipto, horto florestal (área plantada com pinus e eucalipto, entre outras espécies) e teca. Com base nessas figuras, é possível correlacionar o desenvolvimento das plantas observado no campo com o comportamento espectro-temporal nas imagens e, consequentemente, averiguar quais mudanças no campo (*e.g.*, mudança de estádio fisiológico, colheita, plantio) puderam ser captadas nas imagens de satélite.

Para a interpretação visual das imagens OLI apresentadas nas figuras a seguir, vale lembrar que, como os alvos de vegetação absorvem fortemente a energia eletromagnética (EEM) na região do vermelho (visível) (banda 4 do OLI) e refletem muito a EEM no NIR (banda 5 do OLI), os alvos de vegetação fotossinteticamente ativa (isto é, culturas em pleno vigor vegetativo) aparecem na cor vermelha (matizes, ou seja, gradação de cores, de vermelho e marrom) na composição colorida RGB 564. Alguns tipos de vegetação fotossinteticamente ativa, embora possuam maior reflectância no NIR, também têm alta reflectância no SWIR (banda 6 do OLI), o que faz com que esses alvos apareçam na cor amarela (matizes de amarelo e laranja). Portanto, na combinação OLI RGB 564, espera-se que as plantas em pleno vigor vegetativo apareçam nas cores/matizes de vermelho, marrom, amarelo e laranja. À medida que as plantas avançam em seu ciclo de desenvolvimento (florescimento, maturação, senescência), a resposta espectral é alterada, e, por consequência, esses alvos assumem outras cores nas imagens, como será apresentado posteriormente.

De forma geral, na composição OLI RGB 564, os solos encontrados na área de estudo aparecem na cor azul, devido à alta reflectância na banda do vermelho (banda 4 do OLI). Áreas com palhada, ou seja, com restos de culturas deixados no campo após a colheita, aparecem na cor ciano, por causa da alta reflectância nas bandas do vermelho e do SWIR (banda 6 do OLI), na cor verde, principalmente se são deixadas hastes de plantas em pé no campo, ou na cor branca, quando a palhada está bem seca e cobre totalmente o solo. Dessa forma, um talhão recém-plantado com uma cultura apresentará comportamento semelhante ao de um solo exposto (ou de palhada, caso tenha sido adotado o plantio direto sobre a palha da cultura anterior), visto que a resposta do solo (ou da palha) vai dominar o comportamento espectral do talhão até as plantas atingirem tamanho suficiente para minimizar a influência de fundo.

5.3 Culturas anuais

Exemplos de áreas irrigadas por pivô, cultivadas com milho de primeira e de segunda safras, são mostrados nas Figs. 5.2 e 5.3, respectivamente. Durante o desenvol-

Boxe 5.2 Equalização das imagens de satélite

Quando se trabalha com imagens multitemporais de satélite em composição colorida, é recomendado aplicar uma técnica de realce ou equalização (contraste) para aproximar visualmente as imagens obtidas em épocas distintas ou de diferentes regiões. Nas séries temporais de imagens OLI/Landsat-8 apresentadas neste capítulo, foi aplicado um procedimento de equalização para assegurar que todas as imagens apresentassem contraste semelhante ao longo do tempo analisado. Assim, as diferenças de cor/tonalidade observadas visualmente podem ser atribuídas às características dos alvos (por exemplo, tipo de cultura ou fase fenológica), e não a outras variáveis relacionadas com a aquisição das imagens.

O procedimento de equalização adotado nas imagens apresentadas consiste em uma adaptação do método desenvolvido por Schultz (2016). Primeiro, duas imagens foram escolhidas para serem as referências, uma imagem para a estação seca e outra para a chuvosa (no método original, apenas uma imagem de referência foi utilizada). Em segundo lugar, um contraste foi aplicado manualmente nas composições coloridas (RGB 564) das imagens de referência. Em seguida, *pixels* de floresta nativa foram identificados nas imagens de referência e em todas as outras imagens a serem equalizadas. Entre os alvos de vegetação encontrados nas áreas agrícolas, a floresta nativa é a menos variante e, por essa razão, foi selecionada como um alvo-guia para a equalização. Após a seleção dos *pixels* de floresta nativa, sua informação espectral foi extraída para cada uma das três bandas utilizadas de todas as imagens (imagens de referência com contraste manual e outras imagens sem contraste). As imagens foram separadas em dois grupos (abril a setembro e outubro a março, épocas seca e chuvosa, respectivamente), e para cada grupo foi construída uma regressão linear entre os dados espectrais da imagem de referência e as demais imagens. Com base nessas regressões, foi estabelecido um fator multiplicativo, para cada banda, para cada imagem. Ao aplicar esses fatores às imagens, elas ficaram equalizadas.

vimento do milho de 1ª safra, não foi possível obter imagens livres de nuvens para esse talhão na época em que o milho foi semeado (final de outubro ou começo de novembro) nem quando o milho estava pronto para ser colhido (março), mas essas fases foram registradas nas imagens obtidas para o talhão com milho de 2ª safra.

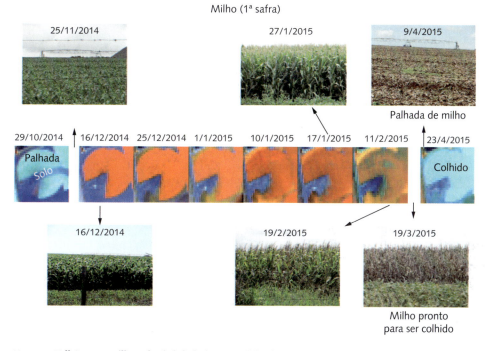

FIG. 5.2 *Talhão com milho sob pivô de irrigação cultivado na primeira safra: recortes de imagens OLI/Landsat-8, das órbitas/ponto 219/75 e 220/75, na composição RGB 564, e fotos tiradas no campo, ao longo do desenvolvimento da cultura durante o período de 1ª safra*

As três imagens adquiridas em agosto de 2014 (Fig. 5.3), que correspondem à fase inicial do ciclo do milho, mostram o crescimento progressivo das plantas, que rapidamente, em cerca de um mês, atingem porte vegetativo suficiente para recobrir todo o solo, o que é percebido nas imagens, a partir da data de 11/9/2014, pela cor vermelha típica de vegetação fotossinteticamente ativa apresentada pelo talhão, considerando a composição colorida adotada.

À medida que as plantas vão saindo da fase vegetativa (milho pendoado) e entrando na fase reprodutiva (início do florescimento), a resposta espectral do talhão é alterada, e a cor vermelha da imagem vai perdendo sua intensidade (Fig. 5.2, em 10/1/2015). Em seguida, o milho entra em senescência, e o aumento gradativo do número de folhas secas é observado nas imagens pela alteração da cor do talhão para matizes de azul/verde, até assumir a cor azul/verde-escura quando as plantas estão totalmente secas e prontas para serem colhidas (imagem de 1/1/2015 da Fig. 5.3). Depois de o milho ser colhido, a palhada deixada no campo faz com que o talhão apresente cor ciano na composição RGB 564.

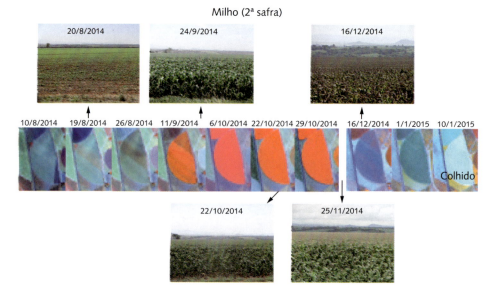

Fig. 5.3 *Talhão com milho sob pivô de irrigação cultivado na 2ª safra: recortes de imagens OLI/Landsat-8, das órbitas/ponto 219/75 e 220/75, na composição RGB 564, e fotos tiradas no campo, ao longo do desenvolvimento da cultura durante o período de 2ª safra*

Um exemplo de talhão de trigo cultivado em área irrigada por pivô central é mostrado na Fig. 5.4. Com base nos dados de campo e nos de sensoriamento remoto, estima-se que o trigo tenha sido plantado no final de abril de 2015, sobre a palhada da cultura anterior, que foi milho.

Ao comparar as três imagens Landsat-8 adquiridas no mês de maio, observa-se que em 9/5/2015 existe um indício de começo de desenvolvimento da vegetação (leve mudança na cor da imagem). O talhão de trigo nessa data representa a transição entre o solo coberto com palhada da cultura anterior (cor ciano na imagem do dia 2/5/2015) e as plantas de trigo fotossinteticamente ativas (cor marrom avermelhada na imagem do dia 25/5/2015).

Se houvesse imagens livres de nuvens disponíveis entre as datas de 9 e 25 de maio, essa mudança de cores teria sido mais gradual. Uma brusca mudança na cor das imagens também é observada de junho para julho (de vermelho para azul), nesse caso causada pela transição da fase vegetativa para a reprodutiva (isto é, emergência de espigas, inflorescências). Com base na análise visual das imagens, percebe-se que a colheita desse talhão de trigo começou próximo do dia 6/8 (parte do talhão que está na cor ciano) e já tinha sido terminada no dia 13/8 (talhão inteiro na cor ciano).

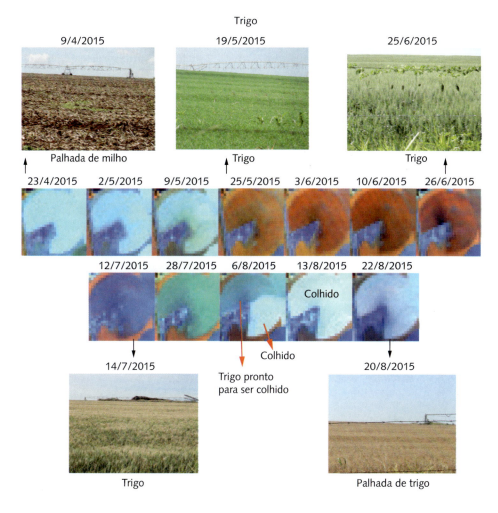

FIG. 5.4 *Talhão com trigo sob pivô de irrigação: recortes de imagens OLI/Landsat-8, das órbitas/ponto 219/75 e 220/75, na composição RGB 564, e fotos tiradas no campo, ao longo do desenvolvimento da cultura durante o período de 2ª safra*

Na Fig. 5.5, são apresentados outros dois exemplos de talhões plantados com trigo em áreas irrigadas por pivôs. Comparando visualmente os talhões na imagem obtida em 25/5/2015, observa-se que o trigo foi plantado antes no talhão da Fig. 5.4 (cor vermelha/marrom) do que nos talhões da Fig. 5.5 (cor vermelha/marrom surgindo entre a cor verde dominante). Também se percebe na Fig. 5.5 que o talhão da direita foi plantado/colhido antes do talhão da esquerda. A diferença entre os talhões é realçada nas imagens de 12/7 e 28/7, em que se pode notar que, enquanto o comportamento espectral do trigo do talhão da esquerda ainda é dominado pelo dossel de folhas verdes das plantas (a cor vermelha predomina na imagem), o comportamento do trigo do talhão da direita é resultado da mistura de folhas verdes e de espigas (cor azul-avermelhada).

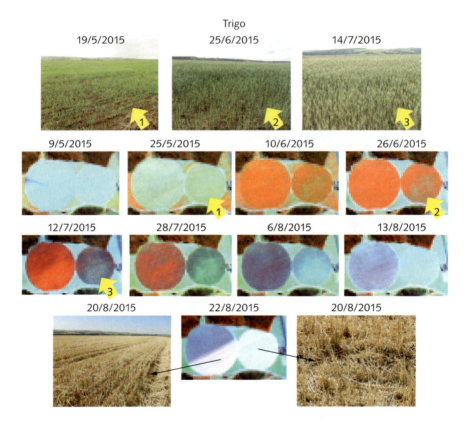

FIG. 5.5 *Talhões com trigo sob pivôs de irrigação: recortes de imagens OLI/Landsat-8, das órbitas/ponto 219/75 e 220/75, na composição RGB 564, e fotos tiradas no campo, ao longo do desenvolvimento da cultura durante o período de 2ªsafra. Os pares de setas iguais indicam as imagens que foram obtidas mais próximo das datas de aquisição das fotografias em campo e também o local do talhão de onde foram tiradas as fotos*

O desenvolvimento de um talhão plantado com sorgo em regime de sequeiro (não irrigado) pode ser observado na Fig. 5.6. O sorgo é uma planta que tolera mais o *deficit* de água do que a maioria dos outros cereais e pode ser cultivado numa ampla faixa de condições de solo, por isso é mais indicado para ser plantado na 2ª safra, em áreas não irrigadas, em substituição ao milho.

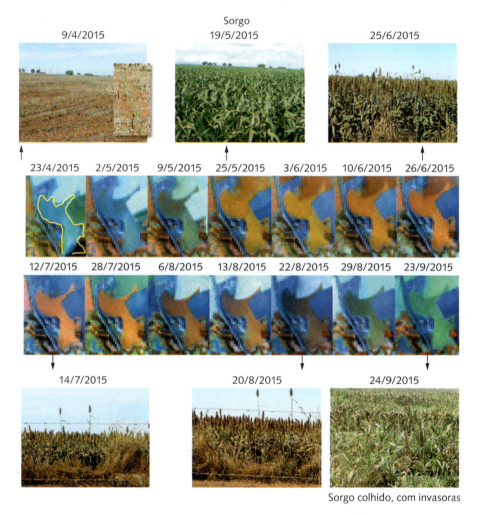

FIG. 5.6 *Talhão com sorgo: recortes de imagens OLI/Landsat-8, das órbitas/ponto 219/75 e 220/75, na composição RGB 564, e fotos tiradas no campo, ao longo do desenvolvimento da cultura durante o período de 2ª safra*

Embora o sorgo tenha sido plantado antes do dia 9/4, conforme mostrado na foto de campo tirada nesse dia, apenas a partir da imagem de 9/5 foi possível verificar, com base na resposta espectral, que havia alguma cultura crescendo nesse talhão. A mudança da fase vegetativa para a reprodutiva não pôde ser facilmente identificada nas imagens adquiridas, ao contrário do que foi observado para os talhões de milho e trigo apresentados anteriormente.

5 Dinâmica agrícola e sensoriamento remoto | 151

O girassol foi outra cultura encontrada durante a 2ª safra na região entre Mogi Guaçu e Mococa. No talhão dado como exemplo na Fig. 5.7, observa-se que o comportamento espectral do girassol quando as plantas estão floridas (imagem de 12/7 e foto de 14/7) é bastante semelhante ao do dossel sem flores (imagem de 26/6 e foto de 25/6). Ou seja, não foi possível detectar, com base na análise visual das imagens, quando as plantas passaram da fase vegetativa para a reprodutiva. Também não foi possível espectralmente distinguir o talhão com as plantas de girassol prontas para serem colhidas (imagem de 23/9 e foto de 24/9) do talhão colhido (imagem de 16/10).

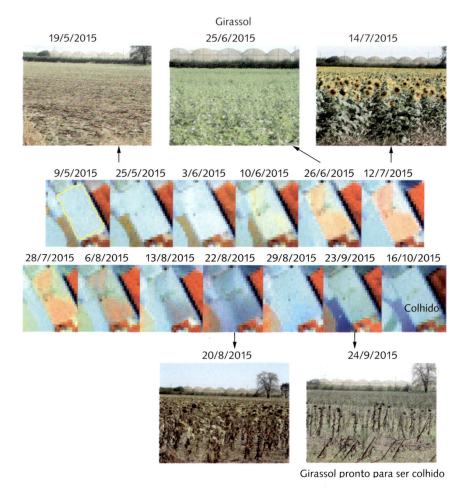

Fig. 5.7 *Talhão com girassol: recortes de imagens OLI/Landsat-8, das órbitas/ponto 219/75 e 220/75, na composição RGB 564, e fotos tiradas no campo, ao longo do desenvolvimento da cultura durante o período de 2ª safra*

No trabalho de campo realizado em 22/10, esse talhão estava coberto por espécies invasoras, o que indica que no dia 16/10 já tinha sido colhido.

Uma área plantada com feijão (com irrigação por pivô central) é ilustrada na Fig. 5.8. Toda a área do pivô foi cultivada com feijão, mas o plantio foi feito em várias etapas. A porção norte do talhão foi semeada primeiro, o que é verificado com base na imagem do dia 25/5/2015 (parte que aparece na cor marrom-clara) e fica mais evidente na imagem do dia 3/6/2015 (parte na cor amarela). A parte sudoeste do talhão foi semeada por último.

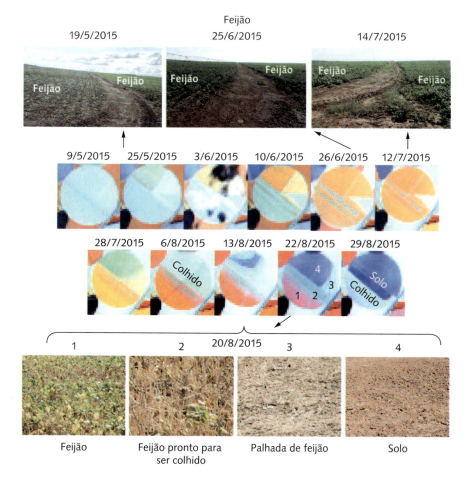

FIG. 5.8 *Talhão com feijão sob pivô de irrigação: recortes de imagens OLI/Landsat-8, das órbitas/ponto 219/75 e 220/75, na composição RGB 564, e fotos tiradas no campo, ao longo do desenvolvimento da cultura durante o período de 2ª safra*

Quando em pleno vigor vegetativo, o feijão aparece em matizes de laranja na composição RGB 564. Em 22/8/2015, quando dados de campo foram obtidos na mesma data de aquisição de uma imagem OLI, quatro fases foram observados: 1) plantas na fase de maturação, mas ainda apresentando folhas verdes (a maior reflectância ocorre na B5 – NIR); 2) feijão pronto para ser colhido (o comportamento espectral é dominado pela reflectância de matéria seca e do solo); 3) feijão colhido (a palhada e o solo dominam a resposta espectral); 4) solo exposto – colheita seguida de preparo do solo.

Um exemplo de área irrigada (pivô central) onde foi realizada a rotação de milho e soja é apresentado na Fig. 5.9. O milho foi semeado no começo de agosto de 2014, de acordo com dados coletados no campo, e até o final do referido mês o comportamento espectral observado nas imagens OLI era de predomínio do solo (aparece na cor azul na composição RGB 564). A partir de setembro, o talhão de milho assume a cor avermelhada nas imagens OLI, e é possível confirmar, com base na interpretação das imagens, que existe uma espécie sendo cultivada no pivô.

Como não foi possível adquirir imagens livres de nuvens durante o mês de novembro, o momento em que o milho entra em fase de senescência não pôde ser detectado. A partir de dezembro, o milho aparece nas imagens na cor verde-escura, sendo essa uma consequência da presença de várias folhas secas, conforme pode ser observado na fotografia obtida em 16/12/2014.

Em 10/1/2015, a colheita começa, conforme indicado na imagem pela linha de cor ciano (resposta da palhada) que atravessa o talhão. Em 17/1/2015, o talhão se encontra totalmente colhido. A próxima imagem disponível livre de nuvens é do dia 11/2/2015, data em que a soja já mostra a cor amarela característica na composição RGB 564. Em 2/5/2015, a interpretação da imagem (cor ciano) indica que a soja foi colhida. Em 10/6/2015, a preparação do solo para a próxima safra começa, conforme indicado pela linha em azul-escuro atravessando a área do pivô.

Outro exemplo de rotação de culturas, nesse caso de milho e de batata, também em área irrigada por pivô, é mostrado na Fig. 5.10. O milho foi semeado no final de setembro de 2014. Uma sequência de oito imagens adquiridas entre outubro e janeiro mostra o desenvolvimento do milho desde o início do desenvolvimento das plantas até estar pronto para ser colhido.

Na primeira imagem de outubro (6/10/2014), observam-se matizes de vermelho surgindo no talhão, indicando a presença de vegetação fotossinteticamente ativa. As plantas atingem pleno desenvolvimento no final de outubro, conforme indicado pela forte cor vermelha na imagem do dia 29/10/2014. A partir desse momento, a

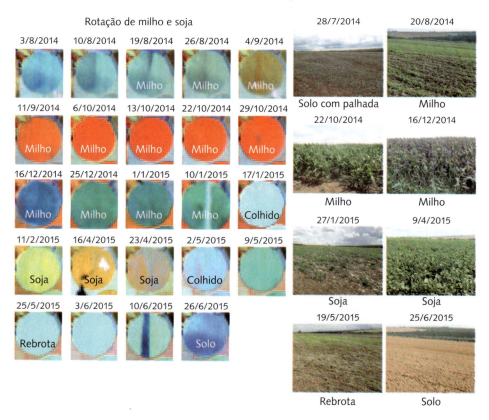

Fig. 5.9 *Talhão com rotação de culturas de milho e de soja sob pivô de irrigação: recortes de imagens OLI/Landsat-8, das órbitas/ponto 219/75 e 220/75, na composição RGB 564, e fotos tiradas no campo*

senescência da planta aumenta gradualmente, e a cor das imagens passa de matizes de vermelho para marrom, e em seguida para verde. Quando o milho está pronto para ser colhido, aparece em matiz de verde-escuro na composição RGB 564, pelo fato de as plantas, incluindo as folhas e as espigas, estarem completamente secas (matéria seca reflete bastante no SWIR). Em maio, o plantio da batata tem início. Ao contrário do milho, que foi semeado de uma vez só em toda a área do pivô, a batata foi plantada em partes. Isso fica evidente quando são comparadas as imagens dos dias 25/5/2015 e 28/7/2015.

5.4 Culturas semiperenes

Analisando as imagens adquiridas ao longo do desenvolvimento de um talhão de cana-de-açúcar (Fig. 5.11), a alteração mais evidente no comportamento espectral é

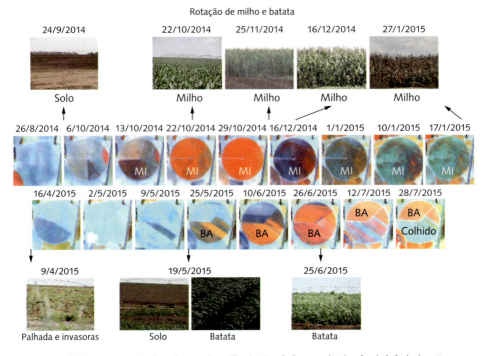

FIG. 5.10 *Talhão com rotação de culturas de milho (MI) e de batata (BA) sob pivô de irrigação: recortes de imagens OLI/Landsat-8, das órbitas/ponto 219/75 e 220/75, na composição RGB 564, e fotos tiradas no campo*

causada pela colheita. A cana adulta aparece na cor vermelha (3-10/8/2015), e após a colheita o talhão assume a cor branca na composição RGB 564 (19/8/2015). A cor branca é a resposta típica de áreas de cana colhidas com máquinas, processo que deixa a palhada igualmente distribuída por toda a área (Sanches, 2004).

Após a colheita, as plantas de cana rebrotam e gradualmente ganham biomassa. Na imagem adquirida em 11/9/2014, é possível observar a rebrota (matiz de verde surgindo). Em razão de o espaçamento de plantio entre as fileiras de cana ser grande (1,0 m a 1,8 m), as plantas levam um determinado tempo para cobrir o solo. Por essa razão, a resposta espectral típica da vegetação verde (isto é, cor avermelhada na composição colorida OLI RGB 564) será observada nas imagens somente após alguns meses depois da colheita.

Assim como para as outras culturas, os estágios iniciais de desenvolvimento da mandioca não podem ser detectados nas imagens de satélite em razão de a resposta espectral do dossel ser dominada pelo solo (Fig. 5.12). Após atingir pleno desenvol-

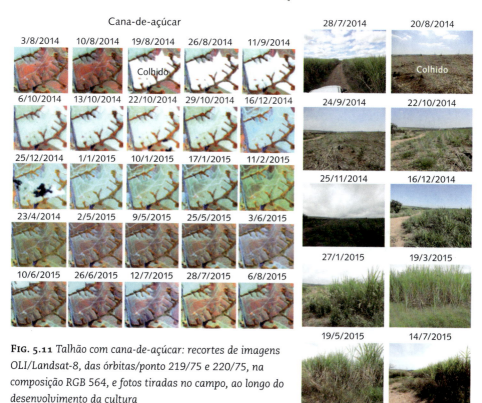

FIG. 5.11 *Talhão com cana-de-açúcar: recortes de imagens OLI/Landsat-8, das órbitas/ponto 219/75 e 220/75, na composição RGB 564, e fotos tiradas no campo, ao longo do desenvolvimento da cultura*

vimento vegetativo, talhões de mandioca aparecem nas cores amarela/laranja na composição OLI RGB 564. A mandioca é uma espécie semiperene, que perde suas folhas durante o desenvolvimento da planta, o que pode ser observado nas imagens adquiridas no final de maio em diante.

Na fotografia tirada no trabalho de campo realizado em 14/7/2015, as plantas estavam quase totalmente sem folhas. Como consequência, a resposta espectral da mandioca nessa fase é dominada pelas hastes das plantas (alta reflectância no SWIR) e pelo solo (alta reflectância no vermelho), o que explica a cor ciano na imagem OLI observada no talhão de mandioca a partir de 12/7/2015. Em algumas partes do talhão analisado (Fig. 5.12), a cor observada é um matiz de marrom, e não ciano, o que corresponde à presença de plantas invasoras.

5.5 Culturas perenes

Ao examinar uma série temporal (um ano) de imagens OLI de um talhão de laranja (Fig. 5.13), quase nenhuma mudança espectral é observada entre agosto e outubro de

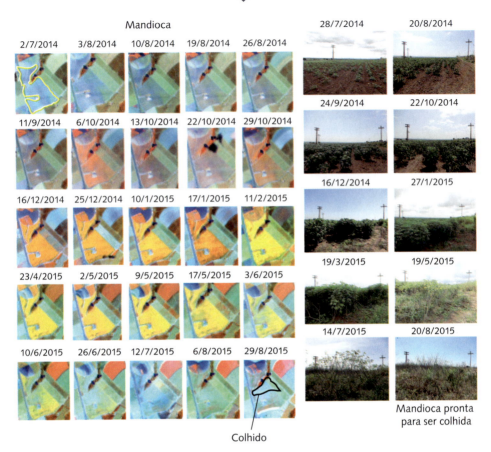

FIG. 5.12 *Talhão com mandioca: recortes de imagens OLI/Landsat-8, das órbitas/ponto 219/75 e 220/75, na composição RGB 564, e fotos tiradas no campo, ao longo do desenvolvimento da cultura*

2014. A partir da primeira imagem, adquirida em dezembro (16/12/2014), até o meio do ano seguinte, variações são visualmente detectadas. Tal fato não está relacionado a nenhuma fase específica do desenvolvimento da planta, mas é resultado das práticas agrícolas adotadas. Em virtude de os citros serem cultivados com amplos espaçamentos entre linhas de plantio (6 m a 10 m), a presença ou a ausência de vegetação entre as linhas tem bastante impacto na resposta espectral do dossel de citros.

Conforme ilustrado na parte inferior da Fig. 5.13, nas áreas onde existem gramíneas entre as linhas de plantio, a cor marrom prevalece na composição OLI RGB 564 (resposta de vegetação verde), ao passo que, nas áreas onde a vegetação entre as linhas foi removida (*e.g.*, roçada ou por aplicação de dessecantes), a cor verde é observada (mistura espectral da resposta da vegetação verde, da vegetação seca e do solo).

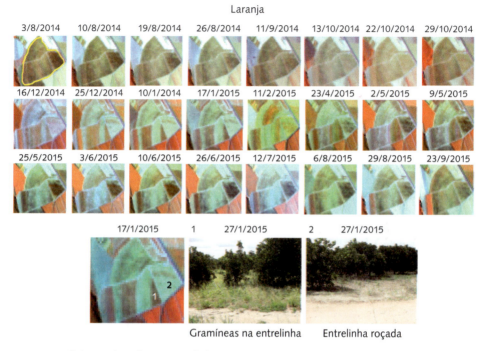

Fig. 5.13 *Talhão com laranja: recortes de imagens OLI/Landsat-8, das órbitas/ponto 219/75 e 220/75, na composição RGB 564, e fotos tiradas no campo, ao longo do desenvolvimento da cultura*

A seringueira é uma planta perene de hábito decíduo, o que significa que ela perde as folhas anualmente. Um exemplo de talhão de seringueira é mostrado na Fig. 5.14. A queda das folhas foi observada entre junho e agosto. Esse evento é claramente detectado ao examinar visualmente as imagens OLI (mudança da cor marrom para verde).

Na série temporal apresentada, também se observa uma mudança na cor das imagens, de vermelho para marrom, da imagem de 29/10/2014 até a imagem de 16/12/2014. Contudo, essa alteração de cor não pode ser atribuída a nenhum evento ou fase de desenvolvimento das plantas. É provavelmente uma questão de sazonalidade das imagens, que o procedimento de equalização utilizado não foi capaz de remover. Isso também foi observado, embora com menos intensidade, em outros alvos (*e.g.*, citros, eucalipto, teca).

5.6 Espécies florestais plantadas

Enquanto o talhão de eucalipto (Fig. 5.15) e a área do horto florestal (pinus e eucalipto, entre outras espécies) (Fig. 5.16) não apresentaram mudança espectral relacio-

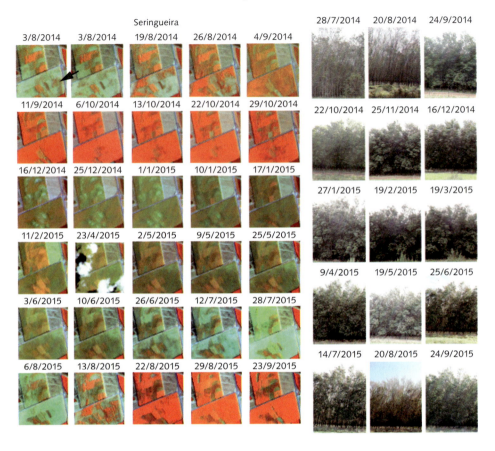

FIG. 5.14 *Talhão com seringueira: recortes de imagens OLI/Landsat-8, das órbitas/ponto 219/75 e 220/75, na composição RGB 564, e fotos tiradas no campo*

nada com o desenvolvimento das plantas ao longo do ano monitorado, visto que os talhões já estavam formados, com plantas adultas, a teca mostrou variação espectral devido a sua característica decídua (Fig. 5.17).

Na composição OLI RGB 564, no momento em que as árvores estão sem folhas (no talhão exemplificado na Fig. 5.17, isso ocorreu de julho a começo de outubro), o talhão de teca aparece nas imagens desse período na cor verde. Após o crescimento de novas folhas, a cor vermelha/marrom volta a predominar na imagem.

5.7 Pastagem e feno

Um exemplo de dois talhões com pastagem é mostrado na Fig. 5.18. A mudança espectral observada ao longo de um ano é decorrente da presença ou ausência de

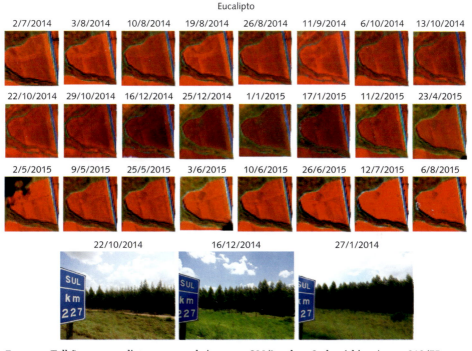

FIG. 5.15 *Talhão com eucalipto: recortes de imagens OLI/Landsat-8, das órbitas/ponto 219/75 e 220/75, na composição RGB 564, e fotos tiradas no campo*

chuvas. Na estação de seca, o pasto tem poucas folhas verdes e muitas folhas secas, o que gera a cor ciano nas imagens quando analisada a composição RGB 564.

Na estação chuvosa, o pasto verdeja, e essa alteração é detectada nas imagens pela mudança da cor ciano para matizes de vermelho. Observa-se na Fig. 5.18 que, na transição da época de chuva para a seca, houve uma grande diferenciação nas imagens entre o pasto de melhor qualidade (representado pela seta amarela na imagem do dia 9/5/2015 e na foto do dia 19/5/2015) e o de pior qualidade (representado pela seta vermelha na imagem e na foto das datas já mencionadas).

A dinâmica mais intensa foi observada para o talhão de feno, no entanto ela não foi detectada na série temporal de imagens analisada, devido à resolução temporal, mesmo considerando que essa área é recoberta por duas órbitas/ponto do Landsat-8 (resolução temporal de sete a nove dias). Conforme ilustrado na parte inferior da Fig. 5.19, em apenas sete dias a resposta espectral do talhão de feno passou de vegetação verde (cor alaranjada na composição RGB 564) para vegetação seca (cor ciano), o que ocorre quando o feno é colhido. Observando as imagens adquiridas, tem-se a falsa impressão, por exemplo, de que entre julho e outubro de 2014 não houve colhei-

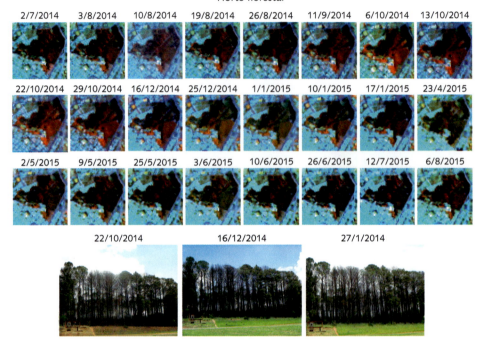

FIG. 5.16 *Área de horto florestal: recortes de imagens OLI/Landsat-8, das órbitas/ponto 219/75 e 220/75, na composição RGB 564, e fotos tiradas no campo*

ta do feno. Contudo, com base nos dados coletados no campo, esse talhão de feno foi constantemente colhido.

Conforme exposto, existe uma intensa dinâmica dos talhões agrícolas causada pelas mudanças fenológicas das plantas e acentuada nas áreas que adotam sistemas de rotação de culturas. Essa dinâmica pôde ser observada, como ilustrado nos exemplos dados anteriormente, pela análise das imagens OLI/Landsat 8 obtidas a cada sete ou nove dias (visto que a área agrícola estudada é imageada por duas órbitas/ponto). Fica demonstrada, portanto, a necessidade de ter imagens de satélite de média resolução espacial (30 m) com melhor resolução temporal do que os 16 dias do OLI/Landsat-8 para o monitoramento da atividade agrícola.

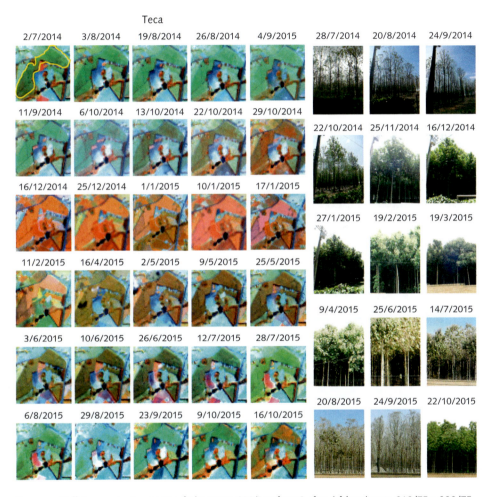

FIG. 5.17 *Talhão com teca: recortes de imagens OLI/Landsat-8, das órbitas/ponto 219/75 e 220/75, na composição RGB 564, e fotos tiradas no campo*

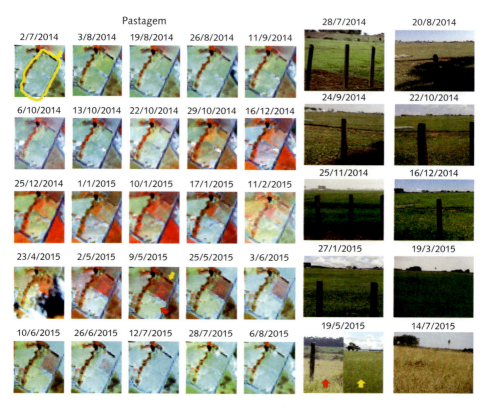

FIG. 5.18 *Talhão com pastagem: recortes de imagens OLI/Landsat-8, das órbitas/ponto 219/75 e 220/75, na composição RGB 564, e fotos tiradas no campo*

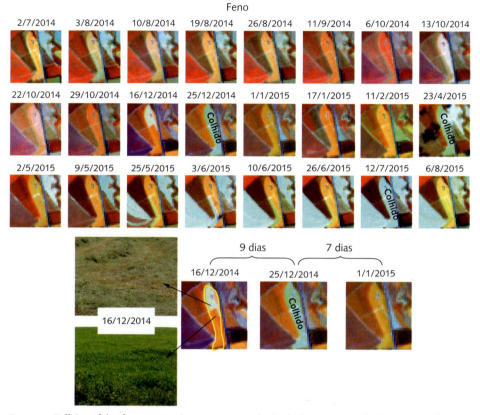

FIG. 5.19 *Talhão cultivado com gramíneas para a produção de feno: recortes de imagens OLI/Landsat-8, das órbitas/ponto 219/75 e 220/75, na composição RGB 564, e fotos tiradas no campo*

Questões

5.1) As culturas agrícolas são classificadas como anual, semiperene ou perene, de acordo com a duração de seu ciclo de vida. Ao analisar dados obtidos de imagens multitemporais de satélite, a informação sobre o ciclo de vida das plantas é de suma importância para a correta interpretação dos dados. Na Fig. 5.20 são apresentados três exemplos de séries temporais do índice de vegetação *normalized difference vegetation index* (NDVI) obtidos com base em dados do sensor Modis. Qual espectro corresponde a uma cultura anual, a uma semiperene e a uma perene? Explicar sua resposta.

Resposta: As culturas anuais, também conhecidas como temporárias (*e.g.*, soja e milho), completam seu ciclo entre dois e seis meses, e as plantas semiperenes (*e.g.*, mandioca e cana-de-açúcar), de 12 a 24 meses, ao passo que as perenes (*e.g.*,

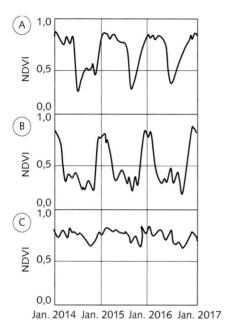

laranja e café) possuem ciclo de vários anos (os frutos são colhidos anualmente, mas as plantas permanecem no campo, não são cortadas). Portanto, os gráficos correspondem a: (A) cultura semiperene, (B) cultura anual e (C) cultura perene. A explicação da resposta pode ser observada nos gráficos da Fig. 5.21, em que foram destacadas com setas vermelhas as épocas de colheita (baixo NDVI) das culturas semiperene (A) e anual (B); com setas verdes, as épocas de pico de desenvolvimento das plantas (alto NDVI); e, com chaves azuis, a duração do ciclo. O gráfico correspondente à cultura perene (C) não apresenta muita variação em comparação com os demais.

FIG. 5.20 *Exemplos de séries temporais do índice de vegetação NDVI obtidos com base em dados do sensor Modis*

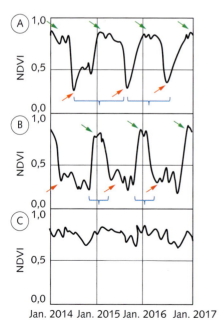

FIG. 5.21 *Nos gráficos referentes às culturas semiperene (A) e anual (B), as épocas de colheita (baixo NDVI) das culturas são indicadas pelas setas vermelhas, as épocas de pico de desenvolvimento das plantas (alto NDVI), pelas setas verdes, e a duração do ciclo, pelas chaves azuis. O gráfico correspondente à cultura perene (C) não apresenta muita variação em comparação com os demais*

5.2) Na Fig. 5.22 são apresentadas três séries temporais do índice de vegetação NDVI, calculado com base em dados do sensor Modis. Os dados correspondem a espécies arbóreas adultas: um talhão de seringueira (espécie da qual se produz a borracha), um de eucalipto (floresta plantada) e um de teca (floresta plantada). Indicar qual é a letra (A, B ou C) correspondente a cada uma dessas espécies. Explicar sua resposta.

Resposta: As séries temporais correspondem aos seguintes alvos: (A) eucalipto, (B) seringueira e (C) teca. A série do eucalipto é facilmente diferenciada porque as duas outras espécies são caducifólias, isto é, árvores cujas folhas caem em determinada época do ano. Ou seja, no período analisado, não houve nenhuma alteração significativa no talhão do eucalipto, como corte, e por isso o NDVI variou pouco. Nas séries (B) e (C), observam-se quedas anuais dos valores de NDVI em épocas específicas (indicadas por setas laranja na Fig. 5.23), que estão associadas à perda das folhas nas plantas de teca e seringueira. A parte mais

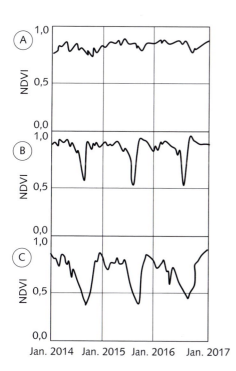

Fig. 5.22 Exemplos de séries temporais do índice de vegetação NDVI, calculado com base em dados do sensor Modis

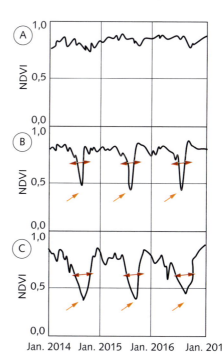

Fig. 5.23 Quedas anuais dos valores de NDVI em épocas específicas (setas laranja) e período de tempo que as plantas permanecem sem folhas (setas vermelhas)

difícil é distinguir entre as duas espécies caducifólias. O que as diferencia nos perfis de séries temporais é o período de tempo que as plantas permanecem sem folhas, que é maior para a teca do que para a seringueira (setas vermelhas na figura).

5.3) Na Fig. 5.24 são apresentados dois exemplos de séries temporais do índice de vegetação NDVI, calculado com base em dados do sensor Modis. As duas séries foram obtidas de talhões cultivados com culturas anuais. Qual é a maior diferença observada entre as duas séries? O que a explica?

Resposta: A maior diferença é que em (A) o talhão é cultivado somente no período de primeira safra (no perfil aparece um único pico de NDVI por ano) e, em (B), o talhão é cultivado durante a primeira e a segunda safra (observam-se dois picos de NDVI por ano). É o que se denomina (A) *single* e (B) *double cropping*. Nos exemplos dados, (A) corresponde a uma área cultivada com milho e (B) a uma área cultivada com milho (1ª safra) e girassol (2ª safra).

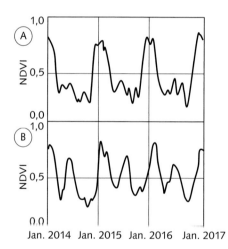

FIG. 5.24 *Exemplos de séries temporais do índice de vegetação NDVI, calculado com base em dados do sensor Modis*

Monitoramento agrícola via sensoriamento remoto

O monitoramento agrícola consiste em acompanhar uma determinada espécie cultivada (*e.g.*, cultura, pastagem, floresta plantada) ao longo de seu desenvolvimento com o intuito de avaliar sua evolução. No monitoramento por sensoriamento remoto, procura-se responder quatro questões-chave (Fig. 6.1): Onde está crescendo? O que está crescendo? Como está crescendo? E o quanto está crescendo?

Fig. 6.1 *Questões-chave a serem respondidas no monitoramento agrícola utilizando sensoriamento remoto*

No "onde está crescendo?", procura-se mapear as áreas cultivadas. No "o que está crescendo?", o interesse é identificar a espécie cultivada (*e.g.*, soja, milho, algodão) ou o tipo de cultura (*e.g.*, anual ou perene). No "como está crescendo?", o foco é verificar o desenvolvimento das culturas, ou seja, fazer uma avaliação qualitativa. E no "o quanto está crescendo?", o objetivo é fazer uma avaliação quantitativa, como estimar a área e a produtividade das culturas.

Diferentes dados e técnicas de sensoriamento remoto vêm sendo testados e utilizados, juntamente com outros tipos de informação (conhecimento sobre as culturas e as regiões produtoras, dados meteorológicos, dados de campo, entre outros), para responder às quatro questões-chave citadas. No entanto, algumas questões são muito mais complexas de serem respondidas. Como exemplo, é mais fácil mapear áreas agrícolas (responder "onde está crescendo?") utilizando sensoriamento remoto do que estimar a produtividade das culturas (responder "o quanto está crescendo?"). A seguir, é apresentada uma breve discussão sobre essas questões-chave.

6.1 Mapeamento de áreas agrícolas e identificação de espécies ou tipos de cultura

Entre as quatro questões-chave mencionadas, a menos complicada de ser respondida com base em dados de sensoriamento remoto é "onde está crescendo?". A resposta que se procura é identificar onde estão as áreas cultivadas. Normalmente, essa questão vem acompanhada da "o que está crescendo?", que procura diferenciar as espécies (*e.g.*, soja, cana-de-açúcar) ou ao menos separar os tipos/grupos (*e.g.*, agricultura perene e agricultura anual; agricultura, silvicultura e pastagem).

No Brasil, atualmente, não existe um projeto operacional de mapeamento por sensoriamento remoto focado especificamente nas áreas agrícolas, que seja sistemático e englobe todo o território nacional. Contudo, algumas informações sobre agricultura, pecuária e silvicultura podem ser extraídas de projetos de mapeamento do uso e da cobertura da terra. Como exemplo, pode-se mencionar o projeto TerraClass Amazônia (Almeida et al., 2016), que abrange as áreas desflorestadas da Amazônia Legal, tendo entre as classes mapeadas a agricultura anual, o pasto limpo, o pasto sujo e o pasto com solo exposto. É possível também citar o projeto TerraClass Cerrado (MMA, 2015), focado no Cerrado, mapeando as classes agricultura anual, agricultura perene, pastagem plantada e silvicultura, entre outras. Em um futuro próximo, haverá o mapeamento do uso e da cobertura da terra dos demais biomas brasileiros, que atualmente está na fase de planejamento.

O mapeamento de diferentes classes utilizando dados de sensoriamento remoto é feito com base no comportamento espectro-temporal dos alvos (ver Caps. 2 e 5). Explicando de forma simplificada, isso pode ser realizado por interpretação visual de imagens de satélite (ver Cap. 4) ou utilizando classificadores automáticos, e existe a abordagem que combina os dois tipos de classificação (semiautomática).

A classificação visual necessita de um intérprete experiente e é normalmente feita com base em imagens na composição colorida falsa cor RGB NIR-SWIR-Red (ver Cap. 5), podendo ser auxiliada por dados de séries temporais de índices de vegetação (ver Cap. 3) e imagens de alta resolução (*e.g.*, Google Earth).

Na classificação automática, são utilizados vários atributos espectrais (*e.g.*, imagens de bandas, de índices de vegetação, imagens-fração do modelo linear de mistura), sendo que atualmente está disponível uma vasta gama de algoritmos para analisar os atributos (classificadores supervisionados, não supervisionados, redes neurais, classificação *pixel* a *pixel*, classificação orientada a objetos etc.).

Os dois tipos de classificação possuem suas vantagens e desvantagens. Por exemplo, o processo automático é muito mais rápido do que o manual, entretanto, de forma geral, o resultado do mapeamento por interpretação visual é mais acurado. Mas, ao pensar na dimensão do Brasil, para ter um sistema de mapeamento sistemático de todas as áreas agrícolas, em todo o território nacional, fica inviável depender apenas da interpretação visual. Por isso, grande esforço vem sendo empregado para melhorar as técnicas de classificação automática, de forma a agilizar os mapeamentos, diminuir os custos e tornar os métodos reprodutíveis (independentes da experiência do intérprete).

Um exemplo de sucesso de mapeamento agrícola e identificação de espécie utilizando interpretação visual de imagens de sensoriamento remoto é o projeto Canasat (Rudorff et al., 2010), desenvolvido no Instituto Nacional de Pesquisas Espaciais (Inpe). O projeto comprovou a eficiência do uso do sensoriamento remoto e do geoprocessamento para o mapeamento de cana-de-açúcar nas principais regiões produtoras no Centro-Sul do Brasil. A metodologia é baseada na interpretação visual de imagens multitemporais de média resolução espacial, obtidas dos satélites Landsat, CBERS e Resourcesat-I.

De forma semelhante, foi desenvolvido o projeto Cafesat, também no Inpe, para o mapeamento de lavouras de café. A metodologia é baseada na interpretação visual de imagens Landsat restauradas para 10 m e edição matricial disponível no *software* Spring (Câmara et al., 1996), e são imagens do Google Earth utilizadas como dado auxiliar no processo de interpretação (Moreira; Barros; Rudorff, 2008).

O sucesso do mapeamento das culturas de cana-de-açúcar e de café por sensoriamento remoto está diretamente relacionado com o ciclo de vida dessas plantas (Fig. 6.2). A cana-de-açúcar é semiperene (12-18 meses) e o café é perene (vários anos). A duração do ciclo dessas plantas permite que se tenha tempo suficiente para adquirir imagens de satélite para fazer o mapeamento. O desafio maior é mapear as culturas anuais, que se desenvolvem em períodos de tempo mais curtos (2-6 meses), principalmente as culturas anuais plantadas durante a primeira safra (época das chuvas), em que a incidência de nuvens é maior, o que consequentemente diminui as chances de obter imagens livres de nuvens.

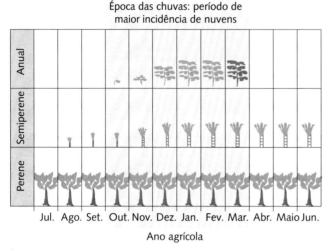

FIG. 6.2 *Ilustração do período de desenvolvimento de uma cultura anual cultivada durante a primeira safra (e.g., soja), uma cultura semiperene (e.g., cana-de-açúcar) e uma perene (e.g., laranja), com destaque para a época das chuvas, quando ocorre a maior incidência de nuvens, e, portanto, constitui o período mais crítico para obter imagens de satélite (por sensores ópticos) livres de nuvens*

A presença de nuvens em imagens obtidas por sensores ópticos é um grande obstáculo para o uso do sensoriamento remoto orbital. Eberhardt et al. (2016) analisaram a cobertura de nuvens em quatro Estados brasileiros, São Paulo, Paraná, Santa Catarina e Rio Grande do Sul, entre julho de 2000 e junho de 2014, com base no produto Modis (Moderate Resolution Imaging Spectroradiometer) Cloud Mask (MOD35), de 1 km de resolução espacial. Os resultados mostraram que a cobertura de nuvens não é aleatória nem no tempo, nem no espaço (Fig. 6.3). A maior sazonalidade na cobertura de nuvens foi observada para os Estados de São Paulo e Paraná. Também para esses Estados foi registrada a menor ocorrência de céu limpo, ou seja, a maior cobertura de nuvens, para os meses de novembro a fevereiro. Esse fato demonstra a dificuldade de ter um sistema operacional de monitoramento de culturas anuais baseado em sensoriamento remoto óptico e reforça a necessidade de desenvolver métodos alternativos, como os que utilizam amostragem estatística (probabilística).

Estudo semelhante foi conduzido por Silveira et al. (2017), que investigaram a cobertura de nuvens no Nordeste brasileiro e seus impactos no sensoriamento remoto agrícola operacional. Nesse estudo foram utilizados dados do produto

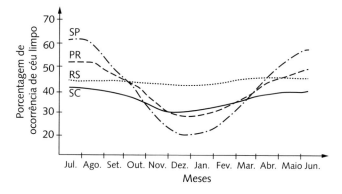

Fig. 6.3 *Valores médios de ocorrência de céu limpo calculados para o período entre julho de 2000 e junho de 2014 para os Estados de São Paulo, Paraná, Santa Catarina e Rio Grande do Sul*
Fonte: adaptado de Eberhardt et al. (2016).

MOD35 do Modis para o período de julho de 2000 a junho de 2016. Foi constatado que a cobertura de nuvens nessa região é geograficamente localizada e determinada pelas condições de relevo, umidade e vento. De forma geral, o estudo mostrou que os meses mais favoráveis à aquisição de dados de sensoriamento remoto óptico são julho, agosto e setembro (Fig. 6.4).

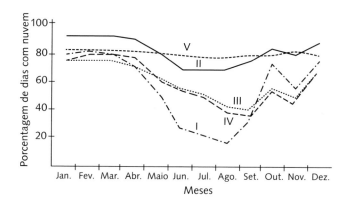

Fig. 6.4 *Gráfico com as médias de dias com nuvens (porcentagem) ao longo dos meses do ano para cinco sub-regiões do Nordeste brasileiro: (I) Matopiba, excluindo o Tocantins, (II) noroeste da região Nordeste, (III) semiárido, (IV) semiárido com bom potencial para irrigação e (V) região litorânea*
Fonte: adaptado de Silveira et al. (2017).

O problema das nuvens pode ser minimizado ao empregar dados de sensores ópticos orbitais de alta resolução temporal, como é o caso do Modis. Normalmente, são utilizados conjuntos de imagens diárias compreendendo um determinado período de tempo (e.g., 8 dias, 16 dias) para formar composições de máximo valor (imagem síntese), o que proporciona um produto com contaminação atmosférica reduzida. Isso explica o motivo de o sensor Modis ser amplamente empregado no monitoramento agrícola, visto que possibilita a obtenção de dados ao longo de todas as fases de desenvolvimento das plantas.

Em alguns casos, no entanto, como nas regiões de alta precipitação (*e.g.*, Norte do Brasil), mesmo as composições de máximo valor do Modis podem não ser suficientes. Para contornar a situação, uma opção sugerida por Esquerdo, Coutinho e Antunes (2013) é combinar dados do sensor Modis a bordo da plataforma Terra com o sensor Modis da plataforma Aqua. Os autores comentam que, apesar das diferenças de idade e horário de passagem dos satélites Terra (lançado em 18/12/1999, com passagem às 10h30) e Aqua (lançado em 4/5/2002, com passagem às 13h30), o uso combinado desses dados é bastante útil para o mapeamento da agricultura.

Séries temporais dos índices *Normalized Difference Vegetation Index* (NDVI) e *Enhanced Vegetation Index* (EVI) do Modis são tradicionalmente utilizadas para o mapeamento de áreas agrícolas. Várias metodologias têm sido desenvolvidas e testadas com base nesses dados, como o *Crop Enhancement Index* (CEI) (Rizzi et al., 2009); o método que utiliza duas classificações sucessivas de cinco passos cada, a primeira para separar as áreas de culturas agrícolas das demais áreas, e a segunda para classificar os tipos de cultura (Arvor et al., 2011); o método que considera a variação da amplitude da diferença entre os valores máximo e mínimo do NDVI ao longo do ciclo produtivo das culturas (Coutinho et al., 2013); o Detecção de Áreas Agrícolas em Tempo Quase Real (DATQuaR) (Eberhardt et al., 2015); e o *time-weighted dynamic time warping* (TWDTW) (Maus et al., 2016). Também têm sido empregadas técnicas de análise de séries temporais utilizando análise harmônica (*e.g.*, Jakubauskas; Legates; Kastens, 2002) e transformada *wavelet* (*e.g.*, Galford et al., 2008), entre outras.

Entretanto, devido à sua baixa resolução espacial, de 250 m, o Modis é adequado apenas para as regiões onde os talhões agrícolas possuem grande dimensão (*e.g.*, Mato Grosso), não sendo possível utilizar esse tipo de dado em todas as regiões agrícolas brasileiras. Nesse contexto, dados de sensores de média resolução espacial (~30 m), como os da série Landsat, são mais apropriados. A desvantagem desses sensores é a baixa resolução temporal (16 dias, no caso do Landsat). Para contornar esse problema, metodologias estão sendo desenvolvidas para combinar dados de diferentes sensores (Landsat, CBERS, Resourcesat etc.), o que não é trivial, visto que cada sensor possui suas características próprias. Outra abordagem é o desenvolvimento de missões espaciais que contemplam constelações de satélite (*e.g.*, Sentinel). A ideia é colocar um mesmo sensor em satélites distintos e, assim, melhorar a resolução temporal de aquisição de um mesmo tipo de dado.

6.2 Acompanhamento do desenvolvimento de culturas (avaliação qualitativa)

O "como está crescendo?" busca verificar se a planta está se desenvolvendo normalmente ou se está passando por algum tipo de estresse (*e.g.*, nutricional, hídrico, doença, contaminação). Imagens de índices de vegetação (IVs) (*e.g.*, NDVI) servem para esse propósito, visto que os IVs obtidos de sensores a bordo de satélites servem como indicadores da quantidade de fração da radiação fotossinteticamente ativa que é absorvida pela vegetação. Isso porque a fotossíntese líquida está diretamente relacionada à quantidade de radiação fotossinteticamente ativa que as plantas absorvem. Quanto mais uma planta absorver a luz solar visível durante seu crescimento, mais fotossintetizante e produtiva ela será (*e.g.*, alto valor de NDVI). Por outro lado, quanto menos luz solar a planta absorver, menos fotossíntese será realizada, e, por consequência, a planta terá menor produção (*e.g.*, baixo valor de NDVI).

Com base nos índices, é possível calcular imagens de anomalia de IVs. Por exemplo, a anomalia do NDVI consiste na diferença entre o NDVI médio para um determinado mês de um dado ano e o NDVI médio para o mesmo mês ao longo de um número específico de anos, e o mesmo vale para outros índices. Essa abordagem pode ser utilizada para caracterizar a saúde da vegetação para um determinado mês e ano em relação ao que é considerado normal, como é feito no Crop Monitor/Geoglam (Boxe 6.1). Esse pode ser um bom indicador de seca, visto que na maioria dos climas o crescimento da vegetação é limitado pela água, ou de declínio da saúde da vegetação causada por algum outro motivo, como falta de nutrientes ou doença. É importante ressaltar que o dado sobre anomalia de NDVI serve para dar o alerta caso algo esteja fora do normal, mas não é indicado para identificar o que provocou esse fato, caso em que outras informações são necessárias (dados de precipitação, dados de campo etc.).

6.3 Avaliação quantitativa

A questão "o quanto está crescendo?" busca informações sobre a produção agrícola (safra) e está relacionada à obtençãc das estimativas ou estatísticas agrícolas, que englobam a estimativa de área e de produtividade das espécies agrícolas cultivadas.

6.3.1 Estimativa de área

A estimativa de área utilizando dados de sensoriamento remoto pode ser feita com base em mapeamentos ou amostragem. Na primeira abordagem, que é bastante utilizada, mapas temáticos são elaborados por classificação visual ou automática

> **Boxe 6.1** Global Agricultural Monitoring (Geoglam)
>
> O Group on Earth Observation (GEO), que é uma parceria entre governos e organizações internacionais, desenvolveu o Global Agricultural Monitoring (Geoglam) com o intuito de melhorar a informação agrícola. O objetivo do Geoglam é reforçar a capacidade da comunidade internacional para produzir e divulgar previsões relevantes, oportunas e precisas sobre a produção agrícola em escalas nacionais, regionais e globais através do uso de dados de observação da Terra, que incluem dados de satélite e de observações terrestres. Essa iniciativa busca apoiar programas de monitoramento agrícola e iniciativas existentes em nível nacional, regional e global para melhorá-los e fortalecê-los, por meio de uma rede internacional de pesquisa e compartilhamento de métodos e dados.
>
> Uma iniciativa do Geoglam é o Crop Monitor, cujo objetivo é fornecer para o Agricultural Market Information System (Amis) uma avaliação internacional, transparente e multifonte das condições de desenvolvimento das culturas agrícolas e das condições agroclimáticas que possam impactar a produção global. Essa atividade cobre quatro tipos de cultura primária (trigo, milho, arroz e soja) nas principais regiões agrícolas produtoras dos países do Amis. Essas avaliações estão sendo produzidas operacionalmente desde setembro de 2013 e são publicadas no boletim do Amis Market Monitor. Os relatórios fornecem mensalmente resumos das condições dessas culturas. Dados de anomalia de NDVI são utilizados nessas análises. O Inpe e a Companhia Nacional de Abastecimento (Conab) são parceiros dessa iniciativa.

utilizando imagens de satélite, conforme mencionado, e em seguida é calculada a área de cada classe mapeada. Para isso, é necessário ter imagens livres de nuvens cobrindo todo o território a ser mapeado na data desejada.

Contudo, como abordado anteriormente, a cobertura de nuvens é um problema para o mapeamento de áreas quando são utilizados dados de sensores orbitais ópticos (OLI, Modis etc.), o que, por consequência, compromete a obtenção da estimativa de área, principalmente durante o período de cultivo da primeira safra (época chuvosa).

Nesse contexto, a amostragem probabilística representa uma opção para a estimativa de área. O termo *amostragem* se refere ao processo de escolha de membros de uma população que possam construir uma amostra. É probabilística quando todo e qualquer elemento da população tem garantida uma probabilidade conhecida e não nula de pertencer a uma amostra selecionada. Para a obtenção de amostras aleatórias, os *pixels* das imagens são utilizados como unidade amostral básica, o que permite a realização de uma estimativa objetiva, isto é, o erro associado à estimativa é conhecido. Nessa abordagem, imagens de satélite ainda podem ser aproveitadas mesmo com considerável cobertura de nuvens, uma vez que estas seriam descartadas no processo de mapeamento.

A maioria dos levantamentos – ou seja, os procedimentos necessários para a obtenção das estatísticas – amostrais por área utiliza estratificação, o que significa que a área amostral (*e.g.*, um Estado) é dividida em diferentes estratos homogêneos (*e.g.*, mesorregiões), o que permite um ganho na precisão da estimativa para toda a população. Cabe mencionar que a amostragem por pontos amostrais em estratos consiste na seleção de pontos aleatórios numa imagem, dentro de uma área determinada.

De forma simplificada, a estimativa amostral de área com base em dados de sensoriamento remoto contempla as seguintes etapas: 1) definição do painel amostral (estratificação, sorteio de pontos amostrais); 2) classificação dos pontos amostrais com base nas imagens de satélite; 3) cálculo das estimativas de área (são computados quantos pontos do painel amostral correspondem a cada classe de uso, e esses valores entram no cálculo da área utilizando um estimador por expansão direta ou por regressão linear); e 4) quantificação do erro associado à estimativa realizada (cálculo do coeficiente de variação, CV).

Mais informações sobre estimativa de área utilizando sensoriamento remoto e amostragem podem ser encontradas em Luiz et al. (2002), Luiz (2003), Gurtler (2003), Sanches (2004), Adami (2004), Adami et al. (2004), Adami et al. (2007), Adami et al. (2010), Luiz, Formaggio e Epiphanio (2011), Luiz et al. (2012), Luiz et al. (2015b), Eberhardt (2015) e Schultz (2016).

6.3.2 Estimativa de produtividade de culturas agrícolas

A produtividade é a relação entre a produção de um determinado produto (a quantidade produzida) e os fatores de produção utilizados (insumos ou recursos). Na atividade agrícola, dados sobre produtividade de culturas são importantes para o produtor gerenciar sua produção e planejar a comercialização; para as empresas ligadas ao setor (*e.g.*, produção e venda de insumos); e para o governo, que é encarregado de manter o abastecimento do mercado interno, controlar as importações e exportações e fazer o direcionamento de financiamentos e políticas públicas.

Para a obtenção de informações sobre produtividade, modelos são frequentemente utilizados. Um modelo é uma representação esquemática de um sistema, constituindo, por definição, uma versão simplificada de uma parte da realidade. A modelagem em sistemas agrícolas é uma ferramenta que integra diferentes áreas, como Agronomia, Meteorologia, Fisiologia e Computação, entre outras. A estimativa da produtividade agrícola por meio de modelos tem como objetivo estabelecer ou simular as relações entre as condições de crescimento das plantas e sua produtividade.

Existem diferentes tipos de modelo, dos mais simples aos mais complexos, que variam quanto à demanda por dados de entrada e à necessidade de conhecimento do processo a ser modelado. Segundo Baier (1979), os modelos podem ser classificados em modelos de simulação de crescimento da planta, modelos de análise planta-clima e modelos estatístico-empíricos.

Resumidamente, os modelos de simulação de crescimento da planta são uma representação matemática simplificada do complexo mecanismo físico, químico e fisiológico intrínseco ao desenvolvimento das plantas. Já os modelos de análise planta-clima, categoria que inclui os modelos agrometeorológicos, procuram representar a resposta das plantas às variáveis agrometeorológicas selecionadas, como umidade do solo e evapotranspiração, em função do tempo ou do desenvolvimento da cultura. Por fim, os modelos estatístico-empíricos são os mais simples e de aplicação em nível local, visto que se baseiam em regressões entre dados de observações de campo e dados climáticos de uma determinada área (Baier, 1979).

No Brasil, as pesquisas visando estimar a produtividade das culturas agrícolas têm focado os modelos agrometeorológicos (análise planta-clima). Isso se justifica por esses modelos serem mais simples e requererem menor quantidade de dados quando comparados aos modelos de simulação de crescimento da planta e também por apresentarem menos restrições que os modelos estatístico-empíricos.

Um modelo agrometeorológico bastante utilizado para estimar a produtividade (produtividade real, PR) de diversas culturas foi proposto por Doorenbos e Kassam (1979). Esse modelo se baseia na penalização da produtividade potencial (PP) em função da disponibilidade de água no solo (estresse hídrico), dada pela relação entre a evapotranspiração real (ET_r) e a evapotranspiração máxima (ET_m), limitada por um fator de resposta à produtividade (K_y), cujo valor é dado em função da cultura e de seu estádio de desenvolvimento, de acordo com a equação:

$$PR = PP[1 - K_y(1 - ET_r/ET_m)] \qquad (6.1)$$

A partir dos bons resultados obtidos com os modelos agrometeorológicos e com o aumento da disponibilidade de dados de satélite de observação da Terra e de pesquisas sobre modelos espectrais comprovando a existência de uma boa relação entre parâmetros agronômicos (e.g., índice de área foliar, IAF) e variáveis espectrais (e.g., índices de vegetação), surgem os modelos denominados *agrometeorológico-espectrais*, que incorporam uma variável espectral (modelo espectral) às informações meteorológicas (modelo agrometeorológico) para a estimativa da produtividade.

A variável espectral do modelo agrometeorológico-espectral, representada pelo fator de compensação do crescimento (F_{cc}), entra no cálculo da produtividade potencial (PP) junto com o fator de respiração (F_r), o fator de produtividade agrícola (F_{pa}), o número de dias (ND) e a produção de matéria seca bruta do grupo da cultura (PMB) pela equação:

$$PP = F_{cc} \, F_r \, F_{pa} \, ND \, PMB \qquad (6.2)$$

O F_{cc} está relacionado com o IAF por uma equação desenvolvida por Doorenbos e Kassam (1979) e ajustada por Berka, Rudorff e Shimabukuro (2003):

$$F_{cc} = 0{,}515 - e^{(-0{,}644 - (0{,}515\,IAF))} \qquad (6.3)$$

O IAF pode ser obtido pela equação proposta por Norman et al. (2003):

$$IAF = -2 \ln(1 - F_c) \qquad (6.4)$$

Podendo ser estimado com base em índices de vegetação como o NDVI, obtidos de imagens de sensoriamento remoto, pela equação proposta por Choudhury et al. (1994):

$$F_c = 1 - [NDVI_{max} - NDVI/NDVI_{max} - NDVI_{min}]^{0{,}9} \qquad (6.5)$$

em que F_c = fração do solo coberto pela cultura, $NDVI_{max}$ e $NDVI_{min}$ = valores de máximo e mínimo do NDVI da área de cultivo, respectivamente, e NDVI = valor do NDVI de cada *pixel* da área cultivada.

Até o presente momento, o uso de modelos agrometeorológico-espectrais para a estimativa da produtividade de culturas agrícolas ainda está restrito à área acadêmica. Esses modelos foram utilizados, por exemplo, para avaliar a estimativa de produtividade da soja com base em dados de NDVI do sensor AVHRR (Sugawara, 2002) e de NDVI do Modis (Rizzi, 2004); do café com NDVI do Modis (Rosa, 2007) e

NDVI e EVI do Landsat (Bernardes, 2013); da cana-de-açúcar com dados de NDVI do Modis (Sugawara, 2010) utilizando redes neurais (Picoli, 2006); e do trigo com dados de NDVI do Modis (Nogueira, 2014).

Resultados promissores foram alcançados e alguns pontos a serem explorados para a melhoria das estimativas de produtividade de culturas com base nos modelos agrometeorológico-espectrais foram levantados:

* Utilização de imagens de melhor resolução espacial para melhorar o detalhamento espacial das estimativas.
* Elaboração de máscaras com delimitação precisa de cada cultura.
* Acesso a dados meteorológicos mais adequados. Nesse caso, o ideal seria aumentar o número de estações meteorológicas, mas, como isso não é muito provável, outras opções seriam desenvolver/aprimorar metodologias para a interpolação de dados meteorológicos, devido à esparsa densidade da rede de estações meteorológicas atualmente disponíveis, e explorar a utilização de dados meteorológicos provenientes de modelos numéricos de previsão de tempo em escala regional (e.g., ETA, do Centro de Previsão de Tempo e Estudos Climáticos – CPTEC).
* Obtenção de dados reais (medidos) de produtividade para comparação com os dados estimados pelos modelos, visto que normalmente os dados modelados são comparados com os dados oficiais do governo, que são obtidos de forma subjetiva.

6.3.3 Previsão de safras

Tendo a informação sobre a área plantada de determinada cultura e sua produtividade, é possível saber qual é a produção da cultura. Se essas informações forem obtidas (estimadas) antes da colheita da safra, então se tem uma previsão de safras.

> Produção (tonelada) = área (hectare) · produtividade (tonelada/hectare)

A criação e a manutenção de um sistema de previsão de safras que utilize dados de sensoriamento remoto e que seja operacional constituem uma tarefa bastante complexa, principalmente para um país de grandes dimensões como o Brasil, que, além do extenso território a ser monitorado, também possui regiões com características físicas (clima, solo, relevo, cobertura vegetal, disponibilidade hídrica etc.) distintas, com infraestrutura e disponibilidade de dados diferentes. Ainda não há no Brasil um sistema desses; no entanto, existe um exemplo de sistema de previsão de safras, que contempla dados de sensoriamento remoto, que vem sendo executado com sucesso na União Europeia.

O projeto Monitoring Agricultural Resources (Mars), do Joint Research Centre (JRC), teve início em 1988 e foi inicialmente planejado para aplicar tecnologias espaciais emergentes para o fornecimento de informações oportunas e independentes sobre área e produtividade de culturas para o território da União Europeia. Esse projeto dá apoio científico e técnico às políticas agrícolas e de segurança alimentar. Desde 1993, o Mars vem executando de forma operacional um sistema de previsão de safras, o Mars Crop Yield Forecasting System (MCYFS), para a avaliação quantitativa das principais culturas da Europa e de seus países vizinhos, bem como para áreas estratégicas do mundo. O sistema MCYFS possui quatro componentes (Fig. 6.5), uma de sensoriamento remoto, uma de meteorologia, uma de modelagem de culturas e outra de estatísticas. Todas as informações obtidas são analisadas em conjunto por um grupo de analistas especialistas, que geram a previsão de safras.

Fig. 6.5 Componentes do sistema de previsão de safras do projeto Monitoring Agricultural Resources (Mars)

6.4 Outras questões

A partir das questões-chave básicas citadas, é possível achar a resposta de várias outras questões importantes para o monitoramento da atividade agrícola com base em dados de sensoriamento remoto. Pode-se acompanhar a dinâmica da agricultura; verificar se está havendo expansão ou retração das áreas de determinada cultura; se a fronteira agrícola está avançando sobre áreas de vegetação nativa; determinar sobre qual classe de uso e cobertura da terra certa cultura está se expandindo (e.g., expansão da cana-de-açúcar em áreas de pastagens); se está ocorrendo intensificação, isto é, aumento da produção sem haver aumento de área plantada, pela adoção de *double cropping* (plantio durante primeira e segunda safras) ou pela implementação de irrigação (Boxe 6.2); identificar qual tipo de manejo cultural é utilizado em determinada região (*e.g.*, cana-de-açúcar colhida com ou sem queimada); verificar se o vazio sanitário, isto é, o período em que o produtor não pode plantar determinada espécie para controlar certas doenças, está sendo respeitado (*e.g.*, vazio sanitário da soja para evitar a ferrugem asiática); identificar data de plantio de culturas; entre outros.

> **BOXE 6.2 MAPEAMENTO DE ÁREAS COM PIVÔ CENTRAL DE IRRIGAÇÃO UTILIZANDO IMAGENS DE SATÉLITE**
>
> A Agência Nacional de Águas (ANA) e a Empresa Brasileira de Pesquisa Agropecuária (Embrapa) Milho e Sorgo fizeram o levantamento da agricultura irrigada por pivôs centrais no Brasil, para os anos de 2013 e 2014, utilizando dados de sensoriamento remoto. Os pivôs foram identificados visualmente em imagens de satélite de média (OLI/Landsat-8) e alta (Google Earth Pro) resolução espacial. Foram obtidas preferencialmente imagens do período seco de cada região do país. Dados secundários, tais como outorgas de direito de uso de recursos hídricos e estatísticas censitárias, auxiliaram o mapeamento.
>
> Os resultados mostraram que em 2013 existiam aproximadamente 18 mil pivôs centrais no Brasil, cobrindo uma área de 1,18 milhão de hectares. Em 2014, foram mapeados 19,9 mil pivôs, totalizando uma área de 1,275 milhão de hectares. Os Estados de Minas Gerais, Goiás, Bahia e São Paulo concentram cerca de 80% da área ocupada por pivôs centrais no país. E, considerando a divisão hidrográfica nacional, as maiores áreas ocupadas por pivôs foram observadas nas regiões hidrográficas do Paraná, São Francisco e Tocantins-Araguaia.
>
> Fonte: ANA e Embrapa/CNPMS (2014, 2016).

QUESTÕES

6.1) Na Fig. 6.6 são apresentados recortes de imagens TM/Landsat-5, ETM+/Landsat-7 e OLI/Landsat-8, em composição colorida RGB NIR-SWIR-Red, cobrindo o período entre 1985 e 2015, correspondente a uma área agrícola localizada no município de Casa Branca (SP). Que tipo de intensificação agrícola ocorreu nessa área e que pode ser detectado com base na interpretação visual dessa série de imagens?

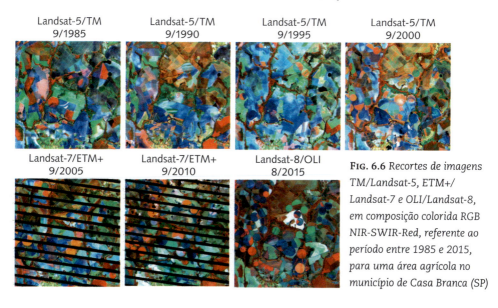

FIG. 6.6 *Recortes de imagens TM/Landsat-5, ETM+/Landsat-7 e OLI/Landsat-8, em composição colorida RGB NIR-SWIR-Red, referente ao período entre 1985 e 2015, para uma área agrícola no município de Casa Branca (SP)*

Resposta: O tipo de intensificação agrícola que pode ser detectado ao analisar as imagens é o aumento de áreas irrigadas por pivô central. É possível acompanhar o incremento de pivôs nessa área ao longo dos 30 anos analisados. Observa-se que em 1985 havia apenas uma área irrigada por pivô, sendo que em 2015 esse número aumentou para 46 (Fig. 6.7).

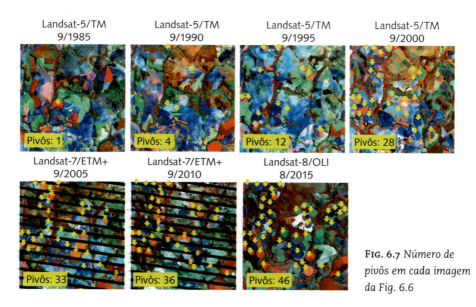

FIG. 6.7 *Número de pivôs em cada imagem da Fig. 6.6*

6 Monitoramento agrícola via sensoriamento remoto | 183

As listras pretas (ausência de informação) nas imagens do sensor ETM+ apresentadas são consequência de um problema que esse sensor sofreu. Mas verifica-se que ainda assim é possível extrair informações úteis dessas imagens.

6.2) O que é a moratória da soja?

Resposta: A moratória da soja, que completou dez anos em 2016, é um acordo voluntário firmado entre o governo, a indústria e a sociedade civil em 2006 no qual as grandes empresas comercializadoras de soja, as chamadas *traders*, comprometem-se a não comprar grãos de soja que tenham sido produzidos em áreas de novos desmatamentos na Amazônia. As plantações são monitoradas por meio de imagens de satélite, e a ideia, que vem funcionando, é transformar a soja produzida à custa do desmatamento em um produto sem valor de mercado. De acordo com Gibbs et al. (2015), entre 2001 e 2006, 1 milhão de hectares de floresta amazônica foram convertidos em campos de soja. Nos anos seguintes, após a implementação da moratória da soja, essas taxas foram significativamente reduzidas, a ponto de a soja hoje ser responsável por apenas 1% de todo o desmatamento que ocorre na Amazônia.

6.3) Uma região agrícola está sendo monitorada durante a época de 1ª safra com base no índice de vegetação NDVI extraído de imagens Modis. Pretende-se ver como a safra atual está se desenvolvendo, e para isso são plotados juntos os valores de NDVI dessa região referentes a safra anterior, a safra média dos últimos dez anos e a safra atual (Fig. 6.8). Tendo como base as curvas de NDVI, o que pode ser afirmado sobre a safra atual? E sobre a safra anterior?

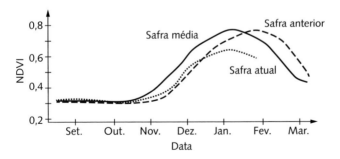

Fig. 6.8 *Valores de NDVI da safra anterior, da safra média dos últimos dez anos e da safra atual de uma determinada região*

Resposta: Comparando as três curvas de NDVI apresentadas, observa-se que, de forma geral, a safra anterior se assemelhou à safra média (valores parecidos de NDVI ao longo do desenvolvimento da cultura), sendo que a única diferença notada é um deslocamento da curva para o lado direito, que indica um plantio mais tardio do que a média, o que culminou em uma data de pico de desenvolvimento vegetativo (máximo valor de NDVI) também mais tardio, mas sem comprometer a safra. Já para a safra atual prevê-se que será menor do que a safra do ano passado e do que a média da região, visto que os valores de NDVI da safra atual são menores do que os da safra anterior e da safra média.

Sensoriamento remoto hiperespectral aplicado aos alvos agrícolas

Os avanços na tecnologia de construção de sensores, aliados aos avanços mais recentes, a partir de 1990, das telecomunicações e da informática, que melhoraram consideravelmente a capacidade de transmissão, armazenamento e processamento de dados, iniciaram uma nova era do sensoriamento remoto. Na parte de sistemas sensores, houve a evolução dos sistemas de imageamento de quadro para sistemas de varredura mecânica (*whiskbroom*), e em seguida foram desenvolvidos os sistemas de varredura eletrônica (*pushbroom*), que são os detectores do tipo *charge coupled device* (CCD). Com o advento dos detectores CCD, foi possível a construção de sensores hiperespectrais imageadores e, por consequência, o desenvolvimento do sensoriamento remoto hiperespectral (Goetz, 2009).

De forma geral, o termo *sensoriamento remoto hiperespectral* se refere à utilização de sensores de alta resolução espectral (hiperespectral) para a obtenção de informação detalhada sobre alvos (objetos, fenômenos) sem que haja contato direto entre eles, isto é, de forma remota. E o produto gerado pode ser um espectro, se for utilizado um sensor hiperespectral não imageador, como um espectrorradiômetro, ou uma imagem hiperespectral, da qual se podem extrair espectros, se for utilizado um sensor hiperespectral imageador. Embora o termo *remoto* muitas vezes seja automaticamente relacionado aos sensores a bordo de satélites ou aeronaves, muitas vezes é utilizado também para se referir a sensores utilizados no campo. Nesse caso, *remoto* não significa necessariamente muito distante, e sim que não há contato entre o sensor e o objeto em estudo. Ainda assim, alguns pesquisadores usam esse termo exclusivamente para dados obtidos de sensores em plataformas orbitais e aéreas, sendo que alguns adotam o termo *sensoriamento proximal hiperespectral* quando fazem referência a dados hiperespectrais coletados com sensores próximos ao alvo de estudo ou ainda dados coletados *in situ*.

Um sensor hiperespectral é caracterizado por coletar dados espectrais em diversas bandas estreitas e contínuas, mensurando múltiplas bandas de absorção, das mais amplas às mais sutis. É importante frisar que não basta ter várias bandas espectrais, é preciso que essas bandas sejam estreitas e sobreponham-se umas às outras. Dessa forma, é possível obter um espectro contínuo do alvo medido, em determinada faixa do espectro eletromagnético, com as bandas de absorção definidas.

Na Fig. 7.1 é apresentado um exemplo de espectro de uma folha verde sadia no intervalo entre 350 nm e 2.500 nm obtido com um sensor hiperespectral (ASD FieldSpec Pro) e o dado simulado do sensor multiespectral Operational Land Imager (OLI), a bordo do satélite Landsat-8. Comparando os espectros obtidos pelos dois sensores, fica evidente que há um detalhamento muito maior no dado hiperespectral, em razão do maior número de bandas e de elas serem estreitas e contínuas.

A ciência que estuda os espectros gerados pela interação da energia radiante que é emitida ou refletida pelos alvos em diferentes comprimentos de ondas é denominada espectroscopia. Da união da espectroscopia tradicional (isto é, o estudo de espectros em laboratório) com o imageamento remoto (isto é, a aquisição de imagens orbitais ou aéreas) surgiram os espectrômetros imageadores, que são sensores que produzem imagens hiperespectrais da superfície observada. Ou seja, com essa tecnologia tornou-se possível obter informação espectral detalhada de cada *pixel* da imagem (inclusão da informação espacial junto da espectral). Essa caracterização também se aplica aos termos *espectroscopia de imageamento, espectrometria de imageamento* (espectrometria é a técnica pela qual a espectroscopia é estudada) e *imageamento hiperespectral*, e por isso eles são muitas vezes utilizados como sinônimos de sensoriamento remoto hiperespectral.

Enquanto na espectroscopia tradicional realizada em laboratório as condições são bem controladas, na aquisição de dados espectrais aéreos/espaciais existem interferências significativas, como a baixa razão entre sinal e ruído (*signal to noise ratio* – SNR), a atenuação pelos gases e aerossóis atmosféricos, e a iluminação natural (fonte de variação). Dessa forma, o sensoriamento remoto hiperespectral se torna uma tecnologia desafiadora, que envolve várias disciplinas, como ciência atmosfé-

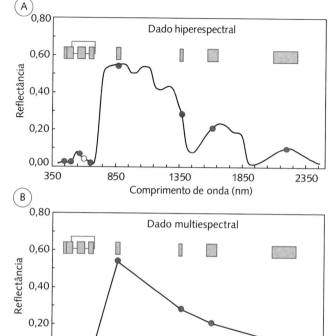

Fig. 7.1 *Espectro de uma folha verde sadia no intervalo entre 350-2.500 nm obtido com um sensor hiperespectral e o dado simulado do sensor OLI, do satélite Landsat-8. Em ambos os espectros, é mostrada a localização aproximada (indicada pelos círculos) das bandas multiespectrais do OLI e a largura delas (retângulos). A banda representada por um círculo e um retângulo na cor cinza-claro corresponde à banda pancromática do OLI*

rica, engenharia eletro-óptica, aviação, ciência da computação, estatística etc. (Ben-Dor et al., 2013). Ainda assim, o uso da tecnologia hiperespectral oferece um grande potencial para o aumento do conhecimento em várias áreas, incluindo a agrícola. E, segundo Goetz (2009), apesar do elevado custo relativo para obtenção desses dados, não há dúvida sobre as vantagens oferecidas pela tecnologia, a qual precisa continuar se desenvolvendo (Boxe 7.1).

7.1 Sensores hiperespectrais

Para a coleta de dados hiperespectrais em campo ou laboratório, são utilizados os espectrorradiômetros. Exemplos são os instrumentos das empresas ASD Inc. (FieldSpec®) e Spectral Evolution.

Existem vários sensores hiperespectrais aerotransportáveis em funcionamento, entre eles o sensor Airborne Visible Infrared Imaging Spectrometer (Aviris), da Agência Espacial Americana (Nasa); o Compact Airborne Spectrographic Imager (Casi), desenvolvido pela empresa canadense ITRES Research; o HYperspectral MAPper

> **BOXE 7.1 DESENVOLVIMENTO DO SENSORIAMENTO REMOTO HIPERESPECTRAL**
>
> Existem quatro pontos importantes para garantir a continuação do desenvolvimento do sensoriamento remoto hiperespectral:
> * a aquisição de um número maior de medidas acuradas em diferentes regiões e épocas;
> * a necessidade de treinar estudantes e pesquisadores para trabalhar com esse tipo de dados;
> * o contínuo avanço de tecnologias computacionais e de sensores;
> * a necessidade de sistemas imageadores hiperespectrais orbitais capazes de produzir imagens de boa qualidade e resolução.
>
> Os avanços vão surgir à medida que mais pesquisas sejam realizadas por um número maior de pesquisadores, em diferentes regiões do planeta.
> *Fonte: Goetz (2009).*

(HyMap), projetado pela empresa Integrated Spectronics Pty Ltd., que é baseada na Austrália; e o ProSpecTIR-VS, da empresa americana SpecTIR (Tab. 7.1). O Brasil passou a ter acesso direto a essa tecnologia a partir de 2010, quando a empresa brasileira FotoTerra fez uma parceria tecnológica com a SpecTIR e trouxe um sensor ProSpecTIR-VS para ficar permanentemente disponível no país. Antes disso, o acesso para coletar dados hiperespectrais de sensores aéreos em território brasileiro era muito limitado.

TAB. 7.1 PRINCIPAIS CARACTERÍSTICAS DE QUATRO SENSORES HIPERESPECTRAIS AEROTRANSPORTADOS

Sensor	Organização (país)	Número de bandas	Características
Aviris	Nasa (EUA)	224	Faixa espectral: 400-2.500 nm 10 nm resolução espectral
Casi	ITRES Research (Canadá)	288	Faixa espectral: 430-870 nm 2-12 nm resolução espectral
HyMap	Integrated Spectronics Pty Ltd. (Austrália)	128	Faixa espectral: 400-2.450 nm 15-20 nm resolução espectral
ProSpecTIR-VS	SpecTIR (EUA)	~360	Faixa espectral: 400-2.500 nm 1-5 nm resolução espectral

Fonte: Ortenberg (2011), Van der Meer et al. (2012) e Staenz e Held (2012).

Em nível orbital, há dois sensores hiperespectrais pioneiros, o Hyperion Imaging Spectrometer, que é um sensor da Nasa, a bordo do satélite Earth-Observing One (EO-1), lançado em 21 de novembro de 2000; e o Compact High Resolution Imaging Spectrometer (Chris), a bordo do microssatélite Proba-1, da Agência Espacial Europeia (ESA), lançado em 22 de outubro de 2001. Ambos são experimentais, foram concebidos como demonstradores de tecnologia, inicialmente para operarem por um ano. Em razão do forte interesse da comunidade científica, após um ano de operação do EO-1, a Nasa resolveu dar continuidade ao programa e estendeu a missão, com o objetivo de coletar e distribuir dados do Hyperion mediante demanda. O Chris/Proba-1, que representou uma inovação por ser um sensor com capacidade de obter imagens em cinco ângulos de visada, e com isso permitir a medição da *Bidirecional Reflectance Distribution Function* (BRDF), também despertou grande interesse e teve sua missão prolongada. Em fevereiro de 2017, após mais de 16 anos na ativa, a missão EO-1 foi encerrada. Até o momento da publicação deste livro, o Chris/Proba-1 continuava em operação.

Embora algumas séries temporais de dados tenham sido geradas com o sensor Hyperion, não existe atualmente nenhum sensor hiperespectral imageador em órbita que seja capaz de gerar imagens rotineiras, de alta qualidade, recobrindo toda a Terra, de forma sistemática. Mas esse cenário tende a mudar, visto que diferentes iniciativas estão em andamento para o planejamento, a construção e o lançamento de sensores hiperespectrais em nível orbital, como o Environmental Mapping and Analysis Program (EnMAP), que está sendo desenvolvido pelo Centro Aeroespacial Alemão (DLR) em parceria com o Centro de Pesquisas em Geociências (GFZ), o qual está programado para ser lançado a partir de 2018. Outras iniciativas são o Hyperspectral Infra-Red Imager (HyspIRI), da Nasa, o Hyperspectral Imager SUite (Hisui), do Ministry of Economy, Trade and Industry (Meti) do Japão, e o PRecursore IperSpettrale della Missione Applicativa (Prisma), da Agência Espacial Italiana (ASI).

As principais características dos sensores orbitais mencionados, incluindo a relação sinal-ruído (SNR), são apresentadas no Tab. 7.2.

7.2 Processamento e análise de dados hiperespectrais

A tecnologia hiperespectral permite a obtenção de um grande número de dados. Mas, com o aumento do volume de dados adquiridos, consequentemente aumenta a dificuldade para manuseá-los. Sem dúvida, o uso de dados hiperespectrais é muito mais complexo do que o uso de dados multiespectrais. Portanto, é preciso utilizar métodos apropriados para manipular e extrair de forma eficiente a informação

TAB. 7.2   Principais características dos sensores hiperespectrais orbitais atuais e futuros

Satélite/Sensor	Organização (país)	Número de bandas	Características
EO-1/Hyperion	Nasa (EUA)	220	Faixa espectral: 400-2.500 nm 10 nm resolução espectral 30 m resolução espacial SNR: 700 @ 600 nm/500 @ 2.200 nm
Proba-1/Chris	ESA (Europa)	18/62	Faixa espectral: 400-1.050 nm 1,3-12 nm resolução espectral SNR: 200
*EnMAP	DLR e GFZ (Alemanha)	242	Faixa espectral: 420-2.450 nm 8,1-12,5 nm resolução espectral 30 m resolução espacial SNR: 400 @ VNIR/150 @ SWIR
*HyspIRI/VSWIR	Nasa, JPL (EUA)	214	Faixa espectral: 380-2.500 nm 10 nm resolução espectral 30 m resolução espacial SNR: 700 @ 600 nm/500 @ 2.200 nm
*Hisui/Hyper	Meti (Japão)	185	Faixa espectral: 400-2.500 nm 10-12,5 nm resolução espectral 30 m resolução espacial SNR: 450 @ 620 nm/300 @ 2.100 nm
*Prisma	ASI (Itália)	249	Faixa espectral: 400-2.500 nm < 10 nm resolução espectral 30 m resolução espacial SNR: 650 @ 650 nm/400 @ 1.550 nm/200 @ 2.100 nm

*Sensores em fase de planejamento ou desenvolvimento.
Fonte: Ortenberg (2011), Van der Meer et al. (2012), Staenz e Held (2012) e Lee et al. (2015).

desses dados. Existem várias técnicas de processamento e análise de dados hiperespectrais; no entanto, não é objetivo deste livro enumerá-las ou detalhá-las, apenas alguns exemplos serão citados. Além disso, o desenvolvimento de ferramentas e métodos para visualizar e analisar dados hiperespectrais é uma área de pesquisa ainda bastante ativa.

No caso dos dados provenientes de sensores orbitais e aerotransportados, é de suma importância a realização de uma correção atmosférica eficiente para minimizar os efeitos de espalhamento e absorção atmosféricos. Para isso, existem os métodos baseados em modelos de transferência radiativa (*e.g.*, Flaash, Acorn, ATCOR) e os de correção empírica, que usam exclusivamente informações da cena e/ou medições feitas em campo.

Por ter como característica a aquisição de dados em um grande número de faixas contínuas, os dados hiperespectrais possuem uma quantidade significativa de bandas altamente correlacionadas. Para a exploração adequada desses dados, é importante reduzir a dimensionalidade deles para remover a informação redundante presente. Para isso, diversas técnicas podem ser utilizadas. Entre as mais tradicionais, citam-se a análise de componentes principais (PCA), a *minimum noise fraction rotation* (MNF) e os algoritmos de mineração de dados (Thenkabail; Lyon; Huete, 2011).

Os métodos existentes para a classificação de dados hiperespectrais podem ser agrupados em duas categorias amplas: i) *spectrum matching methods* – os que analisam a similaridade entre os espectros de referência (coletados em campo ou de bibliotecas espectrais) e os da imagem (*e.g.*, Spectral Angle Mapper (SAM) e Spectral Feature Fitting (SFF)); e ii) *subpixel methods* – os que procuram quantificar a abundância relativa (em fração, porcentagem ou área) dos vários materiais dentro de um *pixel*, utilizando para isso *pixels* puros das imagens, que são denominados *endmembers* (*e.g.*, modelos linear e não linear de mistura espectral) (Van der Meer et al., 2012).

Outros métodos bastante utilizados para a análise de dados hiperespectrais são os índices de vegetação de banda estreita, a técnica de remoção do contínuo (análise de feições de absorção) e os modelos de transferência radiativa.

Entre os *softwares* indicados para se trabalhar com dados hiperespectrais, destacam-se o Excelis Visual Information Solutions (Envi) e o USGS Prism (Kokaly, 2011), que é um conjunto de rotinas em IDL que pode ser utilizado como um *plug-in* no Envi. O *software* The Unscrambler (Camo, Oslo, Noruega), embora não permita trabalhar com imagens, é muito útil para o processamento e a análise de espectros, incluindo análises de estatística multivariada.

É importante comentar que, considerando a validação de dados, no caso de imagens hiperespectrais, espera-se obter espectros das imagens que possam ser comparados a espectros coletados em campo ou de bibliotecas espectrais. Dessa forma, é possível: i) simular espectros de reflectância e radiância adquiridos no campo; e ii) fazer comparação cruzada com dados de campo. No entanto, os pontos negativos são: i) o desafio do ponto de vista da engenharia para adquirir esses dados com qualidade suficiente em termos de SNR, o que tem sido um problema especialmente em aquisições de plataformas orbitais; ii) a complexidade da calibração dos dados; e iii) a redundância dos dados devido à sobreposição de canais adjacentes

(Van der Meer et al., 2012). Mas, com o avançar tecnológico na área de aquisição, processamento e análise de dados hiperespectrais, espera-se que esses pontos negativos sejam minimizados.

7.3 Aplicações

O sensoriamento remoto hiperespectral foi inicialmente utilizado em aplicações geológicas para detectar e mapear minerais. Sua aplicação em estudos de vegetação é bem mais recente. No entanto, vem emergindo rapidamente como uma tecnologia potencial para caracterizar, mapear, quantificar e modelar a vegetação. Várias pesquisas demonstram os avanços obtidos nessa área em relação ao sensoriamento multiespectral e o valor do uso de dados hiperespectrais para uma ampla gama de aplicações relacionadas à vegetação, incluindo culturas agrícolas. Exemplos incluem a estimativa de propriedades biofísicas e bioquímicas de folhas e plantas, a identificação de espécies vegetais e a detecção de estresse em plantas (Thenkabail; Lyon; Huete, 2011).

As propriedades espectrais da vegetação são fortemente determinadas pelos seus atributos biofísicos e bioquímicos, como o índice de área foliar (IAF), a quantidade de biomassa verde, a quantidade de material senescente, o conteúdo de umidade, os pigmentos, e o arranjo espacial da estrutura das plantas. Esses fenômenos e processos vêm sendo analisados com o uso de dados de sensoriamento remoto multiespectral. No entanto, os dados de sensores de banda larga possuem limitações para aplicações como a identificação do estádio fenológico de culturas, a diferenciação de tipos de culturas, a identificação de espécies etc. Nesses casos, os dados hiperespectrais são muito mais adequados (Thenkabail; Lyon; Huete, 2011).

No texto a seguir, são citadas algumas aplicações de sensoriamento remoto hiperespectral para o estudo de alvos agrícolas (Boxe 7.2). Além da apresentação de alguns trabalhos publicados em revistas internacionais renomadas, foi dada ênfase também aos trabalhos nacionais nesse assunto que foram apresentados nos Simpósios Brasileiros de Sensoriamento Remoto (SBSR), para demonstrar que, apesar da dificuldade de obter dados hiperespectrais na atualidade, a comunidade científica brasileira tem mostrado grande interesse em utilizar essa tecnologia em diversas pesquisas relacionadas à atividade agrícola. Para a complementação das informações aqui expostas, sugere-se a leitura das seguintes referências: Kumar et al. (2001), Thenkabail, Lyon e Huete (2011), Jadhav e Patil (2014) e Sahoo, Ray e Manjunath (2015).

> **Boxe 7.2** Alguns exemplos de aplicações potenciais de dados de sensoriamento remoto hiperespectral para o estudo de alvos agrícolas
> * Avaliação de pastagens (*e.g.*, fertilidade, biomassa, nível de degradação)
> * Avaliação de solos (*e.g.*, fertilidade, mapeamento)
> * Detecção de doenças em plantas
> * Detecção de áreas cultivadas infestadas por pragas e parasitas
> * Detecção de estresse em plantas
> * Discriminação de diferentes espécies/variedades de culturas
> * Estimativa de biomassa de culturas agrícolas
> * Estimativa de pigmentos e nutrientes foliares
> * Estimativa de produtividade de culturas agrícolas
> * Estimativa da cobertura de palhada (restos de culturas deixados no campo após a colheita) em talhões agrícolas
> * Mapeamento de culturas agrícolas

7.3.1 Detecção de doenças e de áreas infestadas por pragas e parasitas

Martins e Galo (2013) exploraram dados hiperespectrais obtidos *in situ* para discriminar espectralmente cana-de-açúcar sadia de plantas infestadas por nematoides e larvas de *Migdolus fryanus*. Os resultados indicaram o infravermelho próximo como a região mais indicada para tal análise. Os autores sugerem para trabalhos futuros, além de testar a metodologia com dados orbitais, explorar também se é possível inferir o grau de infestação da planta parasitada.

Saito, Imai e Tommaselli (2013) investigaram a possibilidade de detectar ferrugem alaranjada em plantas de cana-de-açúcar. Os autores observaram diferenças no comportamento espectral de folhas de cana-de-açúcar sadia e contaminadas em diferentes níveis da doença, tanto na região do visível como na do infravermelho próximo (dados coletados com ASD FieldSpec HandHeld). Entre os índices de vegetação avaliados, o *photochemical reflectance index* (PRI) foi o que apresentou melhor resultado na diferenciação de plantas sadias e infectadas.

Bendini et al. (2015) exploraram dados hiperespectrais coletados em laboratório para caracterizar folhas de bananeira contaminadas por fungos de Sigatoka Negra e Sigatoka Amarela. Espectros de folhas de bananeiras sadias e contaminadas foram obtidos com um ASD FieldSpec Pro. Diferenças evidentes foram observadas no comportamento espectral das folhas analisadas. Os resultaram indicaram que os índices de vegetação *pigments specific simple ratio* (PSSRa e PSSRb) apresentaram maior sensibilidade na detecção dos estádios iniciais da Sigatoka Negra e Amarela, respectivamente.

Martins, Galo e Vieira (2015) aplicaram técnicas de análise espectral (*e.g.*, SAM) para caracterizar a resposta espectral de plantas de café infectadas por nematoides em diferentes estágios. Com o auxílio de um ASD FieldSpec HandHeld, foram adquiridos espectros foliares de plantas sadias e infectadas, em laboratório. Com as análises aplicadas, foi possível caracterizar espectralmente quatro condições fitossanitárias do cafeeiro.

7.3.2 Detecção de estresse em plantas

Sanches, Souza Filho e Kokaly (2014) exploraram a análise de feições espectrais para detectar estresse em plantas de braquiária e soja perene causado pela contaminação do solo com gasolina e diesel. Uma série temporal de dados de folhas e de dosséis de plantas com diferentes níveis de estresse foi coletada com o auxílio de um ASD FieldSpec Pro FR. Também foi analisada uma imagem do sensor aerotransportado ProSpecTIR-VS. Os parâmetros profundidade, largura e área da feição de absorção da clorofila centrada em 680 nm foram obtidos com a aplicação da técnica de remoção do contínuo. Os melhores indicadores de estresse em plantas foram o índice *plant stress detection index* (PSDI) e a área da feição da clorofila, quando analisados os dados foliares; e o PSDI, quando analisados os dados de dossel (medições obtidas em campo e da imagem).

Moreira, Teixeira e Galvão (2015) avaliaram índices de vegetação calculados com dados multiespectral (Landsat-8) e hiperespectral (Hyperion) para detectar estresse salino em arroz. Foi possível identificar alterações da reflectância dos dosséis de plantas de arroz com diferentes concentrações salinas do solo com os dois sensores analisados. No caso dos índices hiperespectrais estudados, as estimativas foram melhoradas ao associar as regiões ligadas à clorofila com as referentes ao teor de água no dossel.

7.3.3 Mapeamento de culturas agrícolas e discriminação de diferentes variedades

Galvão, Formaggio e Tisot (2006) obtiveram bons resultados ao discriminar cinco variedades de cana-de-açúcar com dados Hyperion. Foram testadas razões de reflectância e índices espectrais potencialmente sensíveis às variações no conteúdo de clorofila, água foliar e lignina e celulose. Uma das variedades de cana-de-açúcar foi discriminada com o uso de uma única banda do infravermelho. A discriminação entre as demais variedades foi feita utilizando análise discriminante múltipla.

Tisot et al. (2007) compararam a eficácia de dados Hyperion e ETM+/Landsat-7 para identificar alvos agrícolas. Com base nos dados ETM, a acurácia foi de 91,5% para as (seis) classes de cobertura do solo e de 67,6% para as (cinco) classes de variedade de cana-de-açúcar. Analisado os dados Hyperion, a acurácia subiu para 94,9% e 87,1%, respectivamente.

Galvão et al. (2011) avaliaram a discriminação de seis tipos de culturas (café, cana-de-açúcar, arroz irrigado, feijão, milho e soja) em quatro regiões brasileiras (RS, SP, MG e MT) utilizando imagens do sensor orbital Hyperion. Os autores identificaram algumas bandas espectrais estreitas que permitiram a distinção dos tipos de culturas analisados e concluíram que os dados hiperespectrais oferecem inúmeras oportunidades vantajosas comparadas àquelas oferecidas por dados adquiridos com sensores de bandas largas. No entanto, a discriminação de tipos de culturas é afetada por fatores biofísicos, estádios fenológicos, tipo de manejo, calendário agrícola e aspectos regionais. Portanto, é necessário um número maior de estudos, conduzidos em uma grande variedade de terrenos, com diversos tipos de culturas e em distintos agroecossistemas.

Safanelli, Caten e Bosco (2015) conduziram um experimento com o objetivo de caracterizar e diferenciar cultivares de alho sob diferentes tratamentos culturais. Para isso, foram utilizados dados espectrais coletados de folhas e dosséis de alho, com um ASD FieldSpec HandHeld 2. Os resultados mostraram que foi possível diferenciar as cultivares analisadas.

7.3.4 Estimativa de produtividade e de biomassa de culturas agrícolas

Xavier et al. (2007) analisaram índices de vegetação da diferença normalizada calculados com base em dados de banda estreita (NB_NDVI *narrow band-normalized difference vegetation index*) para estimar produtividade de grãos de trigo. Os dados espectrais foram coletados *in situ*, utilizando um ASD FieldSpec Pro FR, de dosséis de plantas de trigo em seis estádios fenológicos. Como resultado, os autores observaram que o vermelho e o infravermelho próximo são as regiões espectrais com maior potencial para se estimar a produtividade e que o estádio do trigo mais indicado para isso é a fase de espigamento II (final de florescimento, grão aquoso).

Galvão, Formaggio e Breunig (2009) investigaram a relação entre produtividade de soja e dados de imagens Hyperion com visada fora do nadir na direção de retroespalhamento. Entre as razões de banda e os índices de vegetação de banda estreita testados, as melhores correlações com produtividade foram obtidas com razões de bandas infravermelho próximo/infravermelho próximo e com índices sensíveis ao conteúdo de água das folhas (*e.g.*, *normalized difference water index* – NDWI). Como foi analisada uma única imagem Hyperion, os autores afirmam que pesquisas adicionais são necessárias para confirmar os resultados obtidos.

Monteiro et al. (2011) correlacionaram dados espectrais (obtidos com o Spectron SE-590) de dosséis de feijão em seis estádios fenológicos com dados de produtividade e altura das plantas. Ao longo do desenvolvimento da cultura, as melhores correlações foram observadas nos estádios V4 (fase vegetativa, quando o terceiro trifólio está completamente desenvolvido) e R6 (fase reprodutiva, quando acontece a abertura da primeira flor), para as variáveis biofísicas produtividade e altura, respectivamente.

Marshall e Thenkabail (2015) conduziram um estudo que demonstrou a vantagem de dados orbitais hiperespectrais (Hyperion) sobre dados multiespectrais de baixa (Modis), média (Landsat) e alta (WordView, GeoEye, Ikonos) resolução espacial para a estimativa de biomassa. Foram analisadas quatro culturas (algodão, arroz, milho e alfafa) em três fases de desenvolvimento. Os resultados indicaram que a resolução espectral é mais importante do que a resolução espacial para estimar biomassa.

7.3.5 Estimativa de pigmentos e nutrientes foliares

Ferri, Formaggio e Schiavinato (2004) utilizaram índices de banda estreita para determinar o teor de clorofila em dosséis de soja. Dados espectrais foram coletados com o Spectron SE-590, ao longo do desenvolvimento da soja, em um experimento realizado em casa de vegetação, e posteriormente foram correlacionados com conteúdo de clorofila *a*, *b* e total. Os resultados mostraram que as razões $R_{750/700}$ e $R_{750/550}$ possuem um bom potencial para estimar o conteúdo de clorofila da soja.

Fiorio et al. (2015) investigaram a resposta espectral de dosséis de cana-de-açúcar para estimar o teor relativo de clorofila. Os resultados indicaram a existência de boa correlação entre os dados espectrais de dossel (coletados com um ASD FieldSpec 4) e o teor de clorofila da cana-de-açúcar, sendo que o verde (550 nm), a borda do vermelho (720 nm) e o infravermelho próximo (750 nm) foram as regiões espectrais mais importantes. Valores de clorofila estimados se mostraram correlacionados com os valores medidos por um clorofilômetro.

Huang et al. (2015) fizeram uma meta-análise de dados de 85 estudos que focaram o sensoriamento remoto hiperespectral de pigmentos para identificar os comprimentos de onda ideais para a estimativa de pigmentos e avaliar a relação entre a concentração de pigmentos e os dados de sensoriamento remoto em diferentes escalas e para diferentes tipos de pigmentos. O resultado da meta-análise demonstrou que os dados de sensoriamento remoto são bons estimadores da concentração de pigmentos de plantas. Para a quantificação de clorofila total, a distribuição de comprimentos de onda foi similar para folha, dossel e paisagem. Os comprimentos de onda mais importantes foram os intervalos 550-560 nm (verde) e 680-750 nm (borda do vermelho), e não as regiões de absorção da clorofila (azul e vermelho).

Pellissier et al. (2015) utilizaram dados espectrais de plataformas aérea (sensor ProSpecTIR-VS) e terrestre (FieldSpec® ASD Inc.) para detectar nitrogênio foliar de pastagens cultivadas na Bacia de Lamprey River, em New Hampshire (EUA). Modelos de estimativa de acurácia satisfatória foram gerados, o que possibilitou a criação de um mapa de porcentagem de nitrogênio das pastagens da área analisada. A região espectral mais importante para o desenvolvimento das calibrações foi o infravermelho próximo (750-1.300 nm), seguida do infravermelho de ondas curtas (1.550-1.750 nm).

7.3.6 Estimativa da cobertura de palhada (restos de culturas)

Bannari et al. (2015) avaliaram o potencial de dados hiperespectrais para mapear e estimar a porcentagem de cobertura de palhada (isto é, restos culturais deixados no campo após a colheita). Com base em dados do Hyperion e análise de modelo linear de mistura espectral, foram obtidos modelos capazes de estimar com boa acurácia a porcentagem de cobertura de palhada no início da estação agrícola em uma área no Canadá.

7.3.7 Avaliação de pastagens

Vicente et al. (2011) utilizaram uma imagem Hyperion para mapear pastagens no Pantanal brasileiro. Com a utilização do modelo linear de mistura espectral, foi possível discriminar áreas de pastagens antrópicas em meio às formações de cerrado.

Barbieri et al. (2013) utilizaram dados hiperespectrais coletados em campo para avaliar diferentes tipos de manejo de pastagem natural. Dados de reflectância entre 400 nm e 900 nm foram coletados com um ASD FieldSpec HandHeld de cinco parcelas de uma área experimental da Universidade Federal de Santa Maria (UFSM). As parcelas com maior número de espécies prostradas (mais material verde e menos matéria seca) apresentaram maiores valores de reflectância. E as parcelas com maior quantidade de espécies que formam touceiras apresentaram menor reflectância. Os autores comentam que, se disponíveis, dados no infravermelho médio poderiam melhorar a quantificação de matéria seca do dossel das pastagens.

Sanches et al. (2013) investigaram a possibilidade de estimar concentrações de macronutrientes de pastagens, em diferentes épocas do ano, utilizando dados hiperespectrais coletados in situ (ASD FieldSpec Pro FR). A acurácia das estimativas variou de acordo com o nutriente analisado e com o tipo de dado espectral analisado (e.g., reflectância, primeira derivada da reflectância, reflectância com remoção do contínuo). De forma geral, melhores predições foram obtidas com os dados da primeira derivada e quando os dados foram agrupados por estação do ano.

7.3.8 Avaliação de solos

Accioly et al. (2007) avaliaram o potencial do sensoriamento remoto hiperespectral para estudar as perdas de solo de uma área no Rio Grande do Norte sob processo de desertificação. As medições do solo foram feitas em laboratório com o espectrorradiômetro ASD FieldSpec Pro FR. Ao comparar curvas espectrais de um mesmo solo preservado e erodido, concluíram que é possível estimar a espessura da camada de solo removida pela erosão.

Galvão et al. (2008) utilizaram dados do sensor aerotransportado Aviris para estudar as relações entre a composição mineralógica e química dos solos tropicais e a topografia. Nas áreas de elevada altitude, houve o predomínio de solos com baixa reflectância, ao passo que nas áreas de baixa altitude foram encontrados solos com alta reflectância. E, embora o trabalho não tenha contemplado validação de campo, relações obtidas com espectros de laboratório foram aplicadas com sucesso nos dados Aviris para a identificação de caulinita e gibsita.

Bellinaso (2009) montou uma biblioteca espectral de solos (dados espectrais obtidos em laboratório com FieldSpec Pro) de diferentes regiões agrícolas do Brasil com o intuito de desenvolver técnicas de classificação de perfis e quantificação de atributos de solo. Com esses dados, foi possível caracterizar diferentes classes de solo e posteriormente classificar perfis de classes desconhecidas. As principais feições que auxiliaram na classificação dos solos foram as da gibbsita (2.265 nm), da goethita (450-480 nm), dos argilominerais 2:1 (1.400 nm, 1.900 nm e 220 nm) e dos óxidos de ferro (concavidade na região entre 850-900 nm). Foi possível também desenvolver modelos para estimar areia, argila e ferro (Fe_2O_3) dos solos.

Araújo et al. (2011) demonstraram que é possível utilizar modelos estatísticos gerados a partir de bibliotecas espectrais para estimar atributos do solo. Espectros de solos de quatro Estados brasileiros (Mato Grosso do Sul, Minas Gerais, São Paulo e Goiás) foram obtidos em laboratório, com ASD FieldSpec Pro, e utilizados para estimar os teores de argila e ferro (Fe_2O_3) dos solos. A subdivisão dos dados espectrais conforme a região e o material de origem do solo permitiu a qualificação de atributos com elevada acurácia.

Oliveira et al. (2011) utilizaram uma imagem Hyperion e dados hiperespectrais coletados em laboratório para caracterizar espectral e mineralogicamente uma faixa de solos situados entre os municípios de Limeira e Capivari (SP). Os autores concluíram que a utilização de dados hiperespectrais potencializou a caracterização mineralógica das amostras da região de estudo, com a identificação dos minerais hematita, goethita e caulinita. Além disso, com base nos dados de laboratório, foi possível quantificar os teores de argila e areia das amostras de solo.

Franceschini et al. (2013) testaram quantificar atributos físico-químicos do solo utilizando dados hiperespectrais coletados em laboratório (ASD FieldSpec Pro) e de um imageamento aéreo feito com o sensor ProSpecTIR-VS. Os modelos obtidos para quantificar teores de argila e areia, matéria orgânica e capacidade de troca catiônica (CTC) foram eficazes, demonstrando a aplicação prática dessa técnica. E, embora os melhores resultados tenham sido obtidos com os dados de laboratório, predições satisfatórias foram obtidas com base nas imagens.

Moreira et al. (2013) conduziram um experimento para investigar as características espectrais de solos aluviais submetidos à salinização. Dados de reflectância de solos tratados com três sais minerais puros e gesso foram obtidos em laboratório com um ASD FieldSpec Pro FR 3. Apesar de o sal influenciar nas principais bandas de absorção do espectro normalizado, não foi possível detectar uma relação direta entre sua concentração e os dados espectrais. O solo tratado com gesso apresentou aumento de reflectância ao longo de todo o espectro analisado. Os solos tratados com cloreto de cálcio ($CaCl_2$) apresentaram reflectância maior que os tratados com cloreto de magnésio ($MgCl_2$) e cloreto de sódio ($NaCl$).

Dutta et al. (2015) caracterizaram propriedades de solo de uma região do Lower Mississippi River (EUA) que sofreu uma forte inundação. Com base em dados espectrais aerotransportados (Aviris), foi possível desenvolver modelos para predizer atributos físicos (porcentagem de argila, areia e silte) e químicos do solo. Os mapas gerados foram comparados com mapas preexistentes do Departamento de Agricultura dos Estados Unidos (Usda) e mostraram-se compatíveis.

Questões

7.1) Citar uma importante vantagem dos sensores hiperespectrais em comparação aos sensores multiespectrais. Existe alguma desvantagem dos dados hiperespectrais?

Resposta: Devido ao elevado número de bandas espectrais estreitas e contínuas dos sensores hiperespectrais, é possível melhor caracterizar espectralmente os alvos, e isso permite que sejam extraídas mais informações sobre eles. E, sim, existem desvantagens, por exemplo, os sensores hiperespectrais geram um número muito maior de dados do que os sensores multiespectrais, o que significa maior complexidade para processar e analisar esses dados.

7.2) Na Fig. 7.2 são apresentados quatro espectros de cana-de-açúcar. Quais deles foram obtidos com sensores hiperespectrais? Justificar sua resposta.

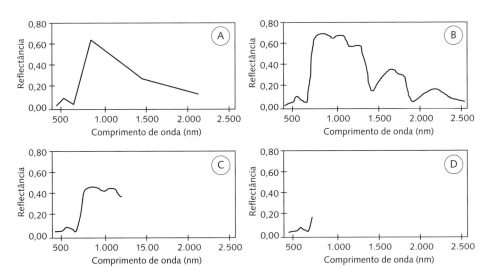

Fig. 7.2 Quatro espectros de cana-de-açúcar

Resposta: O espectro (A) foi obtido com um sensor multiespectral composto de seis bandas, visto que o espectro apresenta cinco segmentos retos. Os demais espectros foram obtidos com sensores hiperespectrais, pois as feições das bandas de absorção (*e.g.*, da clorofila, que absorve na região espectral do azul e do vermelho) estão bem definidas, o que indica que o sensor tem bandas estreitas e contínuas. A diferença entre os espectros (B), (C) e (D) é o intervalo

espectral de cada sensor: (B) do visível até o infravermelho de ondas curtas (450-
-2.500 nm), (C) do visível até o infravermelho próximo (450-1.300 nm) e (D) só no
visível (450-700 nm).

7.3) Na Fig. 7.3, em (A) é apresentado um espectro de reflectância de cana-de-açúcar entre 450-2.500 nm, obtido por um sensor hiperespectral de campo (e.g., espectrorradiômetro). Em (B) é apresentado um espectro de reflectância de cana-de-açúcar obtido pelo sensor hiperespectral orbital Hyperion. O que explica a ausência de informação nos comprimentos de onda próximos a 1.400 nm e 1.900 nm no espectro obtido pelo sensor orbital?

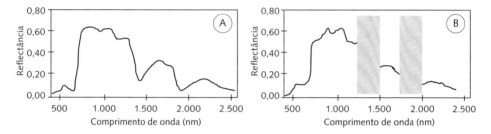

FIG. 7.3 *Espectro de reflectância de cana-de-açúcar entre 450-2.500 nm obtido (A) por um sensor hiperespectral de campo e (B) pelo sensor hiperespectral orbital Hyperion*

Resposta: Na aquisição de dados a partir de sensores a bordo de satélites (hiperespectrais ou não), existe a interferência da atmosfera, que é composta de gases que absorvem, refletem e espalham a energia eletromagnética, seletivamente (ou seja, dependendo do comprimento de onda). Nos comprimentos de onda próximos a 1.400 nm e 1.900 nm, ocorre forte absorção da energia pelo vapor d'água (H_2O), e por isso os dados obtidos por sensores orbitais nessas regiões são descartados.

Sensoriamento remoto para agricultura de precisão

Um aspecto interessante da agricultura praticada no passado, e em muitas localidades ainda hoje, é que suas práticas baseavam-se geralmente em médias, seja em relação à aplicação de insumos, seja em relação à condição dos solos, e, dessa forma, verificava-se que a questão das variabilidades espaciais não era devidamente levada em conta.

Contudo, essas práticas baseadas em médias estão cada vez mais sendo substituídas, visando racionalizar o emprego de recursos e insumos, simultaneamente à busca de elevação da produtividade e da sustentabilidade ambiental.

A quantidade de novas terras aráveis mundiais já não apresenta o mesmo cenário de abundância do início do século XX, quando ainda havia extensas reservas disponíveis, e, assim, verifica-se hoje que as pressões são crescentes.

Em razão desse cenário, já no início da década de 1990 previa-se que a disponibilidade de terra arável *per capita* no planeta sofreria um declínio do valor de 0,23 ha, aproximadamente, em 2000 para cerca de 0,15 ha por volta de 2050 (Lal, 1991).

Desse modo, como levantado por Seelan et al. (2003), fica realçada a necessidade de introdução de tecnologias modernas, visando melhorar a produtividade das culturas e fornecer informações que permitam melhores e mais rápidas decisões de manejo, bem como de redução de gastos com defensivos químicos e com fertilizantes, buscando aumentar as margens de lucro e restringir a poluição que a agricultura pode causar.

Os produtores agrícolas de todo o mundo precisam de meios e tecnologias para maximizar seus lucros, ao mesmo tempo elevando as quantidades produzidas, porém sem aumentar a quantidade de área para plantar, e procurando reduzir ao máximo os impactos ambientais.

Nas últimas décadas, o sensoriamento remoto, os sistemas de informação geográfica (SIGs) e o sistema de posicionamento GPS (*global positioning system*), em conjunto, vêm sendo identificados como tecnologias modernas necessárias e aptas para auxiliar os produtores em relação ao objetivo de maximizar os benefícios econômicos e ambientais, por meio do sistema produtivo denominado *agricultura de precisão* (AP).

Assim, a AP pode ser entendida como um sistema de produção que busca promover práticas de manejo que estejam de acordo com as variabilidades existentes nas parcelas agrícolas.

Pode-se dizer que a AP é um sistema de manejo agrícola em que se busca fornecer às plantas o que elas necessitam, no momento mais oportuno para elas e, considerando um talhão de plantio, somente nos locais em que as plantas precisam de um determinado insumo.

Isso é um considerável avanço ao levar em conta as práticas da agricultura convencional, em que as várias práticas de manejo, tais como a aplicação de fertilizantes ou de defensivos ou a irrigação, têm sido administradas de forma média para todo o talhão, ignorando quaisquer variabilidades espaciais intratalhão.

Evidentemente, tal sistema de manejo requer que sejam coletados vários tipos de dados, relacionados tanto às plantas como aos solos, além de necessitar do monitoramento das mudanças que ocorrem nos talhões agrícolas à medida que o ciclo fenológico se desenrola.

Esse sistema é baseado em ferramentas e fontes de informação disponibilizadas por tecnologias modernas, incluindo geotecnologias, GPS, dispositivos de monitoramento da produtividade, sensores de solos e de plantas, sensoriamento remoto e equipamentos para a aplicação de insumos em taxas variáveis.

Entre seus objetivos principais está o de obter a máxima qualidade com os menores custos, ao mesmo tempo que se procura proteger o meio ambiente, visando assegurar que haja o máximo de equilíbrio e de sustentabilidade, para um futuro sem riscos alimentares e ambientais.

O meio escolhido para isso é via conhecimento dos diversos fatores que influenciam a expressão do potencial produtivo de uma cultura, como as propriedades químicas, físicas e biológicas dos solos, como pressuposições básicas para entender e modelar a variabilidade espacial e temporal da produtividade e estabelecer um processo eficiente de gerenciamento localizado para as intervenções de manejo.

De fato, a variabilidade espacial dos rendimentos, observada com o auxílio de mapas de produtividade, pode ser reflexo de uma complexa interação de fatores, como os ligados a aspectos fisiológicos da cultura ou a problemas referentes às intempéries climáticas, ou mesmo devido a atributos relacionados à qualidade dos solos.

A mudança gerada pela AP é a adequada quantificação da variabilidade, bem como a combinação dos fatores responsáveis pela variação no desenvolvimento e na produção das culturas.

Existe um grande conjunto de pesquisas e desenvolvimentos realizados na área de utilização de imagens, tanto de sensores colocados a bordo de satélites como de sensores posicionados em outros níveis de aquisição de dados, para o levantamento e o monitoramento de culturas agrícolas. Dessa forma, há um significativo patrimônio de conhecimentos científicos nessa área.

Contudo, na área específica de aplicações diretas das técnicas de sensoriamento remoto para objetivos relacionados com a AP, pode-se dizer que ainda há poucas publicações na literatura. Uma das principais razões para isso refere-se à dificuldade e aos custos de aquisição de imagens satelitárias, ou mesmo de fotografias aéreas, disponibilizáveis em um tempo considerado apropriado para a AP.

Porém, é preciso realçar que, com os progressos recentes nas áreas de tecnologia de sensores e de GPS, as aplicações diretas dos dados de sensoriamento, tanto o remoto quanto o proximal, estão aumentando rapidamente. Por exemplo, atualmente já é possível um fazendeiro ter em seu computador uma imagem orbital poucos minutos após a passagem do satélite que a adquiriu.

Além disso, inúmeras outras informações armazenadas em SIGs podem ser sobrepostas às imagens, de modo a facilitar significativamente sua interpretação, bem como a extração de vários tipos de informação fisiológica e fenológica das culturas a partir das referidas imagens.

Com isso, torna-se possível fornecer as interpretações obtidas pelos diferentes meios de coleta de dados às máquinas operativas no campo, de maneira que possam realizar as operações com efetividade e precisão de localização dentro das parcelas agrícolas.

Sensores fotométricos, por exemplo, quando fixados nas máquinas agrícolas, podem informar sobre o nível de nitrogênio das plantas e, assim, orientar as aplicações desse nutriente de forma precisa, em termos tanto de quantidade quanto de localização. Por outro lado, para uma visão mais panorâmica, imagens orbitais ou fotografias aéreas podem mostrar zonas dentro dos talhões que estejam apresentando sintomas de carência de nitrogênio.

Entre as metas mais buscadas estão as de aumentar a produtividade e otimizar a lucratividade, sempre buscando a proteção e a sustentabilidade ambiental (Boxe 8.1).

Os fazendeiros estão interessados em medir e avaliar o estado dos solos e das culturas em determinados momentos considerados críticos dentro do ciclo fenológico: primeiramente nos estágios iniciais de crescimento, com o objetivo de suprir quantidades adequadas de nutrientes visando a um desenvolvimento normal das plantas; e também nos estágios mais avançados de desenvolvimento, quando as condições fisiológicas são essenciais para a consecução das produtividades mais elevadas.

Visando a esses objetivos, os sensores remotos e proximais podem desempenhar papel relevante quanto ao fornecimento de informações temporalmente oportunas e críticas para a AP, em razão de sua capacidade de permitir o monitoramento de variabilidades temporais e localizadas dos indicadores biofísicos das culturas.

Zhang, Yamasaki e Kimura (2002) indicam que, entre os mais frequentes fatores de variabilidade nas lavouras agrícolas, podem ser citados: a variabilidade dos solos, no que se refere a fertilidade (N, P, K, Ca, Mg, C, Fe, Mn, Zn e Cu), mudanças nos atributos de fertilidade do solo resultantes da aplicação de adubos orgânicos (*e.g.*, adubo verde, esterco etc.), propriedades físicas (textura, densidade, teor de umidade e condutividade elétrica), propriedades químicas (pH, carbono orgânico, CTC) e profundidade do solo; a variabilidade da cultura, no que tange a densidade de plantio, altura da planta, estresse nutricional, estresse hídrico, propriedades biofísicas da planta (*e.g.*, IAF e biomassa), conteúdo de clorofila na folha e qualidade do grão; a variabilidade de fatores anômalos, no que se refere a infestação de plantas daninhas, ataque de pragas, presença de nematoides, ocorrência de geadas e granizo; e a variabilidade no manejo, no que tange a taxa de semeadura, rotação de culturas e aplicação de fertilizantes e pesticidas.

Sem dúvida, as informações obteníveis por sensoriamento remoto são fundamentais para o uso adequado das capacidades da *tecnologia de aplicações* de insumos em taxas variáveis (*variable rate technology*, VRT), que consistem em aplicar doses específicas de insumos (*e.g.*, fertilizantes) para condições específicas dos solos e das culturas de acordo com as variabilidades internas nos talhões.

8.1 Dados de satélites em agricultura de precisão

Quando se trata de sensoriamento para AP, é necessário levar em conta que os sensores podem estar nos tratores usados nas práticas de manejo e que podem também ser utilizados aqueles sensores a bordo de plataformas aéreas (aviões, helicópteros e veículos aéreos não tripulados) ou a bordo de satélites.

> **Boxe 8.1 Agricultura de precisão (AP) e suas perspectivas**
> Na AP, máquinas agrícolas podem ser equipadas com sensores e GPS, com capacidade para coletar dados sobre as lavouras, associando-os a coordenadas geográficas, com uma excelente precisão espacial.
> Essas informações, após processadas, podem servir de base para aplicações em taxas variáveis, com o objetivo de proporcionar o mínimo uso possível de produtos químicos e, ainda, seu emprego somente nos locais em que forem realmente necessários.
> Isso representa um custo mínimo com insumos e, principalmente, menor quantidade de produtos químicos no ambiente.

Os dados provenientes de sensores acoplados a tratores, os chamados *sensores proximais*, são caracterizados por resoluções espaciais muito altas, uma vez que estão muito próximos das superfícies imageadas. São também de resoluções temporais elevadas, visto que com frequência coletam dados à medida que os tratores são utilizados nas várias práticas de manejo realizadas nos talhões agrícolas.

Para algumas práticas de manejo, como o monitoramento de infestações de ervas daninhas, tanto a alta resolução espacial como a elevada resolução temporal são de especial utilidade, dadas as características desse problema nos talhões agrícolas.

Porém, para outras atividades é necessário que sejam disponibilizadas visadas mais extensivas e integralizadas de cada talhão como um todo, a fim de que o fazendeiro possa avaliar se está havendo uniformidade de crescimento das plantas ou se está ocorrendo algum tipo de anormalidade em reboleiras. Nesse caso, a imagem mostrará o tamanho das manchas que apresentam algum tipo de necessidade e onde estão localizadas (Boxe 8.2).

Os satélites que proveem dados com alta resolução espacial têm grande aplicabilidade para os casos em que o fazendeiro necessita de visões panorâmicas, ou seja, abrangendo os talhões inteiros. O QuickBird é um desses satélites e fornece dados com resolução espacial da ordem de 2,5 m em quatro bandas espectrais (azul, verde, vermelho e infravermelho próximo). Ele não disponibiliza a banda do infravermelho de ondas curtas, centrada por volta de 1.100 nm, mas tem excelentes indicações para a discriminação de culturas agrícolas em imagens de sensoriamento remoto, uma vez que propicia a banda do vermelho e a do infravermelho próximo, que são de particular importância, tendo em vista que os principais índices de vegetação (IVs) trabalham com essas duas bandas espectrais (ver Cap. 3).

> **BOXE 8.2 AMBIENTES DE PRODUÇÃO (OU ZONAS UNIFORMES DE MANEJO)**
> São zonas homogêneas, dentro do talhão agrícola, que possuem semelhantes características pedológicas e capacidades de produtividade.
>
> Visando ao mapeamento da variabilidade espacial da produtividade, especialistas em AP recomendam que, com base em pelo menos três safras, seja feita a espacialização dos ambientes de produção em termos de:
> * baixa produtividade (quando há produtividade menor que 95% da média da lavoura);
> * média produtividade (quando ocorrem produtividades entre 95% e 105%);
> * alta produtividade (acima de 105%).
>
> Para esse tipo de espacialização da variabilidade espacial, podem ser utilizados os mapas de colheita, fotografias aéreas ou imagens de satélite, e inclusive observações derivadas da experiência do fazendeiro.

Alguns pontos que devem ser levados em conta quando se trata de imagens satelitárias de alta resolução espacial em AP são: (a) custo – em geral, os dados dos satélites de alta resolução não são fornecidos gratuitamente; e (b) temporalidade – dadas as soluções de compromisso entre resolução espacial × temporalidade (quanto melhor a resolução espacial, menores as taxas de revisita temporal, mesmo considerando o recurso das visadas laterais), nem sempre é possível ter imagens obtidas por satélites de alta resolução em tempo tão rápido como podem exigir determinadas práticas de manejo agrícolas da AP.

Na Fig. 9.1, está ilustrada a questão da solução de compromisso entre resolução espacial × resolução temporal, bem como são discutidas as implicações relacionadas com essas duas variáveis em termos de sensoriamento remoto para agricultura.

Com o objetivo de avaliar o uso de sensoriamento remoto de tempo real para a AP, Beeri e Peled (2009) realizaram um estudo cujo protocolo consistiu de cinco passos: (1) preparo das camadas de informação relacionadas com elementos que afetavam as culturas (*e.g.*, irrigação e topografia); (2) coleta simultânea de dados espectrais e de dados das plantas; (3) processamento e análise dos dados, visando preparar os mapas de vegetação; (4) tomada de decisões com base nesses mapas ou nos mapas de produtividade predita; e (5) avaliação dos resultados.

Os experimentos demonstraram que o uso de sensoriamento remoto proporcionou recomendações num prazo de 45 horas, ao passo que para os métodos tradicionais a espera era de cinco a sete dias, devido principalmente à demora das análises laboratoriais. Foram obtidos valores entre 0,75 e 0,95 de coeficientes de correlação entre os mapas de predição e os respectivos dados mensurados como controles.

Concluiu-se também que a abordagem utilizando sensoriamento remoto demonstrou que sua simplicidade de aplicação assegura a efetividade de uso no processo de tomadas de decisão da AP.

Um aspecto importante verificado relacionou-se com a relevância da aplicação do sensoriamento remoto para a conversão de dados espectrais em parâmetros agrícolas quantitativos, como índices informativos sobre a condição das culturas em desenvolvimento.

8.2 Estimativa da população de plantas

A característica principal dos sensores usados para finalidades agrícolas é que, ao permitirem a medição da reflectância das superfícies e dos objetos imageados por esses sensores, possibilitam a coleta de uma grande quantidade de informações sobre o estado das plantas ali presentes. Com base nos dados de reflectância, pode-se, por exemplo, derivar IVs (ver Cap. 3, que aborda esses índices), os quais têm correlações significativas com variáveis biofísicas, como a porcentagem de cobertura verde (COV) e o IAF.

À medida que a população de plantas aumenta, ocorre o crescimento de fitomassa verde, o que promove correlato incremento de reflectância na faixa do infravermelho próximo, simultaneamente a uma redução da reflectância na faixa espectral do vermelho. É por causa dessa relação entre os IVs e a quantidade de fitomassa presente que se consegue estimar o IAF e a população de plantas de talhões agrícolas.

O mapa de população de plantas no momento da colheita e o mapa de produtividade podem ser obtidos pela combinação de dados de dois tipos de sensores do tipo proximal montados em tratores utilizados durante a realização das práticas de manejo nos talhões.

8.3 Estimativa de produtividade

Os IVs têm insubstituível papel quando são utilizados sensores para finalidades de AP. As reflectâncias fornecidas pelos sensores podem também ser empregadas quando se objetiva estimar produtividades futuras das culturas agrícolas.

O IV mais utilizado para estimar o estado de vigor das culturas agrícolas tem sido o NDVI (*normalized difference vegetation index*), proposto por Rouse et al. (1973).

Os mapas de produtividade exercem papel essencial dentro do fluxo de atividades da AP, pois, conforme Thylén, Jurschik e Murphy (1997), constituem um dos melhores meios para conhecer as variabilidades espaciais dentro de uma lavoura agrícola.

É necessário indicar que os mapas de produtividade espacializam as zonas de alta produtividade e as de baixa produtividade, porém não conseguem fornecer informações sobre as causas dessas variações, que podem estar relacionadas a problemas de fitopatologias, questões pedológicas, deficiências nutricionais ou, ainda, escassez hídrica.

Portanto, após a obtenção dos mapas de produtividade, é necessário determinar as causas das variabilidades, para, em seguida, tomar a decisão visando gerenciar a administração em taxa variável do fator corretivo adequado.

O monitor de colheita é constituído de um sensor colocado na máquina colheitadeira com o objetivo de medir o fluxo de grãos, a fim de mapear a colheita em cada pequena unidade de área.

Com base em dados de quantidades produzidas em cada local coletados por sensores de colheita a bordo de tratores, pode-se medir o fluxo de grãos sendo colhidos, permitindo então derivar relações entre o NDVI e as produtividades dentro das parcelas de produção.

Porém, é preciso realçar que tais relações são somente aplicáveis para aquela cultura em foco, para as condições do talhão em que ela está implantada e para o tipo de dados sensoriados naquele determinado momento da estação de crescimento. Não se pode extrapolar as relações obtidas num local para outro ponto distante daquele em que os dados foram coletados.

Os mapas de colheita estão entre as principais etapas da AP, e, segundo Coelho (2005), o uso de sensoriamento remoto provavelmente poderá, no futuro, propiciar que a previsão da produtividade seja feita com antecedência em relação à colheita, via uso de sensores, e não mais via informações obtidas por colheitadoras, como é feito atualmente.

8.4 Necessidade de aplicação de fertilizantes e de defensivos

Sabe-se que níveis insuficientes de nutrientes nos solos diminuem as taxas de crescimento das plantas agrícolas e, consequentemente, afetam o potencial da produtividade final dos talhões produtivos. Assim, é conveniente que as plantas em desenvolvimento tenham, durante o ciclo, quantidade suficiente de nutrientes disponíveis, para que as produtividades sejam correspondentemente otimizadas.

Os sensores utilizados em AP possuem a capacidade de medir a reflectância dos dosséis agrícolas em comprimentos de onda específicos, proporcionando dados que permitem distinguir, por exemplo, diferenças de conteúdo de nitrogênio e, indiretamente, a condição nutricional das plantas (Shiratsuchi, 2011).

Para tanto, são utilizados sensores embarcados em tratores agrícolas, o que permite diagnosticar o *status* de nitrogênio das plantas pelo uso dos IVs e também de algoritmos, como os desenvolvidos por Shiratsuchi et al. (2011) para o cálculo das doses de fertilizante nitrogenado que devem ser aplicadas em tempo real.

Na AP, a ideia é que, com a obtenção de estimativas de produtividades futuras em momentos o mais precoces possível durante o ciclo fenológico, torna-se viável identificar áreas dentro dos talhões onde esteja ocorrendo carência de determinados nutrientes. Então, pela identificação dos locais onde as plantas não estejam crescendo nas taxas esperadas, as quais em geral apresentam menores IAFs do que a média, o fazendeiro terá elementos para decidir as correções adequadas a serem realizadas (Boxe 8.3).

> **BOXE 8.3 CONTROLADORES ELETRÔNICOS DE APLICAÇÃO DE INSUMOS**
> Segundo Coelho (2005), os SIGs desenvolvidos para a agricultura propiciam o fornecimento de mapas de aplicações localizadas de insumos, os quais podem ser lidos por diferentes equipamentos agrícolas com capacidade de aplicações variáveis, que conseguem regular-se automaticamente ao longo dos percursos realizados durante as práticas de manejo, aplicando apenas as quantidades requeridas para cada local.
>
> Em AP, o controle deve ser atingido no tempo e no espaço, para variar a aplicação de um ou mais insumos a diferentes doses, em diferentes profundidades no solo e de uma maneira uniforme e específica dentro de uma determinada área.
>
> Sistemas eletrônicos de controle, variando em graus de precisão, são disponíveis para taxa variável de distribuição de calcário, de fertilizantes (sólidos e líquidos), de sementes, para aplicações variáveis de herbicidas e de inseticidas, de irrigação, bem como vários equipamentos de preparo do solo.

Procede-se de forma semelhante no caso da necessidade de aplicação de defensivos. As ervas daninhas, por exemplo, têm em geral diferentes comportamentos espectrais em relação às respostas espectrais das culturas, e, assim, o sensoriamento remoto pode ser utilizado para identificar onde se encontram essas plantas daninhas.

Quando se trata de microrganismos, como fungos e bactérias, as áreas afetadas tendem a aparecer de formas diferenciadas em relação ao restante sadio de um talhão agrícola e, portanto, podem ser identificadas para futuras ações corretivas.

No caso de ervas daninhas, segundo Lutman e Perry (1999), existem duas formas de mapeá-las: (a) técnica visual, pela qual técnicos percorrem toda a área plantada agrícola e, usando uma quadriculação (*grids*), anotam num mapa os locais onde ocorrem as ervas e quais os tipos de erva, sendo possível utilizar quadriciclos ou equipamentos agrícolas; e (b) uso de imagens aéreas obtidas por VANTs ou por satélites de alta resolução espacial.

Todas as áreas afetadas por problemas de insuficiência nutricional, por baixas produtividades ou por problemas fitopatológicos, quando identificadas, são associadas a coordenadas geográficas pelo uso de GPS.

Dessa forma, após identificar as localizações exatas de zonas homogêneas em que a aplicação de fertilizantes ou de pesticidas se faz necessária, entram em campo os implementos agrícolas que têm a capacidade chamada de *variable rate treatment* (VRT), que pode ser traduzida como tratamento a taxas variáveis (TTV).

Esses equipamentos são sistemas que permitem variar as taxas de insumo durante as aplicações, à medida que o trator se desloca dentro do talhão, liberando apenas a quantidade estritamente necessária para cada local e para cada tipo de problema detectado. Isso é muito importante, pois os pesticidas são, algumas vezes, transferidos para outras áreas por evaporação ou por lixiviação, podendo ser depositados em ribeirões ou até mesmo, por infiltrações, em aquíferos.

Com o uso de equipamentos que permitem aplicações a taxas variáveis, torna-se possível reduzir de forma significativa a quantidade utilizada de pesticidas, possibilitando então uma significativa redução de custos e de problemas ambientais.

Em muitas localidades, a água também vem se tornando escassa e um componente de alto custo na produção agrícola. Assim, a economia de água com o uso da tecnologia TTV vem sendo observada com grande interesse e deverá tornar-se cada vez mais importante em um futuro próximo.

8.5 Alerta de ataque de pragas

Nas imagens multi- e hiperespectrais, é possível mapear áreas dentro dos talhões agrícolas nas quais haja determinados níveis de infestação de pragas causadas por insetos e que requerem decisões sobre a aplicação de inseticidas.

Os IVs baseados em faixas espectrais situadas no infravermelho próximo e no vermelho são em geral sensíveis às diminuições de fitomassa provocadas por insetos, quando acima de um determinado nível de infestação.

As áreas cultivadas mostradas em imagens de sensoriamento remoto podem ser classificadas dependendo dos valores dos IVs.

Contudo, mesmo que os dados de sensoriamento remoto possam mostrar quais áreas dos talhões estão afetadas e, portanto, com desenvolvimento prejudicado, nem sempre é possível determinar a causa real do problema, se forem utilizados somente dados de sensoriamento remoto. Esses dados servirão, no entanto, para alertar o fazendeiro sobre determinadas áreas, de modo que seja possível fazer uma verificação mais detalhada e definir se o problema é falta de nutrientes, carência de água, interferência de ervas ou de pragas.

8.6 Uso de SIG em agricultura de precisão

Pode-se dizer que a AP é um sistema composto de um conjunto de elementos constituintes e que o nível de sucesso desse sistema depende da capacidade de integrar e manter em funcionamento, com eficiência, as modernas tecnologias que o compõem, necessitando ser operado em nível de fazenda.

Conforme Burroughs e McDonnell (1998) e Landau, Guimarães e Hirsch (2015), os SIGs são *softwares* compostos de vários módulos dedicados ao armazenamento e ao processamento de dados com localização geográfica conhecida (geoprocessamento), o que possibilita a análise de padrões, a integração de modelos espaciais, o monitoramento, a simulação de precisões e a apresentação de uma grande quantidade de informação em forma de mapas, gráficos, figuras e sistemas multimídia.

É amplamente reconhecida sua importância na organização e na integração espacial de informações de diferentes naturezas, tornando possível relacionar com grande praticidade e precisão uma imensa quantidade de dados, realizar troca de escalas e de projeção cartográfica e relacionar bases de dados multidisciplinares, facilitando, dessa forma, a solução de problemas reais e concretos, assim como a gestão adequada do espaço geográfico.

O uso de SIG, juntamente com o sensoriamento remoto, está aumentando de modo significativo em agricultura, e as aplicações incluem estimativas de produtividade, modelos de simulação de crescimento de culturas agrícolas, manejos de pragas, manejos de pastagens e identificação de riscos potenciais.

O foco da AP é coletar informações relativas às condições dos solos e das culturas agrícolas, de forma espacializada, ao longo dos ciclos de crescimento das culturas. A Fig. 8.1 ilustra a integração de suas práticas e atividades (Boxe 8.4).

O banco de dados para a prática da AP inclui um conjunto de variáveis: informações sobre os solos (propriedades físicas e químicas, profundidade, textura, estado nutricional, salinidade, toxicidade, temperatura, potencial de produtividade); informações sobre as culturas agrícolas (estágio de crescimento, exigências nutricionais); dados microclimáticos e agrometeorológicos (temperaturas, direções e velocidades dos ventos, umidade do ar); condições de drenagem superficial e subsuperficial; facilidades para irrigação; disponibilidade de água.

O mais eficiente meio de armazenar e manipular esse conjunto de informações, de forma georreferenciada, é com o uso de um SIG.

Sem dúvida, é preciso que haja inteligência preparada (pessoal técnico convenientemente treinado) para a coleta, o armazenamento, a sistematização e o manuseio dos dados num sistema SIG, em nível de fazenda, para a extração de todas as informações necessárias à adequada prática da AP.

As habilidades do SIG visando analisar e permitir a visualização dos ambientes produtivos agrícolas são de comprovados e insubstituíveis benefícios na área da agricultura. As geotecnologias vêm sendo aprimoradas significativamente e constituem ferramentas essenciais para a integração de vários tipos de camadas de informações (*layers*), como mapas e imagens satelitárias, integrando-as em modelos que simulam as interações de sistemas naturais complexos. Os sistemas SIG podem ser utilizados para trabalhar com imagens, mapas, simulações e animações, além de outros tipos de dados.

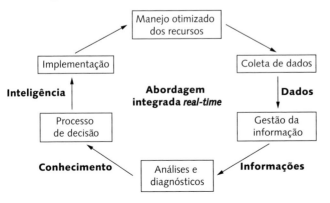

FIG. 8.1 *Visão sistêmica das fases e dos elementos integrados para a AP. Apresentam-se as etapas, e, em negrito, são indicados os requisitos necessários à prática do sistema de AP Fonte: adaptado de Kunal et al. (2015).*

Boxe 8.4 Modelagem SIG na agricultura de precisão
Consiste no uso de sistemas SIG com o objetivo de fusionar diferentes tipos de dados, visando derivar informações úteis para os manejos típicos da AP, ou seja, aplicando o insumo prescrito, na dose ótima e somente nos locais necessários.

Para integrar as informações georreferenciadas de um talhão, com o objetivo de gerar zonas homogêneas via modelagem SIG, há dois tipos de método de fusão de dados: a lógica booleana e a lógica *fuzzy*.

Quando a lógica booleana é utilizada, trabalha-se com mapas binários, isto é, com apenas duas condições, por exemplo, superfície sem vegetação (valor zero) e superfície com vegetação (valor um). Quando se faz a integração (ou fusão) dessas informações, são usados dois tipos de operador lógico: AND (interseção ou multiplicação) e OR (união ou soma). As informações derivadas corresponderão a unidades de mapeamento com limites rígidos.

Quando é utilizada a lógica *fuzzy*, as variáveis de interesse podem assumir qualquer valor entre zero e um, e a atribuição de valores pode ser realizada com o uso de alguma função matemática, conforme o caso em foco. Aqui também o processo de integração de variáveis, que é realizado no modo chamado de *pixel a pixel*, utiliza os operadores AND e OR. As informações derivadas corresponderão a unidades em zonas de valores variáveis e contínuos.

Conforme Kunal et al. (2015), desde os SIGs portáteis utilizáveis em campo até os utilizados no escritório da fazenda para análises mais aprofundadas sobre as condições gerais dos talhões de produção, esses sistemas estão desempenhando importância crescentemente significativa na agricultura mundial, em razão do auxílio aos fazendeiros visando aumentar a produtividade, reduzir os custos e manejar as terras agrícolas cada vez mais eficientemente.

Uma vez que os *inputs* naturais não podem ser controlados, eles podem ser mais bem entendidos e administrados com o auxílio das aplicabilidades SIG, tais como algoritmos de estimativa de produtividade e análises corretivas de solos, bem como as questões de identificação e correção de problemas de erosão.

A integração de sensoriamento remoto, GPS e SIG, juntamente com dados coletados por sistemas de monitoramento proximal, sem dúvida constitui um eficiente método de análise para as práticas de manejo na AP.

De acordo com Inamasu e Bernardi (2017), existem os *softwares* SIG comerciais e também os de acesso livre, sendo que, nesta última categoria, o mais utilizado é o QGIS (http://qgisbrasil.org/), mantido por uma comunidade de voluntários.

Outro sistema de grande aceitação é o Vesper (http://sydney.edu.au/agriculture/pal/software/vesper.shtml), desenvolvido por um grupo da Universidade de Sydney, com um forte conjunto de funções para análises geoestatísticas.

Uma das dificuldades que têm sido encontradas refere-se ao fato de que, apesar de haver um formato de arquivo já predominante, ainda ocorrem problemas na troca de arquivos entre diferentes SIGs.

A norma ISO-11783, que trata de comunicação entre tratores e implementos de diferentes fabricantes, apresenta o formato XML (Extensible Markup Language), na busca de compatibilizar mapas entre diferentes fabricantes de máquinas; contudo, ele ainda não tem sido adotado por uma grande quantidade de *softwares* SIG que não foram desenvolvidos especificamente para serem utilizados em agricultura.

Ainda segundo Inamasu e Bernardi (2014), as ferramentas de geoestatística, que foram utilizadas pela primeira vez em AP em 1999, estão sendo incorporadas como funções de apoio na maioria dos SIGs.

Uma das principais contribuições da geoestatística é a análise que fornece a base matemática para conferir consistência aos dados coletados no campo, sendo que as análises fornecem parâmetros que asseguram o entendimento sobre a dependência espacial desses dados, ou seja, se as interpolações são válidas. Nesse sentido, quanto às técnicas de interpolação, a mais utilizada tem sido a krigagem.

Ainda tratando do uso de SIG em AP, Kunal et al. (2015) analisam que o estado da arte atual leva à necessidade de compartilhar informações via internet, e, assim, muitas aplicações on-line, em tempo real, permitirão avanços maiores do que aplicações feitas por fazendas individuais apenas.

Uma das principais vantagens de tais aplicações será a de prover bibliotecas espacializadas, que poderão ser referenciadas por inúmeros usuários, o que resultará em fácil acesso a informações para a elaboração de gestão e a implementação de novas estratégias em AP.

A efetividade de implantação do sistema de AP, visando melhorar a eficiência do sistema produtivo e objetivando otimizar os custos, bem como diminuir ao máximo os impactos ambientais da prática agrícola, variará de acordo com: o nível de adesão a técnicas modernas, como a internet de alta conectividade; a conscientização e o preparo dos fazendeiros; e a capacidade integrativa dos vários elementos da AP.

8.7 Sistema GPS

O GPS, sigla de *global positioning system*, é um sistema de navegação que permite, com o auxílio de 24 satélites artificiais orbitando o planeta Terra a cerca de 20.000 km de altitude, a obtenção de informações sobre as coordenadas geográficas de qualquer ponto da superfície terrestre, em qualquer horário do dia, desde que o receptor de um usuário se encontre no campo de visão de pelo menos três dos satélites GPS.

Esse sistema foi inicialmente desenvolvido pelo Departamento de Defesa dos Estados Unidos. O primeiro receptor GPS foi testado no ano de 1982 e tinha como objetivo principal servir de meio de navegação para as forças militares norte-americanas.

Hoje, além do sistema norte-americano GPS, existe também o sistema Glonass, desenvolvido pela Rússia. A China, por sua vez, está desenvolvendo o sistema Compass, enquanto a Europa está implantando o sistema Galileo. O fato de haver diferentes alternativas é de interesse estratégico para os usuários, uma vez que, em tempos de divergência entre os países detentores desses sistemas, podem ocorrer limitações e restrições de uso.

O sistema GPS é utilizado em vários segmentos, como na aviação e na navegação marítima, bem como por usuários civis que necessitam orientar-se em suas viagens, permitindo saber a velocidade e a direção dos deslocamentos, os quais podem ser mostrados em mapas cartográficos na tela do aparelho utilizado.

Unidades receptoras de sinal GPS podem ter configurações e preços variados, havendo aquelas que oferecem precisão da ordem de 1 m, mas também aquelas mais caras com capacidade de precisão da ordem de 1 cm.

Na AP, os receptores GPS constituem um elemento fundamental, visto que possibilitam, por exemplo, o armazenamento de dados de localização sobre produtividades agrícolas registrados para cada coordenada do talhão, permitindo, após tratamentos e análises específicas, a obtenção de mapas de produtividade da lavoura.

Dadas essas capacidades de localização oferecidas pelos receptores GPS, é possível também a realização de práticas de manejo próprias da AP, aplicando-se somente as quantidades de corretivos, de pesticidas e de fertilizantes necessárias a cada ponto da lavoura.

A transmissão dos sinais GPS ocorre em tempo real e, assim, possibilita acompanhamentos dinâmicos de toda a área de produção, propiciando a execução de correções e ações de forma rápida, tão logo sejam identificados os problemas a corrigir dentro das áreas produtivas.

O sistema também possibilita, quando utilizado num implemento pulverizador, por exemplo, identificar os locais de aplicação e, gerar um mapa de aplicações, de modo a evitar que o produto seja aplicado duas vezes em um mesmo lugar ou que não seja aplicado em outros locais da lavoura.

O desenvolvimento da AP, também denominada *manejo específico conforme as necessidades locais*, é possibilitado pela combinação de dados GPS com as habilidades dos SIGs para otimizados manejos e análises de grandes conjuntos de dados georreferenciados, em mapeamentos de campo, amostragens de solos, guiamento de tratores e máquinas agrícolas, avaliações de estado das culturas, aplicações em taxas variáveis, e obtenção de mapas de produtividade.

8.8 VANTs na agricultura de precisão

Segundo Jorge e Inamasu (2014), o termo *Veículo Aéreo Não Tripulado* (VANT), também chamado de *drone*, é mundialmente reconhecido e inclui uma grande gama de aeronaves que são autônomas, semiautônomas ou remotamente operadas.

Em tempos passados, quando havia a necessidade de fotografias aéreas de uma região, era necessário recorrer ao uso de aviões de pequeno porte, o que representava operações de razoável custo e demanda de tempo.

Atualmente, há equipamentos bem menores, como os VANTs, com custos significativamente inferiores, os quais podem ser pilotados remotamente em voos mais próximos do solo, com excelente detalhamento dos dados, e que têm configuração compatível com as necessidades em nível de fazendas.

Os desenvolvimentos relacionados aos VANTs iniciaram-se na década de 1970, principalmente com objetivos militares, e hoje vários países trabalham nos aprimoramentos dessa tecnologia, que apresenta um grande número de aplicações e possibilidades.

Jorge e Inamasu (2014) discorrem sobre os equipamentos usados no Brasil, categorizando-os nos seguintes tipos: avião, helicóptero, multirrotor, e dirigível ou balão. O Quadro 8.1 apresenta as vantagens e as desvantagens dos diferentes tipos de VANT segundo os mesmos autores e também segundo Medeiros (2007).

Os tipos de sensor que podem ser acoplados a VANTs são: as câmeras térmicas, que atuam no SWIR (*short wave infrared*), entre 1,3 µm e 2,5 µm, e podem auxiliar no registro de estresses por carências hídricas em áreas irrigadas; as câmeras multiespectrais, que possuem bandas espectrais e permitem a obtenção de IVs, que podem indicar problemas nutricionais; as câmeras RGB, que, conforme Jorge e Inamasu (2014), possibilitam a detecção de falhas de plantio e do estado de desenvolvimento

QUADRO 8.1 VANTAGENS E DESVANTAGENS DOS DIFERENTES TIPOS DE VANT

Tipos/ aspectos	Avião Vantagem	Avião Desvantagem	Helicóptero Vantagem	Helicóptero Desvantagem	Multirrotor Vantagem	Multirrotor Desvantagem	Dirigível ou balão Vantagem	Dirigível ou balão Desvantagem
Pouso e decolagem	Pode usar catapulta e paraquedas	Necessidade de área de pouso e decolagem	Em qualquer lugar pousa e decola	-	Em qualquer lugar pousa e decola	-	Em qualquer lugar decola	Necessidade de área para pouso
Trajetória	Capacidade para rotas longas	Depende de condições de vento	Capacidade de realizar rota fixada e de pairar num ponto	-	Capacidade de realizar rota fixada e de pairar num ponto	-	-	Depende de condições de vento para seguir na rota
Condições climáticas	Possui grau de tolerância maior para voar com ventos fracos	-	Possui tolerância maior para voar inclusive com ventos fortes	-	Possui tolerância maior para voar inclusive com ventos fortes	-	-	Possui baixa tolerância em condições de ventos
Custos	Custos de construção e manutenção baixos	-	-	Alto custo de aquisição e manutenção	Baixo custo de manutenção. Médio custo de aquisição	-	-	Alto custo de aquisição e manutenção
Transporte	Pode ser desmontado	-	Fácil transporte	-	Fácil transporte	-	-	Difícil transporte devido ao grande volume do depósito de gás
Carga	Suporta carga considerável	-	Suporta carga média	-	-	Suporta pouca carga	-	Não suporta carga considerável
Segurança	Fácil instalação de paraquedas e segurança	-	Possui opção de autogiro	Difícil instalação de paraquedas	-	Difícil instalação de paraquedas	-	Não suporta carga considerável

Fonte: adaptado de Jorge e Inamasu (2014) e Medeiros (2007).

das plantas; e as câmeras hiperespectrais, que permitem a obtenção de IVs de bandas estreitas e podem também ser utilizadas para a calibração de bandas multiespectrais.

A extração de informações com base nos dados coletados pelas câmeras carregadas pelos VANTs baseia-se, em geral, no comportamento espectral da vegetação agrícola, assunto que pode ser verificado com maior detalhamento no Cap. 2.

Em relação aos sensores em VANTs, os hiperespectrais são de desenvolvimento relativamente recente e apresentam importantes vantagens sobre os demais sensores, por permitirem a reconstrução de uma curva espectral com detalhes que os sensores multiespectrais, por exemplo, não permitem, por possuírem bandas largas.

Assim, os dados hiperespectrais têm se comprovado úteis para objetivos como a identificação de clorofila *a* e de clorofila *b* (Gitelson; Merzlyak, 1997), a determinação do conteúdo de água (Serrano et al., 2000) e a avaliação de nitrogênio e lignina (Serrano; Peñuelas; Ustin, 2002).

Como asseveram Jorge e Inamasu (2014), as imagens hiperespectrais têm permitido o desenvolvimento de aproximadamente 150 IVs, que podem dar informações sobre propriedades fisiológicas da vegetação, como o vigor, a senescência e o estado de estresse hídrico, que não seriam obteníveis via dados multiespectrais devido a seu pequeno número de bandas.

Os sensores hiperespectrais também têm permitido a identificação de tipos específicos de coberturas e de espécies vegetais, além de pragas, fitopatologias e áreas susceptíveis a incêndios.

O trabalho de Jorge e Inamasu (2014) indica que as etapas fundamentais para a obtenção de dados com a utilização de VANTs são: planejamento do voo (altitude, velocidade, resolução, faixa de cobertura), sobreposição entre faixas adjacentes, obtenção de imagens georreferenciadas, processamento das imagens, geração de mosaico, análises em um SIG, geração de relatório, e tomada de decisões.

Uma etapa fundamental é a de análises em SIG, que permitem integrações e cruzamentos com vários tipos de informações auxiliares, como mapas de solos e relevo, visando gerar as zonas de manejo. Essas zonas de manejo serão as que determinarão as aplicações em taxas variáveis.

Pode-se dizer que grande parte do sensoriamento remoto que pode ser feito com imagens satelitárias e aéreas pode também ser realizado com os dados obtidos por VANTs.

A tecnologia de VANTs, de sensores e de aspectos correlatos vem avançando de modo rápido e consistente, tornando-se progressivamente mais acessível e com preços também mais viáveis. Assim, vislumbra-se que a AP deverá beneficiar-se de modo crescente com as altamente promissoras possibilidades dos VANTs.

Sobre o emprego de VANTs, é importante atentar para as questões de regulamentação pela Agência Nacional de Aviação Civil (Anac), órgão normatizador do uso de aeronaves.

8.9 Perspectivas da agricultura de precisão

A AP, ao aplicar-se à gestão da variabilidade espaçotemporal na agricultura, é também uma forma de tratar com a adequada importância os diferentes atributos das lavouras, procurando otimizar os retornos econômicos e minimizar os impactos ambientais.

Há ainda inúmeros desafios a enfrentar em termos de desenvolvimentos tecnológicos e de conhecimentos necessários.

A Empresa Brasileira de Pesquisa Agropecuária (Embrapa) tem sido uma das principais impulsionadoras do desenvolvimento da AP no Brasil, organizando uma rede de pesquisa com mais de 200 pesquisadores em 19 unidades de pesquisa, além de liderar diversos colaboradores pertencentes a universidades, institutos de pesquisa e empresas.

A Rede Agricultura de Precisão (https://www.macroprograma1.cnptia.embrapa.br/redeap2) possui 15 áreas experimentais distribuídas no Nordeste, no Centro-Oeste, no Sudeste e no Sul do país, voltadas para culturas anuais e culturas perenes, pastagem e cana-de-açúcar.

Os desenvolvimentos e a disseminação da AP promoveram, na área de sensoriamento, por exemplo, o surgimento e o uso de equipamentos medidores de NDVI, mapas de clorofila feitos com clorofilômetros, mapas de infestação de pragas, o uso dos *softwares* SIG, entre inúmeros outros avanços.

Visando atender às necessidades de manipulação de uma grande quantidade de dados, o desenvolvimento de *softwares* especializados, principalmente na área de SIG, vem ocorrendo de forma contínua e intensa, visando simplificar e agilizar as análises em nível de fazendas.

A potencialidade desses programas em trabalhar com dados georreferenciados também aumenta quando são associados a programas estatísticos para gerar as análises necessárias às tomadas de decisão.

Na área dos sensores de tempo real, vislumbra-se que esses equipamentos vêm aumentando rapidamente seu potencial, dado que a prática da AP necessita favorecer o entendimento de como respondem as plantas às diferentes combinações de tipos de solos e distintas aplicações de micro- e de macronutrientes, considerando as variabilidades espaciais existentes.

Como afirmam Hunt et al. (2002, 2003), as imagens satelitárias e as obtidas por aeronaves tripuladas podem ter alta resolução espacial, suficiente para a prática da AP, mas alto custo. Por sua vez, outras imagens podem ter baixo custo, mas baixa resolução espacial.

Esses autores acrescentam ainda que os dados orbitais podem ter todos os atributos importantes para a AP, mas podem também apresentar o inconveniente da cobertura por nuvens durante as fases de maior necessidade de aquisição de dados.

Em termos de imagens orbitais e aéreas, inclusive obtidas com VANTs, esse é um campo que necessita ainda de desenvolvimentos visando à disponibilização ágil e em tempo hábil para as necessidades em geral improrrogáveis das práticas da AP.

Novos sistemas orbitais, principalmente com sensores de altas resoluções geométricas, vêm sendo continuamente lançados em órbita e deverão ampliar as possibilidades e potencialidades de benefícios para a AP.

Um ponto importante a realçar no que se refere aos VANTs é a necessidade de autorização da Anac e do Departamento de Controle do Espaço Aéreo (Decea) para a operação desses equipamentos. A Anac está desenvolvendo regulamentações de equipamentos não experimentais de sistemas de aeronaves remotamente pilotadas civis, e em breve essas regras deverão ser oficializadas.

8.10 Agricultura de precisão no Brasil

Os progressos da AP têm sido significativos em vários países. No Brasil, também vem se adquirindo uma cultura favorável à adoção desses conceitos modernos de prática agrícola.

Há uma expectativa otimista quanto à implantação crescente das tecnologias da AP, com os consequentes benefícios de otimização substancial na economia de recursos financeiros e nos ganhos ambientais, se houver o aproveitamento de experiências e conhecimentos já obtidos em países mais adiantados nessa questão.

Há uma demanda significativa quanto às necessidades de treinamento e capacitação de técnicos, tanto em termos de operação de máquinas e equipamentos quanto de desenvolvimento e uso de *softwares* e programas computacionais específicos, como os SIGs e sistemas de suporte à decisão.

Como sugere Coelho (2005), uma alternativa interessante e sem necessidade de investimentos iniciais elevados para os agricultores brasileiros poderem ir se adaptando crescentemente com o potencial das tecnologias da AP seria começar pela forma conhecida como *manejo por talhões*.

Nesse tipo, o manejo dos solos e das culturas é realizado por zonas uniformes ao nível de parcelas agrícolas, dividindo as áreas cultivadas em talhões uniformes.

Questões

8.1) Como a resolução espacial das imagens obtidas por satélite de alta resolução pode afetar a variável repetitividade temporal desses sistemas?

Resposta: Os sistemas de alta resolução espacial podem ter aplicações significativas nas práticas da agricultura de precisão. Contudo, é necessário levar em conta que, nos sistemas de aquisição de imagens satelitários, existe uma solução de compromisso, de caráter técnico, em que, quanto melhor for a resolução espacial, necessariamente maior deverá ser o tempo de revisita, e vice-versa. Isso porque as faixas de recobrimento realizadas pelos sensores de alta resolução são relativamente estreitas, e, assim, será necessário um grande número de *swaths* (faixas de recobrimento) para recobrir toda a superfície terrestre e depois o sistema poder voltar a recobrir uma mesma faixa já recoberta anteriormente.

Para os sensores de baixa resolução espacial, as correspondentes *swaths* são largas, o que permite que, com poucas faixas, seja recoberta toda a superfície do planeta. Por exemplo, o sensor Modis, cuja resolução é de 250 m, tem uma *swath* de 2.330 km e uma repetitividade de aproximadamente dois dias. Já no caso do Quick-Bird, cuja resolução geométrica é de 60 cm no modo pancromático e de 2,4 m no modo multiespectral, cada faixa de imageamento recobre apenas 16,8 km, e, assim, considerando apenas o apontamento a nadir, seriam necessários vários meses para que o sistema pudesse retornar novamente sobre um determinado local coberto na passagem anterior.

Contudo, é importante frisar que os satélites de alta resolução possuem a capacidade de visadas laterais (no caso do QuickBird, 30° *off*-nadir), permitindo um revisita virtual da ordem de 1 a 3,5 dias, conforme a latitude da área de interesse. Evidentemente, dependendo da variável biofísica de interesse na agricultura de precisão, é necessário que o usuário considere adequadamente, além da resolução espacial e da repetitividade temporal, outras variáveis do sensor a ser utilizado, como bandas espectrais, para a escolha do produto a utilizar.

Sobre repetitividade temporal, resoluções (espectral, geométrica) e demais fatores a serem considerados no processo de tomada de decisões em AP, recomenda-se verificar também o Cap. 1, que trata dos sensores utilizados para o sensoriamento remoto da superfície terrestre.

8.2) Considerando um mapa de população de plantas, quais são os fundamentos que permitem o sensoriamento para a obtenção dessa variável?

Resposta: Os sensores utilizados em sensoriamento agrícola têm a capacidade de medir a reflectância das superfícies e dos objetos monitorados em faixas espectrais distintas, como as do vermelho e do infravermelho próximo. Essas duas faixas espectrais são sensíveis à quantidade de vegetação presente no campo de visada do sensor.

Dessa forma, com base nas reflectâncias nessas faixas, é possível derivar IVs, como o NDVI (para maiores detalhamentos sobre esse índice, indica-se o Cap. 3), o qual responde à quantidade de fitomassa presente no campo de visada do sensor utilizado, possibilitando a estimação da população de plantas presentes nos vários locais de cada talhão sensoriado, variável esta de interesse quando a agricultura de precisão é praticada.

8.3) No sensoriamento remoto, o que significa *comportamento espectral de plantas*?

Resposta: *Comportamento espectral de plantas* corresponde às formas como a vegetação reflete a energia eletromagnética solar que incide sobre ela, uma vez que é essa radiação refletida que será registrada nos sensores. A radiação solar, após incidir nas folhas e nos demais componentes da vegetação, poderá ser absorvida, transmitida ou refletida.

Cada tipo de vegetação tem uma forma de interagir com a radiação, em função de vários fatores, como a arquitetura do dossel vegetal, a densidade de folhas (IAF) e a fase fenológica em que se encontra. Os sensores utilizados para captar a radiação refletida, por sua vez, operam em diferentes bandas espectrais e registram essa radiação que chega até eles.

Normalmente, a vegetação absorve a radiação solar nas faixas do visível e reflete cerca de 50% da radiação no infravermelho próximo. Assim, quanto maior for a densidade de vegetação presente, maior será a absorção no visível e a reflexão no infravermelho próximo. Esses conceitos são indispensáveis para a avaliação de variáveis necessárias à agricultura de precisão, como os mapas de produtividade, os mapas de população de plantas e os mapas de invasão de ervas daninhas. Maiores detalhamentos sobre o comportamento espectral das superfícies vegetadas podem ser encontrados no Cap. 2.

nove

Perspectivas futuras da agricultura brasileira e mundial

O planeta Terra abriga, neste início de século XXI, cerca de 7,2 bilhões de habitantes. A agricultura, por seu lado, é responsável pelo fornecimento de alimentos, fibras e bioenergia para o suprimento das necessidades da comunidade humana que vive no planeta.

Foley et al. (2011) afirmam que atualmente cerca de um bilhão de pessoas estão em condições de subnutrição, ao mesmo tempo que os sistemas agrícolas causam preocupação por defrontarem-se com problemas de degradação dos solos, inseguranças quanto à disponibilidade de água, alterações na biodiversidade e distúrbios climáticos em escala global (Boxe 9.1).

Como ressaltam os citados autores, para atingir níveis satisfatórios quanto à seguridade alimentar e às premências de manutenção da sustentabilidade, há a necessidade de aumentar substancialmente a disponibilidade de produtos agrícolas sem, contudo, permitir que a pegada ambiental da agricultura aumente de forma descontrolada.

Conforme a FAO (2011), as áreas com culturas agrícolas cobrem cerca de 1,53 bilhão de hectares, enquanto as áreas de pecuária cobrem cerca de 3,38 bilhões de hectares, coberturas essas que, somadas, equivalem a aproximadamente 38% das extensões livres de coberturas com gelo.

Ou seja, a agropecuária equivale à classe de maior extensão de terras utilizadas do planeta, sendo que essas áreas estão entre as que possuem melhores condições para cultivos, enquanto o restante é coberto por desertos, áreas montanhosas, tundras, áreas urbanas, reservas ecológicas e outras classes impróprias para agricultura.

Uma das ferramentas com maior potencial para o fornecimento de múltiplos tipos de informações relacionadas com a agropecuária, em termos de planeta ou de países, tem sido, sem dúvida, o sensoriamento remoto.

O presente capítulo aborda a questão das perspectivas futuras para o sensoriamento remoto na agricultura. A forma de expor será baseada em análises das evoluções históricas dos sistemas disponíveis nas últimas décadas, suas utilidades para aplicações agrícolas e, em seguida, análises de perspectivas de evoluções futuras. Isso porque se tem verificado que, na área do sensoriamento remoto, os sistemas sensores e as plataformas que os carregam determinam os avanços e progressos, sendo que os progressos sempre são obtidos a partir de sistemas anteriores.

Pode-se dizer que o sensoriamento remoto, definido como a obtenção de informações sobre a superfície terrestre sem o contato direto com os objetos de estudo, foi iniciado com a obtenção das primeiras fotografias aéreas obtidas por balões, no século XIX, após a invenção da fotografia. Tempos depois, evoluiu para o uso das câmeras fotográficas em aviões e, em seguida, em satélites.

Os avanços tecnológicos na área do sensoriamento remoto foram baseados nas novas possibilidades que foram surgindo, como o advento dos aviões no início do século XX e o dos satélites na segunda metade desse mesmo século.

Acompanhando os progressos tecnológicos, os sensores também foram sendo evoluídos, sempre tendo como base as conquistas tecnológicas anteriores, e um determinado tipo de novo sensor permitia evolução para novas conquistas tecnológicas posteriores.

Dessa forma, nas primeiras décadas do século XX, os aviões tornaram-se as principais plataformas para a obtenção de fotografias aéreas, uma vez que possibilitavam voar em diferentes altitudes e cobrir áreas cada vez mais extensas.

Junto com esses progressos técnicos, desenvolveram-se também ciências voltadas às fotografias aéreas, como a Fotogrametria e a Fotointerpretação.

Por seu lado, a Fotogrametria focou o desenvolvimento de técnicas visando, a partir das fotografias aéreas, representar a forma do terreno, a topografia e toda a questão de obtenção de métricas quantitativas, enquanto a Fotointerpretação visava mais à questão da extração de informações, buscando a identificação dos objetos fotografados.

Tanto a Fotogrametria como a Fotointerpretação tiveram desenvolvimento acelerado em virtude da premência pelo fornecimento de informações para objetivos militares estratégicos. Um exemplo clássico desse fato refere-se ao problema de

Boxe 9.1 A PEGADA AMBIENTAL E A NECESSIDADE DE NOVAS PRÁTICAS NA AGRICULTURA VISANDO À SUSTENTABILIDADE

Sabe-se que o uso de recursos naturais deve levar em conta a capacidade do planeta de regenerá-los, para que a sustentabilidade seja mantida e as futuras gerações tenham meios para subsistir.

No entanto, estudos recentes indicam que a humanidade está consumindo, em média, 50% a mais do que a capacidade de regeneração do planeta, o que significa que atualmente seria necessário um planeta e meio para que os padrões atuais de vida pudessem ser mantidos indefinidamente.

Nesse contexto, vem sendo crescentemente conhecida a proposta da ecoeconomia, ou seja, uma economia integrada aos processos naturais, a qual considera a ecologia e seus sistemas de suporte e reposição ambiental para manter o equilíbrio dos ecossistemas (Brown, 2003; Pereira; González, 2017).

A ideia é o não desperdício dos recursos naturais, procurando-se aproveitar e contabilizar os serviços ambientais, para uma intervenção ambiental não impactante das atividades econômicas.

Assim, na agricultura de base ecológica a ideia é o uso da terra de forma diversificada e multifuncional, por meio de práticas sustentáveis, baseadas em princípios agroecológicos, exercitando redes agroalimentares alternativas de produção e consumo (Horlins; Marsden, 2011).

Na economia convencional, os agentes econômicos planejam os projetos intervindo no ambiente, para, em seguida, os ecólogos atuarem na mitigação e na busca de soluções dos problemas causados pelas ações antrópicas. A ecoeconomia da sustentabilidade, por sua vez, integra-se ao ambiente e respeita os recursos naturais, e o ecoeconomista leva em conta o respeito ao ambiente e planeja com vistas à não perturbação ambiental.

Segundo Brown (2003), na visão ecoeconômica, o impacto ambiental é evitado, visando-se ao lucro dos investimentos, pois os danos ambientais podem ser causadores de escassez de recursos no futuro. Ou seja, a ecoeconomia na produção de alimentos estimula o desenvolvimento rural, porém com sustentabilidade, integrando saberes e práticas dos agricultores para redução de custos e maior eficiência e resiliência dos agroecossistemas.

Também nesses esforços de sustentabilidade o sensoriamento remoto deve ser incorporado, com suas contribuições de capacidade de monitoramento e otimização do uso do meio físico, para a convivência mais harmoniosa possível do homem com o meio ambiente.

como diferenciar, numa fotografia aérea, veículos militares camuflados com cores semelhantes às da vegetação dentro de florestas.

Surgem, então, os filmes fotográficos no infravermelho, em que metais pintados de verde, como os tanques, apresentam respostas espectrais diferentes das da vegetação verde, e, assim, consegue-se a finalidade de diferenciação dos tanques em relação às árvores, em razão das diferenças de comportamentos espectrais desses dois tipos de alvo no infravermelho.

Posteriormente, verificou-se que as respostas da vegetação no infravermelho eram úteis para o monitoramento de culturas agrícolas quando estressadas por problemas fitopatológicos ou por deficiências hídricas.

Em 4 de outubro de 1957, a então União Soviética lançou o primeiro satélite artificial, o Sputnik-1, que era uma pequena esfera orbitando a Terra e que conseguia transmitir apenas um sinal de *beep*.

Posteriormente, vieram novos e rápidos desenvolvimentos na conquista espacial, estimulados principalmente pela chamada Guerra Fria, em razão das disputas entre os Estados Unidos e a União Soviética por primazia nas conquistas espaciais.

Dessa forma, surgiram as espaçonaves, principalmente as do Programa Apollo, as quais possibilitaram o primeiro pouso do homem na Lua, em 20 de julho de 1969.

Em seguida, vieram os satélites meteorológicos, depois os de observação da Terra, a Estação Espacial Internacional e sondas como a Voyager-1, lançada em 5 de setembro de 1977 e que já saiu do Sistema Solar, visando estudar o espaço interestelar.

Por esses relatos, pode-se perceber que, em poucas décadas, os progressos tecnológicos foram rápidos e marcantes e permitiram inovações também bastante aceleradas nas plataformas, sensores e em todo o arsenal necessário para o funcionamento do sensoriamento remoto e das geotecnologias a ele associadas.

Se, no passado recente, as câmeras fotográficas tinham o inconveniente de necessitar de trocas dos filmes, o que impossibilitava seu uso em satélites orbitando a Terra a centenas de quilômetros de altitude, com o surgimento dos satélites, em meados do século XX, foi viabilizada na década de 1960 a ideia de obter imagens em grandes altitudes através dos escaneadores.

Os escaneadores foram inicialmente desenvolvidos com objetivos militares e utilizavam espelhos oscilantes para varrer opticamente a superfície terrestre, sendo a imagem formada por faixas sucessivas de varredura.

Os escaneadores são sensores baseados em sistemas eletrônicos, e não em filmes fotográficos. Esses equipamentos não necessitam de filmes e, assim, possibilitam a obtenção de imagens em nível de satélites.

Pode-se dizer que o sensoriamento remoto orbital, ou seja, em nível de satélites, foi originado no início da década de 1970, com o lançamento da plataforma norte-americana Landsat-1 (ex-ERTS-1, Earth Resources Technology Satellite 1; Nasa, 2017).

Durante os progressos científicos e tecnológicos que foram sendo obtidos em seguida, verificou-se que os satélites de observação da Terra permitiam uma visão ampla e sinóptica, com imagens tanto no espectro visível quanto no infravermelho, tanto o refletivo quanto o termal.

A plataforma norte-americana Landsat-1 foi lançada em 23 de julho de 1972 e era dotada de um escaneador MSS (Multispectral Scanner System) de quatro bandas e resolução de 79 m, com repetitividade temporal de 18 dias.

Pode-se dizer que o Landsat-1 foi um marco na observação da Terra por satélites. Pela primeira vez, os cientistas e os profissionais que trabalhavam com meio ambiente tiveram acesso a dados com as características de cobertura e de repetitividade sistemática de que precisavam.

Antes de 1972, os únicos registros espaciais disponíveis eram séries de mapas em escalas que variavam de 1:500.000 ou 1:250.000 a 1:100.000, que nem sempre atendiam adequadamente às suas necessidades e raramente eram atualizados.

Os cientistas relacionados com as ciências terrestres tinham a ideia de que não havia como abordar toda a cobertura terrestre em conjunto e de forma integrada, além do fato de que os fenômenos correlatos a essa cobertura sofriam mudanças muito rápidas e, portanto, difíceis de acompanhar.

Entre tais cientistas, apenas os geólogos e os pedólogos não dependiam tanto da questão da resolução temporal dos dados de observação da Terra, mas mesmo alguns deles requeriam dados com alta repetitividade temporal, principalmente os envolvidos com hidrogeologia e os investigadores que trabalhavam com umidade dos solos.

Mudanças na umidade dos solos acompanham aquelas da atmosfera, e os hidrólogos necessitam de dados de alta frequência sobre a cobertura superficial para poderem modelar as taxas de infiltração e de evaporação.

No caso das aplicações em agricultura, estas requerem dados relevantes para ser possível acompanhar mudanças anuais, mas também mudanças determinadas pelas variações fenológicas das culturas agrícolas.

Dessa forma, o programa Landsat veio abrir as possibilidades de análises para uma vasta comunidade de cientistas e de gestores ambientais no tocante à observação, ao monitoramento e ao manejo dos principais componentes da superfície terrestre, como a vegetação natural, a agricultura, a hidrologia e os solos.

A Fig. 9.1 ilustra o compromisso entre resoluções (espacial × temporal) em função de alguns tipos de aplicação de dados de sensoriamento remoto para estudos ambientais.

Uma análise dessa figura evidencia que uma frequência de aquisição de dados entre cinco e dez anos, que satisfaz à comunidade relacionada com mapeamento topográfico, é incompatível com as necessidades da comunidade dos cientistas ambientais, exceto os geólogos e os pedólogos.

Ao mesmo tempo, a cobertura global dos satélites meteorológicos, por exemplo, os sensores AVHRR da série Noaa, ou as informações dos satélites geoestacionários, como o Meteosat, são úteis em termos de alta frequência, mas apresentam dificuldades para aplicações em agricultura devido à resolução espacial muito baixa.

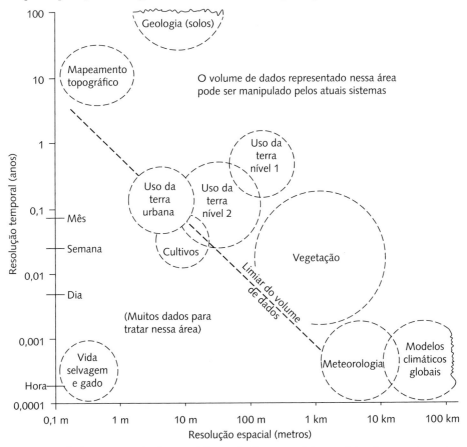

FIG. 9.1 As relações entre resolução espacial e resolução temporal dos produtos de sensoriamento remoto, em função das aplicações agrícolas (cultivos), comparando-as com outras aplicações
Fonte: adaptado de Steven e Clark (1990).

A organização do espaço agrícola muda de uma região para outra, inclusive dentro de um mesmo país, variando em função do relevo, dos tipos de solo e das variações climáticas. Em regiões de relevos mais movimentados, a fragmentação das parcelas agrícolas é grande e o tamanho dos talhões é pequeno. Em contraposição, em relevos mais planos, como na região dos cerrados de Mato Grosso, por exemplo, os talhões agrícolas individuais podem ter centenas de hectares.

O tamanho dos talhões agrícolas é um importante fator a ser levado em conta quando se pensa em dados de sensoriamento remoto, seja o aéreo, seja o orbital, para o monitoramento das culturas agrícolas.

Os objetos de interesse nas imagens de sensoriamento remoto são as parcelas agrícolas (ou talhões) plantadas com a mesma espécie e suficientemente grandes para permitir serem distinguidas individualmente, em função do poder de resolução do sistema de observação em uso.

Em termos práticos, usa-se um fator em que os talhões agrícolas sejam pelo menos quatro vezes maiores do que a área nominal do *pixel*, a fim de assegurar que haja o mínimo possível de mistura de classes dentro dos *pixels* registrados.

Nas aproximadamente quatro décadas após o lançamento do Landsat-1, vários países lançaram-se ao desenvolvimento de sensores e de satélites e a comunidade dedicada a esse segmento foi também ampliada muito significativamente, e, dessa forma, existem atualmente sistemas como os mostrados no Quadro 9.1, em que se pode verificar a disponibilidade de um grande número de alternativas em termos de tipos de sensor, resoluções espaciais, resoluções temporais e amplitudes de cobertura.

É necessário destacar que esse quadro não pretende ser exaustivo e, assim, não inclui todos os sensores e plataformas disponíveis, e o objetivo de sua inclusão foi ilustrar com quais principais tipos de equipamento e sistema se pode contar na atualidade e, com isso, permitir discorrer aqui sobre as capacidades, limitações e complementariedades para a agricultura, tanto no momento atual como em termos de perspectivas para décadas futuras.

Em termos de agricultura, pode-se dizer que existem inúmeros tipos de demanda quanto a tipos de informação de que se necessita, e, assim, para cada tipo será necessário definir quais tipos de sensor são mais apropriados. Alguns exemplos ilustrativos de como diferentes tipos de necessidade informativa requerem distintos tipos de definição de sensores e sistemas são apresentados a seguir.

9.1 Sensores de contato e sensores proximais

Objetivam, em geral, fornecer informações acerca da variabilidade espacial das características das plantas e dos solos nas lavouras.

Os sensores de contato, quando se destinam a obter variáveis pedológicas, por exemplo, possuem uma parte que penetra no solo para medição de acidez, condutividade elétrica e compactação. Quando se pretende avaliar as variações de produtividade, tais sensores são contactados com os grãos durante o processo de colheita.

Já os sensores proximais não entram em contato direto com os objetos de estudo, sendo de natureza óptica, uma vez que os fótons do espectro visível ou do infravermelho incidem no objeto (ou são emitidos por ele) e em seguida direcionam-se para o sensor.

Dessa forma, o princípio físico de funcionamento é o mesmo utilizado pelos sensores a bordo de aeronaves ou de satélites no caso do sensoriamento remoto, sendo apenas a distância do sensor em relação ao alvo a diferença. Por outro lado, o sensoriamento proximal destina-se a aplicações mais *in situ*, ao passo que o sensoriamento remoto convencional visa a áreas extensas.

Sabe-se que o nitrogênio é um dos nutrientes exigidos em maiores quantidades pelas culturas agrícolas; além disso, ocorre uma dinâmica complexa nas trocas desse elemento nutriente entre os solos, as plantas e a atmosfera. Assim, o manejo do nitrogênio nas propriedades agrícolas é proporcionalmente desafiador.

A fitomassa e o teor de clorofila das plantas estão entre os principais indicadores de suficiência ou deficiência de nitrogênio. Desse modo, equipamentos como o clorofilômetro (sensor de contato) e sensores ópticos (sensores proximais) vêm constituindo-se em congruentes meios para avaliar o *status* de nitrogênio nas plantas.

A utilização de sensores para avaliar o estado nutricional do nitrogênio em culturas agrícolas justifica-se pelo fato de, como dito anteriormente, o conteúdo desse nutriente nos solos ter alta variabilidade dinâmica tanto espacial quanto temporalmente e a aplicação de fertilizantes não ser sincronizada com a absorção pela planta; além disso, as precipitações podem causar a sua lixiviação, e as análises de solos para nitrogênio são relativamente caras.

Conforme Jorge e Inamasu (2016), o uso desses equipamentos com o objetivo de otimizar as aplicações nitrogenadas em milho proporcionou economia que variou entre 27% e 71%, além de conferir ganhos ambientais significativos, na medida em que a aplicação otimizada impede a lixiviação do nutriente para os recursos hídricos. Essa economia torna-se ainda mais significativa quando são consideradas plantações com dimensões de milhares de hectares, como as encontradas no Estado de Mato Grosso.

QUADRO 9.1 VARIEDADE DAS PLATAFORMAS DE SENSORIAMENTO REMOTO DISPONÍVEIS ATUALMENTE

Sensor/ plataforma	Resolução espacial	Resolução espectral	Faixas do espectro	Área imageada	Repetitividade	Exemplos
Contato	In situ	Variável	VIS, NIR, SWIR, TIR	Muito pequena	Conforme a necessidade	Clorofilômetro
Proximal	In situ	Variável	VIS, NIR, SWIR	Muito pequena	Conforme a necessidade	Sensor de índice de vegetação
Campo	Alta	Alta	VIS, NIR, SWIR, TIR	Pequena	Conforme a necessidade	Espectrorradiômetros
Subaéreo multiespectral (VANTs, drones)	Alta	Alta	VIS, NIR, SWIR, TIR	Pequena	Conforme a necessidade	Câmaras fotográficas, sensores multiespectrais
Aéreo multiespectral	Alta	Baixa	VIS, NIR, SWIR	Baixa/ moderada	Conforme a necessidade	Escaneadores multiespectrais
Aéreo hiperespectral	Alta	Alta	VIS, NIR, SWIR	Baixa/ moderada	Conforme a necessidade	Aviris (224 bandas)
Orbital, altas resoluções espaciais	Alta	Baixa	VIS, NIR, SWIR	Baixa	Cerca de três meses (para visada off-nadir, alguns dias)	Ikonos, QuickBird, Eros
Orbital hiperespectral	Moderada	Muito alta	VIS, NIR, SWIR (centenas de bandas)	Moderada	Imageamento sob demanda	Hyperion/EOS
Orbital Landsat-like	Moderada	Baixa	VIS, NIR, SWIR, TIR	Moderada	~16 dias	MSS, TM, ETM+, OLI, HRVIR/Spot
Orbital Meris	Baixa	Alta (1,8 nm)	390 nm a 1.040 nm (15 bandas programáveis)	Alta	Global, a cada três dias	Meris/Terra
Orbital Modis	Baixa	Moderada	400 nm a 1.440 nm (36 bandas)	Alta	Global, a cada 1-2 dias (dependendo da latitude)	Modis/Terra e Modis/Aqua
Orbital AVHRR	Baixa	Baixa	Duas bandas (0,58 nm a 1,10 nm); uma banda (3,55 nm a 3,93 nm) e duas bandas termais (10,50 nm a 11,50 nm)	Alta	12 horas (uma diurna e outra noturna)	AVHRR/Noaa; Vegetation/Spot

VIS = visível; NIR = infravermelho próximo; SWIR = infravermelho de ondas curtas; TIR = infravermelho termal.

As potencialidades e vantagens dos sensores de contato e proximais estendem-se em significativos aspectos: grande facilidade de aquisição de *softwares* gratuitos para os necessários processamentos dos dados; custos significativamente convenientes; capacidade de mapear teores de nitrogênio, produtividade, altura e vigor das plantas; VANTs ou *drones* com potencial para aquisição de imagens em bandas espectrais, permitindo mapeamento de plantas daninhas, contagem de plantas (culturas perenes); ferramenta para agricultura de precisão; não dependência de condições de nebulosidade e horário do dia.

Os autores destacam também que a tecnologia baseada em sensores proximais, como a mostrada aqui, não depende de repetitividade de satélites, observando que o *timing* de fenologia das culturas é relativamente curto e nem sempre as revisitas dos satélites garantem a obtenção das informações requeridas no momento adequado.

Além disso, o sensoriamento remoto orbital passivo necessita de técnicos de alta capacitação, qualificados para manusear *softwares* robustos para os processamentos dos dados e a geração de mapas com as informações de interesse.

Ainda classificados como sensores de contato e proximais, podem ser citados os sensores instaláveis no solo e acima do solo, para o monitoramento de variáveis agroclimatológicas como a umidade do solo, a umidade do ar, a temperatura e a quantidade de água na lavoura.

Com relação a essess sensores, verifica-se que possuem resolução espacial do tipo *in situ*, ou seja, têm-se informações no mais alto nível de resolução; apresentam também resoluções espectrais altas a muito altas, abrangendo, em geral, as faixas espectrais refletivas do visível ao infravermelho médio.

Contudo, em termos de cobertura espacial, conseguem atender a uma amplitude muito reduzida de observação, indo de centímetros a poucos metros. Em relação à capacidade de repetitividade temporal, não há limites, uma vez que, conforme o tipo de interesse informacional, pode-se utilizar os equipamentos de contato e os proximais quantas vezes e quando for necessário.

9.2 Sensores de campo

Nessa categoria estão, por exemplo, os espectrorradiômetros (Quadro 9.1), que apresentam a serventia de poderem, quanto à repetitividade, ser utilizados conforme as necessidades informacionais dos usuários interessados, tendo, em geral, alta resolução espacial e alta resolução espectral, abrangendo as faixas desde o visível até o infravermelho de ondas curtas e o termal, porém cobertura espacial pequena, da ordem de metros.

Muitas vezes, os espectrorradiômetros são utilizados como complementos informativos para imagens orbitais, visando ao entendimento do comportamento espectral dos alvos terrestres.

9.3 Sensores subaéreos

Em relação aos sensores subaéreos, principalmente na última década, avanços tecnológicos da computação, juntamente com desenvolvimentos nos sistemas globais de navegação e nos sistemas de geoprocessamento, vêm ampliando as perspectivas do uso de sensores acoplados aos *drones* para a agricultura.

Os *drones* apresentam alta performance e capacidades, sendo considerados relativamente baratos e de fácil uso. Podem ser equipados com sensores dotados de recursos para a obtenção de imagens crescentemente eficientes e precisas, com alto potencial no que se refere a auxiliar na busca de aumentos de produtividade e na redução de danos nas lavouras.

Conforme os sensores utilizados, podem permitir levantamentos de dados para a detecção de pragas e a estimação do índice de crescimento das plantas.

Câmeras convencionais de alta definição, sensores e câmeras termais e multiespectrais podem ser acoplados nos *drones*, visando ao monitoramento de lavouras, bem como a estimativas e previsões de safras, além de índices de infestação de doenças e de pragas.

A agricultura de precisão, que está em crescente evolução e uso no Brasil, é uma das áreas de maior potencial para o emprego dos *drones* e sensores neles acoplados.

9.4 Sensores aéreos

Continuando as análises com base no Quadro 9.1, os sensores podem também ser transportados em aeronaves, que têm a capacidade de sobrevoar as áreas de interesse maiores e em diferentes altitudes.

As aeronaves podem carregar sensores multiespectrais ou hiperespectrais. A resolução espacial nesse nicho do sensoriamento remoto é alta, da ordem de 0,5 m a 3 m, com resolução espectral baixa (poucas bandas), no caso de sensores multiespectrais, e alta (centenas de bandas), no caso dos hiperespectrais.

A cobertura espacial dos sensores em aeronaves é relativamente baixa, cobrindo faixas no terreno de poucos quilômetros. Entre os sensores hiperespectrais aerotransportados, podem ser citados o Aviris (JPL, 2016), o Casi (Itres, 2017) e o HyMap (Intspec, 2017).

9.5 Sensores orbitais

Os sensores orbitais têm sido, nas últimas quatro décadas, os principais focos do sensoriamento remoto, em virtude de suas características de ampla abrangência, repetitividade e elevada capacidade informativa, uma vez que tem havido uma crescente demanda por informações consistentes não mais para pequenas áreas, mas sim para regiões, países e mesmo o planeta como um todo, e somente sensores carregados por satélites têm a capacidade de englobar tais tipos de abrangências.

De fato, uma favorabilidade muito citada dos dados obtidos por sensores remotos orbitais reside na sua imbatível superioridade em termos de capacidade de fornecer dados sobre grandes áreas, de forma sistemática, confiável e independente, mesmo para locais de difícil acesso; ou ainda quando há a necessidade de disponibilização rápida de informações sobre eventos com localização e ocorrência aleatórias.

Existem diferentes alternativas de plataformas orbitais: as de alta resolução espacial, como o Ikonos (Satimaging, 2016a), o QuickBird (Satimaging, 2016b), o GeoEye (Satimaging, 2016c), o WorldView (Digital Globe, 2016) e outros; as de moderada resolução espacial, como o Landsat (USGS, 2016), o Spot (CNES, 2016), o CBERS (Inpe, 2016), o IRS (Uregina, 2016) e outros; as de baixa resolução espacial, porém alta resolução temporal, como as que carregam o sensor Modis (Nasa, 2016) ou o sensor Meris (ESA, 2016a); as de muito baixa resolução espacial, porém muito alta frequência de repetitividade temporal, como o AVHRR (Noaa, 2016); e as de sensores nas micro-ondas, como o Radarsat e o TerraSAR, sobre os quais serão feitas abordagens mais à frente.

Em geral, os dados orbitais de alta resolução espacial são comercializados, sendo os de resolução espacial moderada ou baixa disponibilizados gratuitamente, via internet.

Como indicado no Quadro 9.1, os sensores de altas resoluções espaciais possuem resolução espectral relativamente baixa (poucas bandas, cobrindo o visível e o infravermelho próximo e de ondas curtas) e cobertura espacial de poucos quilômetros quadrados, o que acarreta que, para a cobertura de uma área de média ou grande proporção (*e.g.*, o Estado de São Paulo), seja necessário um período de tempo excessivamente grande para a cobertura total.

Dessa forma, pelo que foi exposto, em termos de resolução espacial × repetitividade temporal, é possível inferir que cada sistema terá uma faixa ideal de aplicabilidade.

Não seria viável, por exemplo, realizar o levantamento anual dos desmatamentos de uma região tão vasta como a Amazônia (cerca de 4,5 milhões de quilômetros quadrados de extensão) se, para tal objetivo, só fosse possível contar com imagens de alta resolução, cuja largura de faixa de cobertura está por volta de uma dezena de quilômetros.

Aliada a essa restrição há ainda que considerar a questão da presença de nuvens, que tornaria tal objetivo ainda mais irrealizável, uma vez que seria praticamente inviável tentar obter uma cobertura completa, num ano, da Amazônia com imagens de alta resolução.

Similarmente, seria impraticável tentar utilizar imagens de alta resolução para objetivos em agricultura no caso de uma área tão extensa como a do Estado de São Paulo, por exemplo, que, com imagens Landsat (faixa de cobertura da ordem de 180 km), necessita de aproximadamente 18 cenas para ser recoberto.

Supondo um sistema orbital cuja largura de faixa de recobrimento fosse da ordem de uma dezena de quilômetros, seriam necessárias aproximadamente 2.500 imagens para recobrir todo o referido Estado de São Paulo. Se a questão das coberturas de nuvens fosse adicionada a esse raciocínio, quanto tempo seria necessário para recobrir todo o Estado de São Paulo com imagens de alta resolução espacial? Ou seja, na prática, essa seria uma missão inviável.

Dessa forma, como afirmado, cada tipo de sensor e plataforma, com suas respectivas características de resolução espacial, resolução espectral, cobertura por faixa imageada e repetitividade terá um nicho específico de aplicabilidade.

Porém, Colombo et al. (2003) demonstraram uma excelente aplicabilidade para imagens de alta resolução geométrica como as do Ikonos, ao desenvolverem uma metodologia destinada à estimativa da variável biofísica índice de área foliar (IAF), para diferentes tipos de cultura agrícola. Utilizando uma sistemática amostral, os autores propõem a execução de leituras com um medidor de área foliar em amostras localizadas nas lavouras agrícolas, gerando em seguida modelos estatísticos para a espacialização da variável IAF para todos os talhões, via imagens de alta resolução.

O trabalho de Colombo et al. (2003) demonstra a utilidade das imagens de alta resolução para objetivos agrícolas, quando utilizadas com objetivos coerentes com a capacidade de fornecimento de informações do referido sensor e plataforma.

9.6 Sensores orbitais hiperespectrais

Conforme destaca Souza Filho (2016), após uma revolução pela melhoria da resolução espacial dos sensores orbitais, a tendência é a consolidação dos sensores com altíssima resolução espectral, ou seja, os sensores hiperespectrais.

O sensoriamento remoto hiperespectral tem o potencial de prover informações sobre propriedades físico-químicas dos materiais presentes nas superfícies escaneadas.

No sensoriamento remoto hiperespectral, o processo de aquisição de imagens em centenas de finas bandas espectrais registradas e contíguas possibilita que de cada *pixel* seja possível derivar uma curva de reflectância espectral completa, recebendo o nome de *espectroscopia de imageamento*. Esse processo objetiva medir quantitativamente a *assinatura espectral* dos vários componentes presentes na imagem hiperespectral a partir de espectros calibrados.

Como assevera Souza Filho (2016), a maioria dos materiais terrestres pode ser caracterizada por feições de absorção espectral com larguras entre 0,02 μm (20 nm) e 0,04 μm (40 nm).

As bandas espectrais de sensores hiperespectrais são estreitas, geralmente com larguras entre 10 nm e 20 nm, contíguas (adjacentes e não se sobrepõem) e permitem a extração de espectros de reflectância a partir de cada *pixel* componente da imagem. Esses espectros podem ser comparados com espectros medidos no campo, ou em laboratório, ou os anteriormente documentados disponíveis em bibliotecas espectrais de referência.

Contudo, ainda é pequeno o número de especialistas em sensoriamento remoto com a necessária desenvoltura para processar imagens hiperespectrais.

9.7 Sensores termais

Todo objeto com temperatura acima do zero absoluto emite energia eletromagnética na região do infravermelho termal (TIR) (3 μm a 14 μm), sendo que a Terra apresenta uma temperatura média da ordem de 300 K.

Os sistemas TIR oferecem possibilidades de aplicações relacionadas ao monitoramento da superfície terrestre. O sensor OLI/Landsat-8, por exemplo, é dotado de duas bandas no termal, sendo uma na faixa entre 10,60 μm e 11,19 μm (TIRS-1) e outra na faixa entre 11,50 μm e 12,51 μm (Tirs-2), com resolução espacial de 100 m.

Os dados de sensoriamento remoto termal são indicados para aplicações relacionadas com a estimativa do balanço de energia, da evapotranspiração e do teor de água na zona radicular, a caracterização de estresse hídrico das plantas e o monitoramento de estiagens, sendo também útil para estudos envolvendo modelos hidrológicos, meteorológicos e climáticos (Gowda et al., 2008; Kalman; McVicar; McCabe, 2008; Moran, 2004).

Conforme asseveram Warren et al. (2014), o desenvolvimento de algoritmos voltados para o monitoramento de variáveis hidrológicas com o auxílio de dados de sensoriamento remoto vem aumentando significativamente, visando à gestão de recursos hídricos.

Num cenário futuro de potencial crescimento das premências por demanda de água, será, sem dúvida, de grande oportunidade a capacidade de analisar a distribuição espacial dos componentes do ciclo hidrológico nas bacias hidrográficas, bem como os usos e a produtividade da água em diferentes escalas espaciais e temporais.

9.8 Sensores micro-ondas (radar)

Os radares imageadores são sistemas ativos de sensoriamento remoto, uma vez que o próprio sensor fornece o feixe eletromagnético que incide nos alvos e retorna ao equipamento, e operam em comprimentos de onda da ordem de 1 cm a 1 m, com frequências de 300 MHz a 30 GHz.

O SAR (Synthetic Aperture Radar) fornece informações relacionadas com variações quanto à forma e às propriedades dielétricas, que por sua vez são influenciadas pela umidade dos alvos imageados, via detecção da energia retroespalhada nas micro-ondas.

Os sensores SAR atuam numa geometria de imageamento em visada lateral e, como atuam como emissores e receptores da radiação utilizada, em geral redundam em distorções geométricas, que necessitam de grande quantidade de processamentos e correções geométricas com o uso de DEMs (*digital elevation models*) para poderem ser utilizadas.

Devido a um tipo de ruído chamado *speckle*, originado em razão da natureza coerente da radiação utilizada, há em geral a necessidade de filtragens específicas visando a melhores condições de extração de informações.

Conforme Paradella (2016), as vantagens das imagens de radar em relação às imagens obtidas por sensoriamento remoto passivo óptico são: insensibilidade a nuvens, brumas, fumaça e, até certo ponto, a chuvas; resolução temporal melhorada, em virtude de que, sendo um sensor ativo e, assim, independente da iluminação solar, pode operar tanto de dia como de noite; realce do relevo; maior penetrabilidade nos alvos.

Esta última é significativa porque, enquanto os comprimentos de onda ópticos propiciam penetração apenas nos primeiros micrômetros dos alvos, as micro-ondas asseguram penetração bem maior, dependendo de fatores como o comprimento de onda, o ângulo de incidência, a polarização, as condições de umidade, a densidade, a estrutura e a forma dos alvos.

As bandas mais utilizadas têm sido: a X (2,40 cm a 3,75 cm), a C (3,75 cm a 7,50 cm), a L (15 cm a 30 cm) e a P (77 cm a 136 cm).

No Brasil, os dados radares têm sido ainda pouco explorados, em virtude principalmente da cultura e da tradição de muito maior uso dos dados ópticos de sensoriamento remoto; porém, é possível antever que os dois tipos de dados deverão, no futuro, ser sinergisticamente complementares.

Os primeiros dados de radar utilizados no Brasil foram os do projeto Radambrasil, no início da década de 1970, quando foi utilizado um SAR banda X da Goodyear Aerospace Corporation para estudar a Amazônia e depois todo o território brasileiro.

Nas décadas recentes, grandes avanços tecnológicos têm sido obtidos com o aumento do número de sistemas orbitais de radares. Desde o lançamento do ERS-1, em julho de 1991, vieram depois o Jers-1 (1992), o ERS-2 (1995), o Radarsat-1 (1995), o Envisat-1 Asar (Advanced SAR), da ESA, lançado em 2002, e o Radarsat-2 (2007).

Conforme Garcia et al. (2012), há, atualmente, a disponibilização de imagens SAR oriundas de diferentes frequências e polarizações, podendo-se citar: imagens do Advanced Land Observing Satellite (Alos/Palsar, banda L) (Jaxa, 2016); do Radarsat-2 (banda C) (CSA, 2016); do TerraSAR (banda X) (Pitz; Miller, 2010; Werninghaus; Buckreuss, 2010); e da constelação Cosmo-SkyMed (banda X) (UGS, 2016; ASI, 2016).

Aprimoramentos significativos estão sendo realizados nas ferramentas de tratamento dos dados SAR e várias aplicabilidades vêm sendo demonstradas, como nas áreas de mapeamento de uso da terra, de diferenciação entre estádios de sucessão florestal, de diferenciação entre áreas de floresta primária × áreas desmatadas × cortes seletivos e de estimativas de parâmetros biofísicos de tipologias florestais e suas biomassas.

Os cenários futuros indicam que deverão ser obtidos progressos tecnológicos que permitirão, além das já disponíveis resoluções espaciais finas, da oferta de dados multipolarizados, multifrequência e polarimétricos, outros avanços que impactarão com significativo potencial para aplicações em agricultura.

A flexibilidade de permitir o provimento de dados de grande abrangência, de modo sistemático e repetitivo e mesmo sob condições atmosféricas adversas, tanto no período diurno como no noturno, em escalas variadas de observação, em diferentes resoluções espaciais, serão fatores decisivos para consolidar a utilização crescente de dados de radares orbitais multipolarizados e polarimétricos em sinergia com os dados orbitais ópticos.

Um ponto a destacar é a necessidade de construção de capacitação de recursos humanos de alta especialização e o estímulo à indústria nacional para serviços e parcerias com os órgãos governamentais.

9.9 A NECESSIDADE DE SISTEMAS ALL-WEATHER

Em razão do fato de que as coberturas de nuvens interferem fortemente na aquisição de dados orbitais de sensoriamento remoto, principalmente no visível e no infravermelho próximo e de ondas curtas, isso se constitui num fator que necessita ser levado em conta principalmente quando objetivos em agricultura são perseguidos.

Nesse sentido, é de grande interesse que sejam feitos esforços no sentido de que as bandas nas micro-ondas sejam desenvolvidas e exploradas para viabilizarem inventários e monitoramentos de culturas agrícolas.

Sabe-se que em algumas regiões brasileiras de significativa importância agrícola, como as regiões Sul e Sudeste, há grande dificuldade de obtenção de imagens livres de nuvens, principalmente nas épocas de maior produção, como a primavera e o verão, o que prejudica iniciativas de monitoramento por sensoriamento remoto óptico naquelas extensões.

Outra frente de interesse é a possibilidade das constelações de satélites, como está exposto logo à frente, no presente capítulo, propiciando significativos ganhos em termos de melhorias no tempo de revisita e aumentando, assim, as chances de obtenção de imagens livres de nuvens.

9.10 A NECESSIDADE DE SISTEMAS BASEADOS EM AMOSTRAGEM

Quando se utilizam dados de sensoriamento remoto para objetivos em agricultura, muitas vezes se pensa em realizar mapeamentos das áreas com culturas agrícolas para, por exemplo, realizar estatísticas agrícolas e previsões de safras.

Contudo, muitas vezes tais metas, quando voltadas a objetivos de mapeamentos, tornam-se praticamente irrealizáveis, principalmente para grandes extensões, como o Estado de São Paulo, uma vez que será muito pequena a possibilidade de obtenção de um conjunto completo de imagens isentas de nuvens numa determinada data cobrindo todo o território do Estado.

No caso do Estado de São Paulo, seriam necessárias cerca de 18 imagens Landsat, em seis órbitas adjacentes, para a total cobertura de toda a extensão estadual (Fig. 9.2).

Um exemplo envolvendo amostragens e o uso de imagens *Landsat-like* para levantamentos agrícolas é o da metodologia amostral denominada MoBARS (Monitoring Brazilian Agriculture by Remote Sensing), na qual, durante o ciclo agrícola da soja, por exemplo, são feitos levantamentos a cada dois meses, determinando a quantidade de áreas com cultura verde em pé.

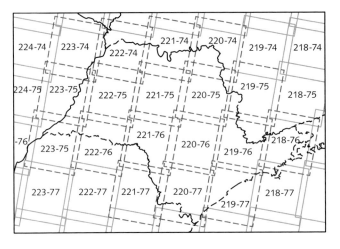

FIG. 9.2 Mosaico das 18 imagens Landsat-8 necessárias para recobrir todo o território do Estado de São Paulo, sendo que cada retângulo tracejado representa uma órbita/ponto do sistema de recobrimento Landsat Fonte: Schultz (2016).

Nessas datas bimensais, são necessárias interpretações quanto à presença ou não da cultura em milhares de pontos amostrais espalhados por todo o território estadual; nem sempre se têm imagens de todo o Estado, mas, mesmo assim, ao utilizar um método amostral, torna-se possível disponibilizar o necessário número de pontos de interpretação para a obtenção das estatísticas desejadas. Para maiores detalhamentos acerca dessa metodologia amostral, é indicado o trabalho de Schultz (2016).

De fato, as mudanças na fenologia das culturas são rápidas, ocorrem em períodos de poucos dias, e, dessa forma, a resolução temporal necessita, também, ser pelo menos de uma ordem que permita detectar tais mudanças, dependendo da aplicação para a qual se necessite utilizar as imagens de sensoriamento remoto.

Como mostrado na Fig. 9.1, existe certa solução de compromisso entre resolução temporal e resolução espacial para as imagens de sensoriamento remoto.

Principalmente no caso da agricultura, não há como permitir um relaxamento demasiado quanto à resolução espacial, sendo que, dependendo da região, há a premência por *pixels* da ordem de poucas dezenas de metros.

Em outros casos, principalmente em regiões planas, como no Estado de Mato Grosso, os talhões são de grandes extensões, e, então, é possível utilizar um sensor como o Modis, por exemplo, com resolução espacial da ordem de 250 m e repetitividade quase diária, o que aumenta significativamente a chance de obtenção de imagens livres de nuvens.

9.11 Constelações de pequenos satélites

Para várias aplicações, entre elas as da agricultura, o tempo de revisita é fator essencial.

Visando obter cada vez melhores resoluções temporais, ou seja, menores tempos de revisita, uma das soluções consiste nas constelações de vários pequenos satélites coordenados num sistema chamado de "constelação" e, até mesmo, na integração de constelações de pequenos satélites.

Em um passado relativamente recente, essas constelações eram relativamente inexequíveis em razão dos altos custos dos satélites.

Entretanto, conforme Xue et al. (2008), nos tempos atuais os custos caíram significativamente e os ciclos de concepção-construção-lançamento de satélites tornaram-se efetivamente mais rápidos, sendo fatores que permitiram elevar a observação orbital da Terra a níveis completamente operacionais.

Contribuíram também os avanços recentes em tecnologias de microeletrônica, de aviônica e de dispositivos semicondutores integrados de alto desempenho e de baixa potência, para atender aos requisitos em que a radiação é um problema crítico, como nas missões científicas em órbita da Terra.

Os pequenos satélites não conseguem carregar grande número de instrumentos, como os satélites gigantes, porém podem dispor de múltiplos exemplares do mesmo equipamento em órbitas coordenadas, com a vantagem de custos significativamente acessíveis.

Um excelente exemplo de constelação de satélites é o sistema RapidEye, cujo conceito foi iniciado em 1996 pela companhia alemã de engenharia espacial Kayser-Threde GmbH, com suporte da Agência Espacial Alemã (DLR).

A ideia é prover soluções *end-to-end* para clientes cujas necessidades de informações geoespaciais requerem coberturas de grandes áreas, monitoramento repetitivo e frequentes revisitas, a partir de um sistema integrado. Inclui uma constelação de cinco satélites de observação da Terra e um segmento terrestre de processamento capaz de entregar soluções geoespaciais customizadas.

Conforme asseveram Xue et al. (2008), o sistema RapidEye tornou-se uma companhia independente em dezembro de 1998, uma vez que o conceito pretendido originalmente havia amadurecido suficientemente para receber financiamento da Agência Espacial Alemã e da Vereinigte Hagelversicherung (VH), a maior companhia de agrosseguros da Alemanha, bem como de um pequeno grupo privado de investidores.

Após quase uma década de desenvolvimentos, o plano técnico e o de negócios do RapidEye reforçou seus objetivos originais de prover soluções *end-to-end* para clientes cujas necessidades de informações geoespaciais requerem dados de amplas áreas de cobertura, monitoramento repetitivo e frequentes revisitas.

O RapidEye é uma missão multiespectral de observação terrestre da RapidEye AG de Brandenburgo, Alemanha, numa constelação constituída por cinco minissatélites em órbita Sol-síncrona a 630 km de altitude.

Os satélites seguem-se um ao outro em órbita plana com intervalos de aproximadamente 19 minutos. A estratégia de um plano orbital único permite a obtenção de uma faixa cumulativa de imageamento, ou seja, os satélites escaneiam regiões adjacentes no terreno, com tempos de captura de imagens separados por apenas poucos minutos.

Podem obter um tempo de revisita de apenas um dia para qualquer parte do planeta, entre as latitudes de ±70°, via técnicas de apontamento do corpo do satélite. Se for considerado apenas o apontamento a nadir, o período de revisita é de 5,5 dias.

O sistema RapidEye pode acessar qualquer área do planeta em um dia e cobrir todas as áreas agrícolas dos Estados Unidos e da Europa em cinco dias.

Essa missão tem o objetivo de prover imagens multiespectrais de alta resolução, juntamente com um serviço operacional SIG em bases comerciais.

O sistema possui cinco bandas ópticas na faixa entre 400-850 nm e provê *pixels* de 6,5 m a nadir, fornecendo produtos para várias aplicações, entre as quais as relacionadas com agricultura, principalmente para monitoramento e mapeamento das culturas e estimativas de produtividade.

Outros sistemas de constelações de satélites com objetivos de observação da Terra, além do RapidEye, incluem o Disaster Monitoring Constellation (DMC), o COSMO-SkyMed (COnstellation of small Satellites for the Mediterranean basin Observation) e a constelação chinesa Huanjing (Small Satellite Constellation for Environment Protection and Disaster Monitoring) (Xue et al., 2008).

Um grande número de sistemas baseados em pequenos satélites, na forma de constelações de dezenas (em alguns casos até de centenas) de pequenos satélites, deve ser lançado nos próximos anos.

O conceito tradicional de produção de projetos espaciais não é mais adequado quando se pretende atender às demandas atuais de observação da Terra, e, assim, novas abordagens são necessárias, as quais satisfaçam às demandas de intensivas taxas de produção, mesmo sem introduzir processos de completa automação.

Futuros sistemas de pequenos satélites para observação da Terra serão significativamente possibilitados por avanços em tecnologias de microeletrônica submicrométrica.

Deverá haver uma sinergia crescente entre a indústria comercial e a espacial, que propiciará avanços em sistemas embarcados de baixa potência altamente integrados, miniaturizados (baixo volume), leves e confiáveis.

Para mais detalhamentos sobre minissatélites, além do trabalho de Xue et al. (2008), recomenda-se também a excelente revisão sobre pequenos satélites para sensoriamento remoto realizada por Kramer e Cracknell (2008).

9.12 Perspectivas e cenários futuros

Pode-se dizer que os progressos tecnológicos estão ocorrendo em velocidade e em quantidade, e esses avanços emergentes são essenciais para a agricultura, em razão das premências que se enfileiram, por consequência da necessidade de fornecer alimentos, fibras e bioenergia para as décadas futuras, visando garantir a segurança alimentar, mas conjuntamente trabalhando para que não haja aumentos descontrolados da pegada ambiental agrícola no planeta.

Os sensores, o sensoriamento remoto, as geotecnologias, as tecnologias de geolocalização, a computação, a engenharia de automação e os sistemas satelitários estão entre as ferramentas de maior potencial para contribuir na capacidade de rastreabilidade em tempo real, no monitoramento diagnóstico das culturas, na agricultura de precisão (tecnologia de aplicações de insumos em taxas variáveis) e na otimização do uso das máquinas agrícolas.

Conforme estudo recente de Foley et al. (2011), nas próximas décadas um desafio crucial para a humanidade será encontrar meios de suprir as futuras crescentes demandas por alimentos e, ao mesmo tempo, não permitir o comprometimento da integridade dos sistemas ambientais terrestres.

Somadas a isso, as necessárias e prementes adaptações provavelmente terão de ser realizadas em simultaneidade com os prováveis crescentes efeitos das mudanças climáticas, o que deve somar dificuldades adicionais.

Quanto às anunciadas mudanças climáticas, é esperado que os padrões de temperatura e de chuvas deverão ser modificados, e, nas próximas décadas, condições meteorológicas extremas poderão ser mais frequentes (IPCC, 2007; Godfray et al., 2010).

Sem dúvida alguma, tais transições necessitarão de monitoramento em várias escalas de abordagem, e não existem ferramentas melhores para tais objetivos que as de sensoriamento remoto e as correlatas.

A Fig. I.1 ilustra os desafios de futuro próximo a serem enfrentados, ilustrados de forma qualitativa, porém realçando os pontos de maior ênfase, para que a segurança alimentar e a sustentabilidade ambiental sejam obtidas, num cenário projetado para o ano de 2050, conforme Foley et al. (2011).

Nos tempos atuais, tanto os recursos naturais como a agricultura estão sob intensa pressão, sendo que os impactos ambientais da prática da agricultura são múltiplos e podem ser relacionados com a expansão da quantidade de áreas para lavouras (extensificação) ou a intensificação (*e.g.*, prática de mais de um ciclo agrícola por ano, no mesmo local) (Atzberger, 2013).

Dessa forma, tanto no caso da extensificação, como no caso da intensificação, as principais degradações têm sido consideradas as indicadas a seguir: a biodiversidade é ameaçada por desmatamentos e pela fragmentação dos habitats (Dirzo; Raven, 2003); emissões de gases do efeito estufa (GEE), causados por desmatamentos, produção agrícola e adubações, contribuindo com aproximadamente um terço das emissões (Burney; Davis; Lobell, 2010); os ciclos globais do nitrogênio e do fósforo estão sendo rompidos, com impactos na qualidade da água, dos ecossistemas aquáticos e das pescas marinhas (Vitousek et al., 1997); e os recursos de água doce estão praticamente esgotados, pois cerca de 80% da água doce usada atualmente pela humanidade é destinada à irrigação (Thenkabail, 2010).

Foley et al. (2011) demonstram que um extraordinário progresso poderia ser conseguido a partir de medidas como: o cessamento da expansão e abertura de novas fronteiras agrícolas, que na prática significam aumentos de desmatamentos; a obtenção de aumentos de produtividades em várias regiões do globo, onde as produtividades agrícolas ainda são de baixo desempenho; o aumento da eficiência das práticas agrícolas; as mudanças nas dietas alimentares (*e.g.*, a substituição de proteína animal, uma vez que atualmente são utilizadas grandes áreas para criar o gado, as quais poderiam ser cultivadas com culturas alimentares); e a redução de perdas.

Segundo esses autores, juntas, essas cinco estratégias poderiam propiciar a duplicação da atual produção de alimentos, ao mesmo tempo que reduziriam os impactos ambientais da agricultura.

É praticamente fora de dúvida que as melhores ferramentas para a obtenção de informações rápidas, oportunas e confiáveis sobre grandes áreas e regiões são as do sensoriamento remoto por satélites e as áreas disciplinares correlatas, e, dessa maneira, investimentos mundiais nessas áreas são necessários, principalmente na esfera de capacitação de técnicos em função da indispensabilidade de recursos humanos habilitados para a manipulação de grandes massas de dados de sensoriamento remoto e os geodados em geral.

Muitas e múltiplas informações serão também necessárias para avaliações críticas de impactos, visando propiciar meios de redução de riscos e levando a análises otimizadas em uma ampla gama de escalas de abordagem, tanto em níveis regionais como nacionais.

Como analisado por Atzberger (2013), os dados de sensoriamento remoto podem contribuir significativamente para a obtenção de informações oportunas, sinópticas, de baixo custo, repetitivas e sistemáticas sobre as condições da superfície terrestre.

Os dados adquiridos pelos atuais sistemas orbitais de sensoriamento remoto podem ser usados para avaliar os dois componentes das estimativas de safras agrícolas: a produtividade e a área plantada. Além disso, informações sobre a fenologia, situações de estresses e outros tipos de distúrbios podem também ser acessadas.

Entre as favorabilidades dos dados sensoriados remotamente, pode-se incluir ainda que as informações deles obtidas têm o potencial de permitir aos tomadores de decisões oportunas e insubstituíveis avaliações dos efeitos danificadores de eventos climáticos (que, por sinal, provavelmente aumentarão futuramente em número e intensidade, conforme os avanços das preditas mudanças climáticas), além de poderem fornecer painéis objetivos e confiáveis sobre grandes áreas, para avaliações de riscos.

Com o advento de futuros novos sistemas de sensoriamento remoto orbital, a provisão de dados será aumentada e os usuários terão a disponibilidade de múltiplos tipos de dados, com diferentes resoluções espectrais, geométricas e temporais.

Nos dias atuais, e de forma crescente em futuro próximo, uma inteligência e uma capacitação serão necessárias para adequadas análises agrícolas, em níveis regionais e globais, para responder a várias demandas da sociedade, como as políticas agrícolas e de comércios nacionais e internacionais, bem como em relação a questões de segurança alimentar e ambiental (Becker-Reshef et al., 2010).

Como enfatiza Atzberger (2013), deve ser motivo de grande questionamento e preocupação que, mesmo na atualidade, ainda haja um bilhão de pessoas cronicamente mal-nutridas.

Um dos mais recentes e significativos empreendimentos visando mitigar as questões da grande volatilidade de preços dos produtos agrícolas em nível mundial tem sido o projeto Glam (Global Agricultural Monitoring) (Becker-Reshef et al., 2009, 2010). Esse projeto foca no uso de dados da Nasa (Modis, Moderate Resolution Imaging Spectrometer) visando alimentar o Sistema de Suporte à Decisão do FAS (Foreign Agricultural Service, ligado ao Usda, o Departamento de Agricultura dos Estados Unidos).

Além do Glam, Atzberger (2013), ratificando UN (2001, 2016), cita vários outros sistemas de monitoramento operacionais da agricultura, tanto de abrangência regional como global, fornecendo informações críticas em um amplo leque de escalas: o Sistema de Alerta Precoce à Fome da Usaid (Usaid Famine Early Warning System –

FEWS-NET) (Usaid, 2016); o Sistema de Informação e Alerta Precoce Global da FAO (UN Food and Agriculture Organization/FAO Global Information and Early Warning System) (GIEWS) (UN, 2016); a ação da Comissão Europeia pelo Joint Research Centre (JRC), denominada Monitoring Agricultural Resources (Mars) Action of the European Commission, liderada pelo mesmo JRC, localizado em Ispra (Itália), abrangendo dois tópicos principais: estimativas de produção agrícola realizadas pelos países da União Europeia (Agri4Cast) (Baruth et al., 2008) e avaliações em relação à segurança alimentar em países com fragilidades e inseguranças quanto à disponibilidade de alimentos (FoodSec) (JRC, 2016); o projeto European Union Global Monitoring of Food Security Program (GMFS) (European Union, 2016); e o sistema Crop Watch Program at the Institute of Remote Sensing Applications (Irsa), da Chinese Academy of Sciences (CAS) (Irsa, 2016).

Entretanto, como ressaltam Becker-Reshef et al. (2010), o sistema Glam, liderado pela FAS/Usda, é o único sistema atualmente em funcionamento, fornecendo informações e previsões objetivas da produção agrícola, de forma regular e em tempo rápido, em escala global.

Os autores ressaltam também que essa capacidade global tem sido possível em virtude da parceria entre o Usda e a Nasa, que fornece dados de observação da Terra com cobertura global, bem como ferramentas de análise para o monitoramento das condições das culturas, além da avaliação da produção, em escala global.

Sem dúvida, o monitoramento agrícola de forma rápida, em momento oportuno, com adequada abrangência, confiabilidade e transparência, será uma das mais seguras formas de impedir as especulações de mercado e consequentes variações de preços dos produtos agrícolas (Naylor, 2011).

É necessário indicar que o recobrimento frequente de toda a superfície terrestre só pode, atualmente, ser obtido a partir de dados provenientes de sensores de resolução geométrica intermediária a grosseira, como os do Modis. Dessa forma, um sistema de monitoramento agrícola com esses tipos de dados dependerá significativamente de séries temporais de dados.

Dispondo de dados como os dos sistemas Sentinel e Proba-V, a comunidade relacionada com o uso de dados de observação da Terra para agricultura poderá estar diante de uma nova era de potencialidades.

O Sistema Sentinel-2 (ESA, 2016b), por exemplo, pode fornecer dados de 10-30 m com repetitividade de cinco dias, o Sentinel-3, dados de 300 m, e o Proba-V, dados de 100 m.

Em termos de dados hiperespectrais, o HyspIRI deverá ser lançado proximamente, com resolução espectral de 10 nm, tempo de revisita de 19 dias e resolução geométrica de 30 m.

O Landsat-8, além das faixas espectrais ópticas, conta com duas faixas termais, que permitem cálculos de balanço de energia que poderão ser de grande utilidade para o monitoramento das culturas agrícolas.

Sem dúvida, a comunidade de agricultura por sensoriamento remoto deve preparar-se para essas portentosas e várias fontes de dados de promissoras perspectivas.

Existe hoje um grande número de sistemas de processamento de imagens satelitárias digitais para diferentes números de bandas espectrais, distintas resoluções espaciais e provenientes de múltiplos sistemas orbitais.

Sistemas especialistas, inteligência artificial para reconhecimento de padrão, bancos de dados, sistemas de informações geográficas, classificações orientadas a objetos e muitos outros sistemas de processamentos de imagens já estão disponíveis, e avanços rápidos vêm sendo encaminhados, propiciando significativos ganhos de capacitação na extração de informações a partir de imagens digitais satelitárias.

Um ponto importante a realçar é a necessidade de um amplo programa de construção de capacitação técnica de alto desempenho, tendo em vista a grande gama de tipos de dados de observação da Terra já disponíveis e os futuros sistemas a serem disponibilizados. Isso é de alta importância estratégica, visto que não basta que haja dados se não houver recursos humanos capacitados para extrair as necessárias informações a partir desses dados.

As perspectivas do futuro, na área de tecnologia de satélites, envolverão desenvolvimentos de sensores de micro-ondas e ópticos com alta resolução espacial, lançamento de satélites geoestacionários regionais de alta resolução espacial e baixo custo e as técnicas de processamento centralizado de dados disponíveis aos usuários, prontos e processados.

Questões

9.1) Os sensores orbitais de alta resolução espacial seriam adequados para o monitoramento da agricultura de todo um Estado como Mato Grosso?
Resposta: Esse Estado é bastante extenso e ocupa uma área de 903.357 km². Sabe-se que existe uma solução de compromisso entre resolução geométrica e repetitividade temporal. Assim, um sensor de alta resolução espacial consegue cobrir, a cada órbita, uma faixa estreita de apenas pouco mais de uma dezena de quilômetros.

Dessa forma, seria necessário um número muito grande de órbitas e de passagens do satélite para se conseguir recobrir todo o Estado e, considerando a dinâmica relativamente veloz de um ciclo agrícola (entre três e quatro meses para uma cultura de verão de ciclo curto, por exemplo), isso tornaria impraticável tal meta, que seria ainda mais impossibilitada caso se considerassem também as questões relativas ao recobrimento de nuvens.

Para cada objetivo, é necessário utilizar o sensor adequado e com características que viabilizem da melhor forma possível a sua consecução. Assim, para um Estado com as dimensões de Mato Grosso, imagens adquiridas por satélites *Landsat-like* e mesmo por sensores como o Modis têm demonstrado efetividade para objetivos de levantamentos agrícolas.

9.2) Imagens obtidas por sensores micro-ondas seriam adequadas para objetivos de mapeamento de culturas agrícolas?

Resposta: Como se sabe, os radares imageadores são *sistemas ativos* de sensoriamento remoto, e, assim, o próprio sensor fornece a energia que incidirá nos alvos terrestres e depois retornará ao equipamento, operando em comprimentos de onda da ordem de 1 cm a 1 m.

Os sensores SAR (Synthetic Aperture Radar) funcionam numa geometria de imageamento do tipo visada lateral, podendo ocasionar distorções geométricas; além disso, as imagens apresentam ruídos do tipo *speckle*, requerendo grande quantidade de processamentos e correções.

Esses dados apresentam algumas vantagens em relação aos dados dos sensores passivos (ópticos), como: insensibilidade a nuvens, brumas, fumaça e, até certo ponto, chuvas; resolução temporal melhorada, pelo fato de poder operar tanto de dia como de noite, por ser um sensor ativo e, assim, independente da iluminação solar; realce do relevo; e maior penetrabilidade nos alvos.

Porém, as informações fornecidas são relacionadas com variações quanto à forma e às propriedades dielétricas, que por sua vez são influenciadas pela umidade dos alvos imageados.

O entendimento geral é de que as imagens micro-ondas não poderiam, por si só, permitir o mapeamento de culturas agrícolas, porém podem ser sinergísticas com imagens dos sensores passivos, cujas imagens apresentam características mais aproximadas às dos sensores fotográficos, que, porém, têm grande sensibilidade aos problemas de nuvens.

9.3) Para a obtenção de estatísticas agrícolas de um Estado como São Paulo, por exemplo, o que seria mais prático utilizar: uma metodologia de mapeamento das culturas ou um levantamento por meio de um sistema amostral?

Resposta: Para recobrir todo o Estado de São Paulo com imagens *Landsat-like*, por exemplo, seriam necessárias seis órbitas adjacentes, num total de 18 imagens (180 km × 180 km cada cena) (ver Fig. 9.2).

Sabe-se que esse tipo de sensor tem uma repetitividade temporal da ordem de 16 dias, porém, devido ao padrão das órbitas, seriam necessários cerca de 11 dias para se ter em mãos o conjunto completo de 18 imagens recobrindo toda a extensão do Estado.

Levando em conta a questão da cobertura de nuvens, principalmente no período primavera-verão, época em que ocorre a maior porcentagem de cultivo de cereais (os de maior quantidade de produção no Estado) e também época anual quando ocorre a maior quantidade de chuvas e, portanto, maior incidência de nuvens, é indubitável que, a cada conjunto de 18 imagens necessárias para recobrir todo o Estado, haverá várias áreas sem informações úteis devido às nuvens.

Assim, é indicado que se recorra preferencialmente a métodos amostrais associados a imagens *Landsat-like*, como demonstrou o trabalho de Schultz (2016), realizado no âmbito do projeto MoBARS (Eberhardt, 2015), no qual são distribuídos cerca de 5.000 pontos amostrais na extensão do Estado, pontos esses que podem ser interpretados por apenas um técnico, obtendo-se, a cada período de dois meses, uma estimação da área plantada em todo o Estado.

9.4) Quais deverão ser as maiores necessidades de desenvolvimento dos sistemas de sensoriamento remoto para os cenários futuros, por exemplo, até 2050, em que haverá a necessidade de aumentar a quantidade de produção de alimentos, sem, porém, permitir que seja aumentada demais a pegada ambiental da agricultura?

Resposta: Uma grande realidade a ser levada em conta nas próximas décadas é que o planeta Terra é rico em recursos naturais, porém esses recursos são finitos. Dessa forma, é necessário utilizá-los com racionalidade e sempre ter em mente as futuras gerações que chegarão aqui.

O trabalho de Foley et al. (2011) afirma que aproximadamente um bilhão de pessoas passam nos dias atuais por condições de subnutrição e que é necessário aumentar de forma significativa a disponibilidade de produtos agrícolas.

Isso é um significativo desafio, que se torna ainda maior quando são considerados os cenários relativos às preocupações com a pegada ambiental humana, que já está acima da capacidade de regeneração do planeta, e às mudanças globais em curso.

Como se sabe, não existe mais a grande disponibilidade de fronteiras agrícolas como havia no século passado. Por outro lado, as cidades e as indústrias causam grandes impactos no ambiente, e a agricultura também é fator de significativos impactos, tais como: os agrotóxicos, as extrações contínuas de nutrientes dos solos, a compactação e as erosões dos solos, os desmatamentos (com prejuízos na biodiversidade), os assoreamentos da rede de drenagem e dos corpos d'água, a remoção das matas ciliares e o desaparecimento de nascentes, os usos intensivos e prolongados com monoculturas, entre outros. Até que ponto esses impactos estão sendo devidamente contabilizados nos balanços econômicos e ambientais do processo produtivo?

É preciso enfrentar a realidade de que os padrões atuais de consumo estão sendo prejudiciais e acima da capacidade de regeneração natural, e, portanto, é necessário desenvolver conhecimentos e formas sustentáveis de convívio com a natureza.

O sensoriamento remoto e as geotecnologias associadas podem contribuir em grande parte da solução e dos encaminhamentos dos processos para a busca de equilíbrio entre os padrões de consumo e a sustentabilidade ambiental. Por exemplo, todas as questões relacionadas com a racionalização do uso da terra não poderão ser devidamente monitoradas, a não ser por meio de tecnologias do sensoriamento remoto.

Outras áreas dependentes do sensoriamento remoto: as estimações de fitomassa e de produtividade; as estatísticas agrícolas; o monitoramento do desenvolvimento fenológico das culturas; o mapeamento das culturas e das áreas produtivas; e o monitoramento de áreas com distúrbios de vários tipos.

Vários progressos tecnológicos vêm sendo obtidos nas áreas de sensores e de plataformas, principalmente orbitais. Constelações de satélites estão sendo desenvolvidas e colocadas em órbita. *Softwares* de diversos tipos, desde os SIGs, passando pelos classificadores e inteligência artificial, estão em franco desenvolvimento.

Dessa forma, haverá a disponibilização de uma grande massa de dados de sensoriamento remoto, bem como de *softwares*, porém é necessário que haja inteligência e competência técnica para o manuseio adequado de todo esse arsenal.

O campo do sensoriamento remoto e das geotecnologias associadas a ele é amplo, uma grade de conhecimentos já está desenvolvida, porém há a necessidade de continuar esses desenvolvimentos, para que os cenários futuros sejam os mais promissores e sustentáveis.

referências bibliográficas

AASE, J.K. Relationship between leaf area index and dry matter in winter wheat. *Agronomy Journal*, n. 70, p. 563-565, 1978.

AASE, J.K.; SIDDOWAY, F.H. Spring wheat yield estimates from spectral reflectance measurements. *IEEE Transaction on Geoscience and Remote Sensing*, GE v. 19, n. 2, p. 78-84, 1981.

ACCIOLY, L.J.O.; MACEDO, M.B.; PACHECO, A.P.; SILVA, E.A.; LOPES, H.L.; IRMÃO, R.A.; ALVES, E.S. Potencial do sensoriamento remoto hiperespectral no estudo das perdas de solo em uma área piloto do Seridó (RN) sob processo de desertificação. In: Simpósio Brasileiro de Sensoriamento Remoto, 13. (SBSR) 2007, Florianópolis, SP. Anais... São José dos Campos: INPE, p. 6415-6421, 2007.

ADAMI, M. *Estimativa de áreas agrícolas por meio de técnicas de sensoriamento remoto, geoprocessamento e amostragem.* 183 f. Dissertação (Mestrado em Sensoriamento Remoto) – Instituto Nacional de Pesquisas Espaciais, São José dos Campos, 2004.

ADAMI, M. *Estimativa da data de plantio da soja por meio de séries temporais de imagens MODIS.* 163 f. Tese (Doutorado em Sensoriamento Remoto) – Instituto Nacional de Pesquisas Espaciais, São José dos Campos, 2010.

ADAMI, M.; MOREIRA, M. A.; FRIEDRICH, B.; RUDORFF, T.; FREITAS, C. Análise da eficiência dos estimadores de expansão direta e de regressão para áreas cultivadas do café, milho e soja no município de Cornélio Procópio, Estado do Paraná. *Agricultura de São Paulo*, v. 51, n. 2, p. 5-13, 2004.

ADAMI, M.; MOREIRA, M. A.; RUDORFF, B. F. T.; FREITAS, CORINA DA C.; FARIA, R. T. DE; DEPPE, F. Painel amostral para estimativa de áreas agrícolas. *Pesquisa Agropecuária Brasileira*, v. 42, n. 1, p. 81-88, 2007.

ADAMI, M.; RIZZI, R.; MOREIRA, M. A.; RUDORFF, B. F. T.; FERREIRA, C. C. Amostragem probabilística estratificada por pontos para estimar a área cultivada com soja. *Pesquisa Agropecuária Brasileira*, v. 45, n. 6, p. 585-592, 2010.

ANA – AGÊNCIA NACIONAL DAS ÁGUAS; EMBRAPA – EMPRESA BRASILEIRA DE PESQUISA AGROPECUÁRIA/CNPMS. Levantamento da Agricultura Irrigada por Pivôs Centrais no Brasil - ano 2013. 2014. Disponível em: <http://metadados.ana.gov.br/geonetwork/>. Acesso em: fev. 2017.

ANA – AGÊNCIA NACIONAL DAS ÁGUAS; EMBRAPA – EMPRESA BRASILEIRA DE PESQUISA AGROPECUÁRIA/CNPMS. Levantamento da Agricultura Irrigada por Pivôs Centrais no Brasil - ano 2014. 2016. Disponível em: <http://metadados.ana.gov.br/geonetwork/>. Acesso em: fev. 2017.

ANDERSON, L.O.; SHIMABUKURO, Y.E.; DEFRIES, R.; MORTON, D.; ESPÍRITO SANTO, F.; JASINSKY, E.; HANSEN, M.; LIMA, A.; DUARTE, V. Utilização de dados multitemporais do sensor MODIS para o mapeamento da cobertura e uso da terra. In: Simpósio Brasileiro de Sensoriamento Remoto, 12., (SBSR), 2005, Goiânia, GO. *Anais...* São José dos Campos: INPE, 2005, p. 3443-3450.

ALLEN, W.A.; RICHARDSON, A.J. Interaction of light with a plant canopy. *Journal of the Optical Society of America*, v. 58, p. 1023-1028, 1968.

ALMEIDA, C.A.; COUTINHO, A.C.; ESQUERDO, J.C.D.M.; ADAMI, M.; VENTURIERI, A.; DINIZ, C.G.; DESSAY, N.; DURIEUX, L.; GOMES, A.R. High spatial resolution land use and land cover mapping of the Brazilian Legal Amazon in 2008 using Landsat-5/TM and MODIS data. *Acta Amazonica*, v. 46, n. 3, p. 291-302, 2016.

ARAÚJO, S.R.; DEMATTÊ, J.A.M.; RIZZO, R.; BELLINASO, H.; VICENTE, S. Modelos de quantificação de atributos do solo a partir de bibliotecas espectrais. In: SIMPÓSIO BRASILEIRO DE SENSORIAMENTO REMOTO, 15. (SBSR), 2011, Curitiba, PR. *Anais...* São José dos Campos: INPE, 2011, p. 8683-8689.

ARVOR, D.; JONATHAN, M.; MEIRELLES, M.S.O.P.; DUBREUIL, V.; DURIEUX, L. Classification of MODIS EVI time series for crop mapping in the state of Mato Grosso, Brazil. *International Journal of Remote Sensing*, v. 32, n. 22, p. 7847-7871, 2011.

ASI – AGENZIA SPAZIALE ITALIANA. COSMO-SkyMed (Constellation of 4 SAR Satellites). Disponível em: <https://directory.eoportal.org/web/eoportal/satellite-missions/c-missions/cosmo-skymed>. Acesso em: 19 out. 2016.

ASNER, G. P. Cloud cover in Landsat observations of the Brazilian Amazon. *International Journal of Remote Sensing*, v. 22, n. 18, p. 3855-3862, 2001.

ASRAR, G.; KANEMASU, E.T.; YOSHIDA, M. Estimates of leaf area index from spectral reflectance of wheat under different cultural practices and solar angle. *Remote Sensing of Environment*, v. 17, p. 1-11, 1985.

ASRAR, G.; FUCHS, M.; KANEMASU, E.T.; HATFIELD, J.L. Estimating absorbed photosynthetic radiation and leaf area index from spectral reflectance in wheat. *Agronomy Journal*, v. 76, p. 300-306, 1984.

ATZBERGER, C. Advances in Remote Sensing of Agriculture: Context Description, Existing Operational Monitoring Systems and Major Information Needs. *Remote Sensing*, v. 5, p. 949-981, 2013.

ATZBERGER, C.; VUOLO, F.; KLISCH, A.; REMBOLD, F.; MERONI, M.; MELLO, M.P.; FORMAGGIO, A.R. Agriculture. In: Prasad S. Thenkabail. (Org.). *Land Resources Monitoring, Modeling, and Mapping with Remote Sensing*. 1ed. Boca Raton, FL, USA: CRC Press, v. 2, p. 71-112, 2015.

BAIER, W. Note on the terminology of crops-wheather models. *Agricultural Meteorology*, v. 20, p. 137-145, 1979.

BANNARI, A.B.; STAENZ, K.; CHAMPAGNE, C.; KHURSHID, K.S. Spatial variability mapping of crop residue using hyperion (EO-1) hyperspectral data. *Remote Sensing*, v. 7, p. 8107-8127, 2015.

BARBIERI, D.W.; KUPLICH, T.M.; MOREIRA, A.; MARTINS, R.C.; QUADROS, F.L.F.; BARBIERI, C.W. Avaliação de diferentes tipos de manejo de pastagem natural utilizando valores de reflectância coletados com espectrorradiômetro. In: Simpósio Brasileiro de Sensoriamento Remoto, 16. (SBSR), 2013, Foz do Iguaçu, PR. *Anais...* São José dos Campos: INPE, 2013, p. 8822-8829.

BARET, F.; GUYOT, G. Potentials and limits of vegetation indices for LAI and APAR assessment. *Remote Sensing of Environment*, v. 35, p. 161-173, 1991.

BARET, F.; GUYOT, G.; MAJOR, D. TSAVI. A vegetation index which minimizes soil brightness effects on LAI or APAR estimation. In: CANADIAN SYMPOSIUM ON REMOTE SENSING, 12., Vancouver, Canadá, Julho, p. 10-14, 1989.

BARUTH, B.; ROYER, A.; GENOVESE, G.; KLISCH, A. The use of remote sensing within the MARS crop yield monitoring system of the European Commission. *Int. Arch. Photogramm. Remote Sens. Spat. Inf. Sci.*, v. 36, p. 935-941, 2008.

BATISTA, G.T. *Fotointerpretação*. Apostila Curso Agronomia/Unitau. Disponível em: <http://www.agro.unitau.br/sensor_remoto/Apostila_Sensores_Digitais_Fotografia_Aerea.pdf> Acesso em: 9 out. 2015.

BAUER, M.E.; DAUGHTRY, C.S.T.; VANDERBILT, V.C. Spectral-agronomic relationships of maize, soybean and wheat canopies. In: INTERNATIONAL COLLOQUIUM ON SPECTRAL SIGNATURES OF OBJECTS IN REMOTE SENSING, Proceedings, Avignon, Monfavet, INRA, p. 261-272, 1981.

BAUER, M.E.; VANDERBILT, V.C.; ROBINSON, B.F.; DAUGHTRY, S.T. Spectral properties of agricultural crops and soils measured from space, aerial, field and laboratory sensors. In: THE XIV CONGRESS OF INT. SOC. PHOTOGRAMMETRY, Proceedings... Hamburg, West Germany, p. 56-73, 1980.

BECKER-RESHEF, I.; JUSTICE, C.; DOORN, B.; REYNOLDS, C.; ANYAMBA, A.; TUCKER, C.J.; KORONTZI, S. NASA's contribution to the Group on Earth Observation (GEO) global agricultural monitoring system of systems. The Earth Obs., v. 21, p. 24-29, 2009.

BECKER-RESHEF, I.; JUSTICE, C.O.; SULLIVAN, M.; VERMOTE, E.F.; TUCKER, C.; ANYAMBA, A.; SMALL, J.; PAK, E.; MASUOKA, E.; SCHMALTZ, J.; et al. Monitoring global croplands with coarse resolution Earth observation: The Global Agriculture Monitoring (GLAM) project. Remote Sens., v. 2, p. 1589-1609, 2010.

BEERI, O.; PELED, A. Geographical model for precise agriculture monitoring with real-time remote sensing. ISPRS Journal of Photogrammetry and Remote Sensing, v. 64, p. 47-54, 2009.

BELLINASO, H. *Biblioteca espectral de solos e sua aplicação na quantificação de atributos e classificação.* Dissertação de Mestrado (Mestre em Agronomia) – Escola Superior de Agricultura "Luiz de Queiroz", Universidade de São Paulo, Piracicaba, SP. 264 p., 2009.

BENDINI, H.N.; JACON, A.D.; PESSÔA, A.C.M.; PAVANELLI, J.A.P.; MORAES, W.S.; PONZONI, F.J.; FONSECA, L.M.G. Caracterização espectral de folhas de bananeira (Musa spp.) para detecção e diferenciação da sigatoka negra e sigatoka amarela. In: Simpósio Brasileiro de Sensoriamento Remoto, 17. (SBSR), 2015, João Pessoa, PB. Anais... São José dos Campos: INPE, p. 2536-2543, 2015.

BEN-DOR, E.; MALTHUS, T.; PLAZA, A.; SCHLAPFER, D. Hyperspectral remote sensing. In: WENDISCH, M.; BREGULER, J-L. (Ed.). *Airborne measurements for environmental research: methods and instruments*, Willey-Blackwell, p. 413-456, 2013.

BERKA, L. M. S.; RUDORFF, B.F.T.; SHIMABUKURO, Y.E. Soybean yield estimation by an agrometeorological model in a GIS. Scientia Agricola, v. 60, n. 3, p. 433-440, 2003.

BERNARDES, T. *Modelagem de dados espectrais e agrometeorológicos para estimativa da produtividade de café*. 2013, 126 p. Tese (Doutorado em Sensoriamento Remoto) – Instituto Nacional de Pesquisas Espaciais, São José dos Campos, 2013.

BLACKBURN, G.A. Hyperspectral remote sensing of plant pigments. *Journal of Experimental Botany*, v. 58, n. 4, p. 855-867, 2007.

BLACKBURN, G.A.; PITMAN, J.I. Biophysical controls on the directional spectral reflectance properties of bracken *(Pteridium aquilinum)* canopies: results of a field experiment. *Int. Jnl. Remote Sensing*, v. 20, n. 11, p. 2265-2282, 1999.

BREUNIG, F.M. *Influência da geometria de aquisição sobre índices de vegetação e estimativas de IAF com dados MODIS, Hyperion e simulações PROSAIL para a soja*. 2011, 252p. Tese (Doutorado em Sensoriamento Remoto) – Instituto Nacional de Pesquisas Espaciais, São José dos Campos, 2011.

BREUNIG, F.M.; GALVÃO, L.S.; FORMAGGIO, A.R.; EPIPHANIO, J.C.N. Directional effects on NDVI and LAI retrievals from MODIS: A case study in Brazil with soybean. *International Journal of Applied Earth Observation and Geoinformation*, v. 13, p. 34-42, 2011.

BROWN, L. R. Eco-economia: construindo uma economia para a Terra. Universidade Livre da Mata Atlântica (UMA), Primeira Edição, 2003, 368 p., Salvador-BA. Disponível em: <http://www.uma.org.br>. Acesso em: 6 mar. 2017.

BUNNIK, N.J.J. *The multispectral reflectance of shortwave radiation by agricultural crops in relation with their morphological and optical properties*. Mededelingen Landbouw hogeschool Wageningen 78-1; (Communications Agricultural University Wageningen, The Netherlands). 176 p, 1978.

BURNEY, J.A.; DAVIS, S.J.; LOBELL, D.B. Greenhouse gas mitigation by agricultural intensification. *Proc. National Acad. Science USA*, v. 107, n. 26, p. 12052-12057, 2010.

BURROUGHS, P.P.; MCDONNEL, R.A. *Principles of Geographical Information Systems*. Oxford University Press, p. 299, 1998.

CAMARA, G.; SOUZA, R.C.M., FREITAS, U.M.; GARRIDO, J. SPRING: Integrating remote sensing and GIS by object-oriented data modelling. *Computers & Graphics*, v.20, n. 3, p. 395-403, 1996.

CARLSON, T.N.; RIPLEY D.A.J. On the relationship between NDVI, Fractional Vegetation Cover and Leaf Area Index. *Remote Sensing Environment*, v. 62, p. 241-252, 1997.

CARTER, G.A. Ratios of leaf reflectances in narrow wavebands as indicators of plant stress. *International Journal of Remote Sensing*, v.15, p. 697-703, 1994.

CHAVEZ, J.P.S. An improved Dark-Object Subtraction (DOS) technique for atmospheric scattering correction of multispectral data. *Remote Sensing of Environment*, v. 24, p. 459-479, 1988.

CHEN, Z.; ELVIDGE, C.D.; GROENEVELD, D.P. Monitoring seasonal dynamics of arid land vegetation using AVIRIS data. *Remote Sensing Environment*, v. 65, p. 255-266, 1998.

CHO, M.A.; SKIDMORE, A.K. A new technique for extracting the red edge position from hyperspectral data: The linear extrapolation method. *Remote Sensing of Environment*, v. 101, p. 181-193, 2006.

CHOUDHURY, B.J.; AHMED N.U.; IDSO S.B.; REGINATO R.J.; DAUGHTRY C.S.T. Relations between evaporation coefficients and vegetation indices studied by model simulations. *Remote Sensing of Environment*, v. 50, n. 1, p.1-17, 1994.

CIBULA, W.G.; ZETKA, E.F.; RICKMAN, D.L. Response of thematic bands to plant water stress. *Int. J.Remote Sens.*, v.13, p. 1869-1880, 1992.

CLEVERS, J.G.P.W. The derivation of a simplified reflectance model for the estimation of leaf area index. *Remote Sensing of Environment*, v. 35, p. 53-70, 1988.

CNES – CENTRE NATIONAL D'ÉTUDES SPATIALES. *Spot*. 2016. Disponível em: <https://spot.cnes.fr/en/SPOT/index.htm. Acesso em: 19 out. 2016.

COELHO, A.M. Agricultura de Precisão: manejo da variabilidade espacial e temporal dos solos e culturas. Documento 46. EMBRAPA/Ministério da Agricultura, Pecuária e Abastecimento. Centro Nacional de Pesquisa de Milho e Sorgo. Sete Lagoas, MG. 60p., 2005. Disponível em: <https://www.infoteca.cnptia.embrapa.br/bitstream/doc/489734/1/Doc46.pdf>. Acesso em: 6 mar. 2017.

COLLINS, W. Remote Sensing of crop type and maturity. *Photogrammetric Engineering and Remote Sensing*, v. 44, p. 43-55, 1978.

COLOMBO, R.; BELLINGERI, D.; FASOLINI, D.; MARINO, C.M. Retrieval of leaf area index in different vegetation types using high resolution satellite data. *Remote Sensing of Environment*, v. 86, p. 120-131, 2003.

COLWELL, J.E. Grass canopy bidirectional spectral reflectance. In: INTERNATIONAL SYMPOSIUM ON REMOTE SENSING OF ENVIRONMENT, 9., 1974. *Proceedings...* Ann Arbor, Univ. of Michigan, p. 1061-1085, 1974a.

COLWELL, J.E. Vegetation canopy reflectance. *Remote Sensing of Environment*, v. 2, p. 175-183, 1974b.

CONAB – COMPANHIA NACIONAL DE ABASTECIMENTO. *Safra de grãos 2014/2015 é estimada em 206,3 milhões de toneladas*. Disponível em: <http://www.agricultura.gov.br/comunicacao/noticias/2015/07/safra-de-graos-20142015-e-estimada-em-206-milhoes-de-toneladas>. Acesso em: 1º set. 2015.

COPERNICUS. *European eyes on Earth*. Disponível em: <http://www.copernicus.eu/main/agriculture-forestry-and-fisheries>. Acesso em: 1º fev. 2017.

COUTINHO, A.C.; ESQUERDO, J.C.D.M.; de OLIVEIRA, L.S.; LANZA, D.A. Methodology for systematical mapping of annual crops in Mato Grosso do Sul state (Brazil). *Geografia*, v. 38, n. 1, p. 45-54, 2013.

CRISP – CENTRE FOR REMOTE IMAGING, SENSING AND PROCESSING. *Spatial resolution and pixel size*. 2015a. Disponível em: <http://www.crisp.nus.edu.sg/~research/tutorial/image.htm>. Acesso em: 27 out. 2015.

CRISP – CENTRE FOR REMOTE IMAGING, SENSING AND PROCESSING. *Spaceborne remote sensing*. 2015b. Disponível em: <http://www.crisp.nus.edu.sg/~research/tutorial/spacebrn.htm>. Acesso em: 29 out. 2015.

CSA – CANADIAN SPACE AGENCY. *RADARSAT-2*. Disponível em: <http://www.asc-csa.gc.ca/eng/satellites/radarsat2/>. Acesso em: 19 out. 2016.

CURRAN, P.J.; DUNGAN, J.L.; GHOLZ, H.L. Exploring the relationship between reflectance red edge and chlorophyll content ins slash pine. *Tree Physiology*, v.7 n. 1-4, p. 33-48, 1990.

CURRAN, P.J.; DUNGAN, J.L.; MACLER, B.A.; PLUMMER, S.E. The effect of a red leaf pigment on the relationship between red edge and chlorophyll concentration. *Remote Sensing of Environment*, v. 35, n. 1, p. 69-76, 1991.

DAUGHTRY, C.S.T.; WAITHALL, C.L.; KIM, M.S.; DE COLSTOUN, E.B.; MCMURTREY III, J.E. Estimating corn leaf chlorophyll concentration from leaf and canopy reflectance. *Remote Sensing of Environment*, v. 74, p. 229-239, 2000.

DIGITAL GLOBE. *WorldView-4*. Disponível em: <https://www.digitalglobe.com/>. Acesso em: 18 out. 2016.

DIRZO, R.; RAVEN, P.H. Global state of biodiversity and loss. *Annual Rev. Environ. Resources*, v. 28, p. 137-167, 2003.

DMC – DISASTER MONITORING CONSTELLATION. *Constelação de Satélites DMC*. 2017. Disponível em: <http://www.processamentodigital.com.br/2012/04/27/constelacao-de-satelites-dmc/>. Acesso em: 22 fev. 2017.

DOORENBOS, J.; KASSAM, A. H. Yield response to water. Roma: Food and Agriculture Organization of the United Nations, 193 p, 1979. (FAO-Irrigation and Drainage Paper n. 33).

DUTTA, D.; GOODWELL, A.E.; KUMAR, P.; GARVEY, J.E.; DARMODY, R.G.; BERRETA, D.P.; GREENBERG, J.A. On the feasibility of characterizing soil properties from AVIRIS data. *IEEE Transactions on Geoscience and Remote Sensing*, v. 53, n. 9, p. 5133-5147, 2015.

EBERHARDT, I. D. R. *Estimativa em tempo quase real de área de milho e de soja no Rio Grande do Sul, por sensoriamento remoto e amostragem*. 2015. 134 p. Dissertação (Mestrado em Sensoriamento Remoto) – Instituto Nacional de Pesquisas Espaciais, São José dos Campos, 2015.

EBERHARDT, I.D.R.; LUIZ, A.J.B.; FORMAGGIO, A.R.; SANCHES, I.D. Detecção de áreas agrícolas em tempo quase real com imagens MODIS. *Pesquisa Agropecuária Brasileira*, v. 50, n. 7, p. 605-614, 2015.

EBERHARDT, I.D.R.; SCHULTZ, B.; RIZZI, R.; SANCHES, I.D.; FORMAGGIO, A.R.; ATZBERGER, C.; MELO, M.P.; IMMITZER, M.; TRABAQUINI, K.; FOSCHIERA, W.; LUIZ, A.J.B. Cloud cover assessment for operational crop monitoring systems in tropical areas. *Remote Sensing*, v. 8, n. 3, p. 219-232, 2016.

EMBRAPA – Empresa Brasileira de Pesquisa Agropecuária. *Visão 2014-2034: o futuro do desenvolvimento tecnológico da agricultura brasileira*. Brasília, DF, 2014. 194 p.

ESA – EUROPEAN SPACE AGENCY. MERIS. 2016a. Disponível em: <https://earth.esa.int/web/guest/missions/esa-operational-eo-missions/envisat/instruments/meris>. Acesso em: 19 out. 2016.

ESA – EUROPEAN SPACE AGENCY. *Copernicus observing the Earth*. Sentinel-2 overview. 2016b. Disponível em: <http://www.esa.int/Our_Activities/Observing_the_Earth/Copernicus/Sentinel-2_overview>. Acesso em: 13 out. 2016.

ESQUERDO. J.C.D.M.; COUTINHO, A.C.; ANTUNES, J.F.G.A. Uso combinado de dados NDVI/MODIS dos satélites Terra e Aqua no monitoramento multi-temporal de áreas agrícolas. In: Simpósio Brasileiro de Sensoriamento Remoto, 16. (SBSR), 2013, Foz do Iguaçu, PR. Anais... São José dos Campos: INPE, 2013, p. 431-437.

EUROPEAN UNION. Global Monitoring of Food Security (GMFS) Program of the European Union. 2016. Disponível em: <http://gmfs.info>. Acesso em: 14 out. 2016.

FAO – FOOD AND AGRICULTURE ORGANIZATION OF THE UNITED NATIONS. *Multiple frame agricultural surveys: agricultural survey programs based on area frame or dual frame (area and list) sample designs*. Roma, 1998. v.2, 242p.

FAO – FOOD AND AGRICULTURE ORGANIZATION OF THE UNITED NATIONS. *The State of Food Insecurity in the World: Economic crises – Impacts and Lessons Learned.* 2009. Disponível em: <http://www.fao.org/3/a-i0876e.pdf>. Acesso em: 15 jul. 2015.

FAO – FOOD AND AGRICULTURE ORGANIZATION OF THE UNITED NATIONS. *Global Strategy to Improve Agricultural and Rural Statistics*; Report No. 56719-GB; FAO: Rome, Italy, 2011.

FAOSTAT – FOOD AND AGRICULTURE ORGANIZATION OF THE UNITED NATIONS. Sustainable Food and Agriculture. Disponível em: <http://faostat.fao.org/site/567/default.aspx#ancor>. Acesso em: 17 set. 2015.

FERRI, C.P.; FORMAGGIO, A.R.; SCHIAVINATO, M.A. Narrow band spectral indexes for chlorophyll determination in soybean canopies [*Glycine max* (L.) Merril]. Braz. J. Plant Physiol., v. 16, n. 3, p. 131-136, 2004.

FIGUEIREDO, D. *Conceitos básicos de sensoriamento remoto.* Apostila. Disponível em: <http://www.conab.gov.br/conabweb/download/SIGABRASIL/manuais/conceitos_sm.pdf>. Acesso em: 23 out. 2015.

FIGUEIREDO, D.C. Projeto Geosafras – *Aperfeiçoamento do Sistema de Previsão de Safras da Conab* (Companhia Nacional de Abastecimento/Ministério da Agricultura). Disponível em: <http://www.conab.gov.br/conabweb/download/GEOSAFRAS/manuais/projetogeosafras.pdf>. Acesso em: 3 jun. 2015.

FIORIO, P.R.; MARTINS, J.A.; BARROS, P.P.S.; MOLIN, J.P.; AMARAL, L.R. Dados espectrais de dossel de cana-de-açúcar para predição do teor relativo de clorofila. In: Simpósio Brasileiro de Sensoriamento Remoto, 17. (SBSR), 2015, João Pessoa, PB. Anais... São José dos Campos: INPE, 2015, p. 6313-6319.

FLORENZANO, T. G. *Iniciação em sensoriamento remoto.* 3ª ed. ampl. e atual. São Paulo: Oficina de Textos, 128 p., 2011.

FOLEY, J.A.; RAMANKUTTY, N.; BRAUMAN, K.A.; CASSIDY, E.S.; GERBER, J.S.; JOHNSTON, M.; MUELLER, N.D.; O'CONNELL, C.; RAY, D.K.; WEST, P.C.; BALZER, C.; BENNETT, E.M.; SHEEHAN, J.; SIEBERT, S.; CARPENTER, S.R.; HILL, J.; MONFREDA, C.; POLASKY, S.; ROCKSTRO, J.; TILMAN, D.; ZAKS, D.P.M. Solutions for a cultivated Planet. Nature, v. 478, p. 337-342, 2011.

FORMAGGIO, A.R. *Características agronômicas e espectrais para sensoriamento remoto de trigo e de feijão.* 1989. 180 p. Tese (Doutorado em Agronomia, Solos e Nutrição de Plantas) – Universidade de São Paulo, Escola Superior de Agricultura "Luiz de Queiroz", Piracicaba, SP, 1989.

FORMAGGIO, A.R.; MOURA, V.; EPIPHANIO, J.C.N.; SILVA, H.R.; FIORIO, P.R.; CAMPOS, R.C. Dados TM/Landsat na estimativa de áreas destinadas a culturas de verão, no Estado de São Paulo. In: Simpósio Brasileiro de Sensoriamento Remoto, 11. (SBSR), 2003, Belo Horizonte, MG. Anais... São José dos Campos: INPE, 2003, p. 93-100.

FRANCESCHINI, M.H.D.; DEMATTÊ, J.A.M.; TERRA, F.S.; ARAÚJO, S.R.; SOUZA FILHO, C.R.; VICENTE, L.E. Quantificação de atributos físico-químicos do solo através de dados espectrais (Vis-NIR-SWIR) obtidos em laboratório e por imagem aérea hiperespectral. In: Simpósio Brasileiro de Sensoriamento Remoto, 16. (SBSR), 2013, Foz do Iguaçu, PR. Anais... São José dos Campos: INPE, 2013, p. 530-538.

FREITAS, R. M.; ARAI, E.; ADAMI, M.; SOUZA, A. F.; SATO, F. Y.; SHIMABUKURO, Y. E.; ROSA, R. R.; ANDERSON, L. O.; RUDORFF, B. F. T. Virtual laboratory of remote sensing time series: visualization of MODIS EVI2 data set over South America. *Journal of Computational Interdisciplinary Sciences*, v.2, p. 57-68, 2011.

FUENTES, D.A.; GAMON, J.A.; QIU, H.L.; SIMS, D.A.; ROBERTS, D.A. Mapping Canadian boreal forest vegetation using pigment and water absorption features derived from the AVIRIS sensor. *Journal of Geophysical Research*, v. 106, 2001, p. 33565-33577.

GALFORD, G.L.; MUSTARD, J.F.; MELILLO, J.; GENDRIN, A.; CERRI, C.C.; CERRO, C.E. Wavelet analysis of MODIS time series to detect expansion and intensification of row-crop agriculture in Brazil. *Remote Sensing of Environment*, v. 112, n. 2, p. 576, 2008.

GALVÃO, L.S.; FORMAGGIO, A.R.; TISOT, D.A. The influence of spectral resolution on discriminating Brazilian sugarcane varieties. *International Journal of Remote Sensing*, v. 27, n. 4, p. 769-777, 2006.

GALVÃO, L.S.; FORMAGGIO, A.R.; BREUNIG, F.M. Relações entre índices de vegetação e produtividade de soja com dados de visada fora do nadir do sensor Hyperion/EO-1. In: Simpósio Brasileiro de Sensoriamento Remoto, 14. (SBSR), 2009, Natal, RN. Anais... São José dos Campos: INPE, 2009, p. 1095-1102.

GALVÃO, L.S.; FORMAGGIO, A.R.; COUTO, E.G.; ROBERTS, D.A. Relationships between the mineralogical and chemical composition of tropical soils and topography from hyperspectral remote sensing data. *ISPRS Journal of Photogrammetry and Remote Sensing*, v. 63, 2008, p. 259-271.

GALVÃO, L.S. ; EPIPHANIO, J.C.N.; BREUNIG, F.M.; FORMAGGIO, A.R. Crop type discrimination using hyperspectral data. In: Prasad S. Thenkabail; John G. Lyon; Alfredo Huete. (Org.). *Hyperspectral Remote Sensing of Vegetation*. 1 ed. London: CRC Press Online; Taylor & Francis Group, 2011, p. 397-421.

GAMON J.A.; PEÑUELAS J.; FIELD C.B. A narrow-waveband spectral index that tracks diurnal changes in photosynthetic efficiency. *Remote Sensing of Environment*, v. 41, p. 35-44, 1992.

GAO, B.C. NDWI – A Normalized Difference Water Index for Remote Sensing of Vegetation Liquid Water from space. *Remote Sensing of Environment*, v. 58, p. 257-266, 1996.

GAO, B.C.; GOETZ, A.F.H. Extraction of dry leaf spectral features from reflectance spectra of green vegetation. *Remote Sensing of Environment*, v. 47, p. 369-374, 1994.

GARCIA, C.E.; SANTOS, J.R.; MURA, J.C.; KUX, H.J.H. Análise do potencial de imagem TerraSAR-X para mapeamento temático no sudoeste da Amazônia brasileira. *Acta Amazonica*, v. 42, n. 2, p. 206-214, 2012.

GATES, D.M.; KEECAN, H.J.; SCHLETER, J.C.; WEIDNER, V.R. Spectral properties of plants. *Applied Optics*, v. 4, p. 11-20, 1965.

GAUSMAN, H.W. *Plant leaf optical properties in visible and near-infrared light*. Lubbock, Texas. Texas Tech University. Graduate Studies n. 29, 1985, 78 p.

GAUSMAN, H.W.; ALLEN, W.A.; CARDENAS, R.; RICHARDSON, A.J. Relation of light reflectance to histological and physical evaluations of cotton leaf maturity. *Applied Optics*, v. 9, p. 545-552, 1970.

GAUSMAN, H.W.; ALLEN, W.A.; WIEGAND, C.L.; ESCOBAR, D.E.; RODRIGUEZ, R.R.; RICHARDSON, A.J. The leaf mesophylls of twenty crops, their light spectra, and optical and geometrical parameters. *Technical Bulletin n. 1465*. U.S. Dept of Agriculture, Washington, D.C. 1973.

GEOGLAM – GLOBAL AGRICULTURAL MONITORING. 2015. Disponível em: <http://www.geoglam-crop-monitor.org/>. Acesso em: 12 jun. 2015.

GIBBS, H.K.; RAUSCH, L.; MUNGER, J.; SCHELLY, I.; MORTON, D.C.; NOOJIPADY, P.; SOARES-FILHO, B.; BARRETO, P.; MICOL, L.; WALKER, N.F. Brazil's soy moratorium. *Science*, v. 347, n. 6220, p. 377-378, 2015.

GITELSON, A. A.; MERZLYAK, M. N. Remote estimation of chlorophyll content in higher plant leaves. *International Journal of Remote Sensing*, v. 18, n. 12, p. 2691-2697, 1997.

GITELSON, A.A.; KAUFMAN, Y.J.; MERZLYAK, M.N. Use of a green channel in remote sensing of global vegetation from EOS- MODIS. *Remote Sensing of Environment*, v. 58, n. 3, p. 289-298, 1996.

GITELSON, A.A.; MERZLYAK, M.N.; LICHTENTHALER, H.K. Detection of red-edge position and chlorophyll content by reflectance measurements near 700 nm. *Journal of Plant Physiology*, v. 148, p. 501-508, 1996.

GITELSON, A. A.; MERZLYAK, M.N.; CHIVKUNOVA, O.B. Optical properties and nondestructive estimation of anthocyanin content in plant leaves. *Photochemistry and Photobiology*, v. 74, n. 1, p. 38-45, 2001.

GITELSON, A.A.; ZUR, Y.; CHIVKUNOVA, O.B.; MERZLYAK, M.N. Assessing carotenoid content in plant leaves with reflectance spectroscopy. *Photochemistry and Photobiology*, v. 75, n. 3, p. 272-281, 2002.

GODFRAY H.C.J.; BEDDINGTON J.R.; CRUTE, I.R.; HADDAD, L.; HADDAD, D.; et al. Food Security: The challenge of feeding 9 billion people. *Science*, v. 327, p. 812-818, 2010.

GOETZ, A.F.H. Three decades of hyperspectral imaging of the Earth: A personal view. *Remote Sensing of Environment*, v. 113, S5-S16, 2009.

GONZALEZ, R.C. & WOODS, R.E. *Digital Image Processing*, 3ª Ed. USA: Prentice Hall, 2008.

GOWDA, P. H.; CHAVEZ, J. L.; COLAIZZI, P. D.; EVETT, S. R.; HOWELL, T. A.; TOLK, J. A. ET mapping for agricultural water management: present status and challenges. *Irrigation Science*, v. 26, p. 223-237, 2008.

GRASS. *i.landsat.toar:* calculates top-of-atmosphere radiance or reflectance and temperature for Landsat MSS/TM/ETM+/OLI. Disponível em: <https://grass.osgeo.org/grass72/manuals/i.landsat.toar.html>. Acesso em: 3 jan. 2017.

HORLINS, I.; MARSDEN, T. Towards the real Green Revolution? Exploring the conceptual dimensions of a new ecological modernization of agriculture that could "feed the world", *Global Environmental Change: human and policy dimensions*, v. 21, n. 2, p. 441-452, 2011.

GURTLER, S. *Estimativa de área agrícola a partir de sensoriamento remoto e banco de pixels amostrais*. 2003. 179p. Dissertação (Mestrado em Sensoriamento Remoto) – Instituto Nacional de Pesquisas Espaciais, São José dos Campos, 2003.

GUYOT, G.; BARET, F. Utilisation de la haute resolution spectrale pour suivre l'etat des couverts vegetaux. In: INTERNATIONAL COLLOQUIUM ON SPECTRAL SIGNATURES OF OBJECTS IN REMOTE SENSING, 4., *Proceedings...*, Aussois, France, 18-22 de Janeiro, 1988. EAS SP-287, p. 279-286.

HATFIELD, J.L.; KANEMASU, E.T.; ASRAR, G.; JACKSON, R.D.; PINTER Jr., P.J.; REGINATO, R.J.; IDSO, S.B. Leaf-area estimates from spectral measurements over various planting dates of wheat. *International Journal of Remote Sensing*, v. 6, n. 1, p. 167-175, 1985.

HOFFER, R.M. Biological and physical considerations in applying computer-aided analysis tecnhiques to remote sensor data. In: SWAIN, P.H.; DAVIS, S.M. (Org.) Remote Sensing: the Quantitative Approach. McGraw-Hill, New York, 1978, p. 228-289.

HOFFER, R.M.; JOHANNSEN, C.J. *Ecological potentials in spectral signature analysis*. In: JOHNSON, P.L. Remote Sensing in Ecology. Ed. Univ. of Georgia Press, Athens, GA. 1969, p. 1-16.

HOLBEN, B.N.; TUCKER, C.J.; FAN, C.J. Spectral assessment of soybean leaf area index and leaf biomass. *Photogrammetric Engineering and Remote Sensing*, v. 6, n. 5, p. 651-656, 1980.

HORLINS, I.; MARSDEN, T. Towards the real Green Revolution? Exploring the conceptual dimensions of a new ecological modernization of agriculture that could "feed the world". *Global Environmental Change: human and policy dimensions*, v. 21, n. 2, p. 441-452, 2011.

HUANG, J.; ZHANG, Y.; BLACKBURN, G.A.; WANG, X.; WEI, C.; WANG, J. Meta-analysis of the detection of plant pigment concentration using hyperspectral remotely sensed data. PLOS ONE, v. 10, n. 9, 2015: e0137029. doi:10.1371/journal.pone.0137029.

HUETE, A.R. A soil-adjusted vegetation index (SAVI). *Remote Sensing of Environment*, v. 25, p. 295-309, 1988.

HUETE, A.R.; JACKSON, R.D.; POST, D.F. Spectral response of a plant canopy with different soil backgrounds. *Remote Sensing of Environment*, v. 17, p. 37-53, 1985.

HUETE, A.; LIU, H.Q.; BATCHILY, K.; LEWEEN, W. A comparison of vegetation indices over a global set of TM images for EOS-MODIS. *Remote Sensing of Environment*, v. 59, p. 440-451, 1997.

HUNT, E. R. Jr.; DAUGHTRY, C. S. T.; MCMURTREY, J. E.; WALTHALL, C. L.; BAKER, J. A.; SCHROEDER, J. C. e LIANG, S. Comparison of remote sensing imagery for nitrogen management. In: INTERNATIONAL CONFERENCE ON PRECISION AGRICULTURE AND OTHER PRECISION RESOURCES MANAGEMENT, 6., Proceedings..., editado por ROBERT, P. C.; RUST, R. H.; e LARSON, W. E. Larson (ASA-CSSA-SSSA, Madison, WI, USA), CD-ROM. 2002.

HUNT, E.R. Jr.; DAUGHTRY, C. S.T.; WALTHALL, C.L.; McMURTREY, J.E.; DULANEY, W.P. Agricultural remote sensing using radio-controlled model aircraft. In: VANTOAI,

T.; MAJOR, D.; MCDONALD, M.; SCHEPERS, J.; TAPLEY, L. (Org.) *Digital Imaging and Spectral Techniques: Applications to Precision Agriculture and crop Physiology*, (ASA-CSSA--SSSA, Madison, WI, USA), p. 191-199. ASA Special Publication 66, 2003.

IBGE – Instituto Brasileiro de Geografia e Estatística. Sistema IBGE de recuperação automática (SIDRA): banco de dados agregados. Rio de Janeiro, 2016. Disponível em: <http://www.sidra.ibge.gov.br/>. Acesso em: 7 abr. 2016.

IDB – INDEX DATA BASE. Database for remote sensing indices. 2017. Disponível em: <http://www.indexdatabase.de/db/i-single.php?id=87>. Acesso em: 25 fev. 2017.

INAMASU, R.Y.; BERNARDI, A.C.C. *Agricultura de Precisão*. In: BERNARDI, A. C. C.; NAIME, J. M.; RESENDE, A. V.; BASSOI, L. H.; INAMASU, R. Y. (Org.). *Agricultura de precisão: resultados de um novo olhar*. p. 21-33. Brasília, D.F.: Embrapa, 2014. 596 p. Disponível em: <https://www.alice.cnptia.embrapa.br/alice/bitstream/doc/1004023/1/Agriculturadeprecisaocap.12.pdf>. Acesso em: 6 mar. 2017.

INPE – INSTITUTO NACIONAL DE PESQUISAS ESPACIAIS. CBERS. *Satélite Sino-Brasileiro de Recursos Terrestres*. 2016. Disponível em: <http://www.cbers.inpe.br/>. Acesso em: 19 out. 2016.

INTSPEC – INTEGRATED SPECTRONICS. *HyMap*. 2017. Disponível em: <http://www.intspec.com/hymap.htm>. Acesso em: 28 fev. 2017.

IPCC – INTERGOVERNMENTAL PANEL ON CLIMATE CHANGE. *Climate Change 2007: Synthesis Report*. Contribution of Working Groups I, II and III to the Fourth Assessment Report of the Intergovernmental Panel on Climate Change. Geneva, Switzerland, 2007.

IRSA – INSTITUTE OF REMOTE SENSING APPLICATIONS. CAS – CHINESE ACADEMY OF SCIENCES. *China Crop Watch Program*. 2016. Disponível em: <http://cropwatch.com.cn/en>. Acesso em: 14 out. 2016.

ITRES. *Airborne Hyperspectral and Thermal Remote Sensing*. 2017. Disponível em: <http://www.itres.com/>. Acesso em: 28 fev. 2017.

JACKSON, R.D.; PINTER Jr., P.J. Spectral response of architecturally different wheat canopies. *Remote Sensing of Environment*, v. 20, p. 43-56, 1986.

JACKSON, R.D.; PINTER Jr., P.J.; IDSO, S.B.; REGINATO, R.J. Wheat spectral reflectance: interactions between crop configuration, sun elevation and azimuth angle. *Applied Optics*, v. 18, p. 3730-3732, 1979.

JACKSON, R.D.; SLATER, P.N.; PINTER JR., P.J. Discrimination of growth and water stress in wheat by various vegetation indices through clear and turbid atmospheres. *Remote Sensing of Environment*, v. 13, p. 187-208, 1983.

JADHAV, B.D.; PATIL, P.M. Hyperspectral remote sensing for agricultural management: a survey. *International Journal of Computer Applications*, v. 106, n. 7, p. 38-43, 2014.

JAKUBAUSKAS, M.E.; LEGATES, D.R.; KASTENS, J.H. Crop identification using harmonic analysis of time-series AVHRR NDVI data. *Computers and Electronics in Agriculture*, v. 37, n. 1-3, p. 127-139, 2002.

JARS – JAPAN ASSOCIATION OF REMOTE SENSING. *Fundamentals of Remote Sensing*. 2015. Disponível em: <http://www.jars1974.net/organization_e.html>. Acesso em: 8 set. 2015.

JAXA. ALOS Research and Application Project of EORC. About ALOS – PALSAR. Disponível em: <http://www.eorc.jaxa.jp/ALOS/en/about/palsar.htm>. Acesso em: 19 out. 2016.

JENSEN, J. R. *Remote Sensing of the Environment: An Earth Resource Perspective*. 2nd. ed. Upper Saddle River, NJ: Prentice Hall, 2007. 592 p.

JENSEN, J. R. *Sensoriamento Remoto do Ambiente: uma perspectiva em recursos terrestres*. São José dos Campos: Editora Parêntese, 2009. 598 p.

JOLLINEAU, M.Y.; HOWARTH, P.J. Mapping an inland wetland complex using hyperspectral imagery. *Int. J. Remote Sens.*, v. 29, p. 3609-3631, 2008.

JORDAN, C. F. Derivation of leaf area index from quality of light on the Forest floor. *Ecology*, v. 50, p. 663-666, 1969.

JORGE, L. A. C.; INAMASU, R. Y. *Uso de veículos aéreos não tripulados (VANT) em Agricultura de Precisão*. In: BERNARDI, A. C. C.; NAIME, J. M.; RESENDE, A. V.; BASSOI, L. H.; INAMASU, R. Y. (Org.). Agricultura de precisão: resultados de um novo olhar. p. 109-134. Brasília, D.F.: Embrapa, 2014. 596 p. Disponível em: <https://ainfo.cnptia.embrapa.br/digital/bitstream/item/114264/1/CAP-8.pdf>. Acesso em: 12 dez. 2016.

JPL – JET PROPULSION LABORATORY. California Institute of Technology. *AVIRIS Airborne Visible/Infrared Imaging Spectrometer*. 2016. Disponível em: <aviris.jpl.nasa.gov>. Acesso em: 19 out. 2016.

JRC – JOINT RESEARCH CENTRE. *Monitoring Agricultural Resources (MARS)*. Joint Research Center, European Commision: Ispra Italy. Disponível em: <http://www.

eea.europa.eu/data-and-maps/data/external/monitoring-agricultural-resources--mars>. Acesso em: 14 out. 2016.

JUSTICE, C.O.; VERMOTE, E.; TOWNSHEND, J.R.G.; DEFRIES, R.; ROY, P.D; HALL, D.K.; SALOMONSON, V.; PRIVETTE, J.L.; RIGGS, G.; STRAHLER, A.; LUCHT, W.; MYNENI, B; KNYAZIKHIN, Y.; RUNNING, W.S.; NEMANI, R.R.; WAN, Z.; HUETE, A.R.; LEEUWEN, W.V.; WOLFE, R.E.; GIGLIO, L.; MULLER, J.P; LEWIS, P.; BARNSLEY, M. The Moderate Resolution Imaging Spectroradiometer (MODIS): land remote sensing for global change research. *IEEE Transactions on Geoscience and Remote Sensing*, v. 36, n. 4, p. 1228-1247, 1998.

JUSTICE, C.O.; TOWNSHEND, J.R.G.; VERMOTE, E.F.; MASUOKA, E.; WOLFE, R.E.; SALEOUS, N.; ROY, D.P.; MORISETTE, J.T. An overview of MODIS land data processing and product status. *Remote Sensing of Environment*, v. 83, p. 3-15, 2002.

KALMAN, J. D.; MCVICAR, T. R.; MCCABE, M. F. Estimating land surface evaporation: a review of methods using remotely sensed surface temperature data. *Surveys in Geophysics*, v. 29, p. 421-469, 2008.

KAUFMAN, Y.J., TANRE, D. Atmospherically resistant vegetation index (ARVI) for EOS-MODIS. In: IEEE INT. GEOSCI. AND REMOTE SENSING SYMP. *Proceedings...* IEEE, New York, 1992, p. 261-270.

KAUTH, R.J.; THOMAS, G.S. The tasseled Cap – A Graphic Description of the Spectral--Temporal Development of Agricultural Crops as Seen by LANDSAT. In: SYMPOSIUM ON MACHINE PROCESSING OF REMOTELY SENSED DATA, *Proceedings...* Purdue University of West Lafayette, Indiana, p. 4B-41 to 4B-51, 1976.

KIMES, D.S. Modeling the directional reflectance from complete homogeneous vegetation canopies with various leaf-orientation distributions. *Journal of the Optical Society of America* A, v. 1, n. 7, p. 725-737, 1984.

KIMES, D.S.; KIRCHNER, J.A. Diurnal variations of vegetation canopy structure. *International Journal of Remote Sensing*, v. 4, n. 2, p. 257-271, 1983.

KIMES, D.S.; MARKHAM, B.L.; TUCKER, C.J.; MCMURTREY III, J.E. Temporal relationships between spectral response and agronomic variables of a corn canopy. *Remote Sensing of Environment*, v. 11, p. 401-411, 1981.

KIRCHNER, J.A.; KIMES, D.S.; MCMURTREY III, J.E. Variation of directional reflectance factors with structural changes of a developing alfafa canopy. *Applied Optics*, v. 21, p. 3766-3774, 1982.

KNIPLING, E.B. Physical and physiological basis for the reflectance of visible and near-infrared radiation from vegetation. *Remote Sensing of Environment*, v. 1, n. 155-159, 1970.

KOKALY, R.F. PRISM: Processing routines in IDL for spectroscopic measurements (installation manual and user's guide, version 1.0). U.S. Geological Survey Open-File Report 2011-1155, 432 p., 2011. Disponível em: <http://pubs.usgs.gov/of/2011/1155/>.

KOLLENKARK, J.C.; VANDERBILT, V.C.; DAUGHTRY, C.S.T.; BAUER, M.E. Influence of solar illumination angle on soybean canopy reflectance. *Applied Optics*, v. 21, n. 7, p. 1179-1184, 1982a.

KOLLENKARK, J.C.; DAUGHTRY, C.S.T.; BAUER, M.E.; HOUSLEY, T.L. Effects of cultural practices on agronomic and reflectance characteristics of soybean canopies. *Agronomy Journal*, v. 74, p. 751-758, 1982b.

KRAMER, H.J.; CRACKNELL, A.P. An overview of small satellites in remote sensing. *International Journal of Remote Sensing*, v. 29, n. 15, p. 4285-4337, 2008.

KUMAR, L.; SCHMIDT, K.; DUTY, S.; SKIDMORE, A. Imaging Spectrometry and Vegetation Science. In: VAN DER MEER, F. D. and JONG, S. M. (Org.), *Imaging spectrometry: basic principles and prospective applications*. Dordrecht, Netherlands: Springer, v. 4, p. 111-155, 2001.

KUNAL, S.; SINGH, S; RANA, R.S.; RANA, A.; KALIA, V.; KAUSHAL, A. Application of GIS in precision agriculture. Conference National Seminar on "Precision Farming technologies for high Himalayas". *Proceedings...* Precision Farming Development Centre and High Mountain Arid Agriculture Research Insitute, Leh, Ladakh, Jammu and Kashmir, India. October 2015. DOI: 10.13140/RG.2.1.2221.3368. Disponível em: <https://www.researchgate.net/publication/295858552_Application_of_GIS_in_precision_agriculture>. Acesso em: 16 jan. 2017.

LAL, R. Soil structure and sustainability. *Journal of Sustainable Agriculture*, v. 04, p. 67-92, 1991.

LANDAU, E.C.; GUIMARÃES, D.P.; HIRSCH, A. Uso de Sistema de Informaciones Geográficas para espacialización de datos del área de producción agrícola. In: MANTOVANI, E.C.; MAGDALENA, C. *Manual de Agricultura de Precisión*. Programa Cooperativo para el desarrollo tecnológico, agroalimentario y agroindustrial del Cono Sur. PROCISUR/IICA. Cap. 1.2. p. 24-31. 178 p, 2015.

LEE, C.M.; CABLE, M.L.; HOOK, S.J.; GREEN, R.O.; USTIN, S.L.; MANDL, D.J.; MIDDLETON, E.M. An introduction to the NASA Hyperspectral InfraRed Image (HyspIRI) mission and preparatory activities. *Remote Sensing of Environment*, v. 167, p. 6-19, 2015.

LICHTENTHALER, H.K.; LANG, M.; SOWINSKA, M.; HEISEL, F.; MICHE, J.A. Detection of vegetation stress via a new high resolution fluorescence imaging system. *Journal of Plant Physiology*, v. 148, p. 599-612, 1996.

LILLESAETER, O. Spectral reflectance of partly transmitting leaves: laboratory measurements and mathematical modeling. *Remote Sens. Environ.*, v. 12, p. 247-254, 1982.

LOOMIS, R.S.; WILLIAMS, W.A. Productivity and the morphology of crop stands: pattern with leaves. In: EASTIN, J.D. (Org.) *Physiological aspects of crop yield*. Madison: American Society of Agronomy, p. 27-47, 1969.

LUIZ, A.J.B. *Estatísticas agrícolas por amostragem auxiliadas pelo sensoriamento remoto*, 2009. 112p. Tese (Doutorado em Sensoriamento Remoto) – Instituto Nacional de Pesquisas Espaciais, São José dos Campos, 2003.

LUIZ, A.J.B.; FORMAGGIO, A.R.; EPIPHANIO, J.C.N. Objective sampling estimation of crop area based on remote sensing: Advances and applications. In: DO PRADO, H.A.; LUIZ, A.J.B.; CHAIB FILHO, H. (Org.). *Computational methods for agricultural research: advances and applications*. Hershey: IGI Global, 2011. cap. 5, p. 73-95.

LUIZ, A.J.B.; SANCHES, I.D.; NEVES, M.C. Mudança no uso da terra pela agricultura brasileira de 1990 a 2014. In: SIMPÓSIO BRASILEIRO DE SENSORIAMENTO REMOTO, 18. (SBSR), Santos. Anais... São José dos Campos: INPE, 2017. p. 4002-4009.

LUIZ, A.J.B.; OLIVEIRA, J.C.; EPIPHANIO, J.C.N.; FORMAGGIO, A.R. Auxílio das imagens de satélite aos levantamentos por amostragem em agricultura. *Agricultura em São Paulo*, v. 49, p. 41-54, 2002.

LUIZ, A.J.B.; FORMAGGIO, A.R; EPIPHANIO, J.C.N.; ARENAS-TOLEDO, J.M.; GOLTZ, E.; BRANDÃO, D. Estimativa amostral objetiva de área plantada regional, apoiada em imagens de sensoriamento remoto. *Pesquisa Agropecuária Agrícola*, v. 47, n. 9, p. 1279-1287, 2012.

LUIZ, A.J.B.; SANCHES, I.D.; TRABAQUINI, K.; EBERHARDT, I.D.R.; FORMAGGIO, A.R. Dinâmica agrícola em área de sobreposição de órbitas adjacentes dos satélites Landsat. In: SIMPÓSIO BRASILEIRO DE SENSORIAMENTO REMOTO, 17. (SBSR), João Pessoa. Anais... São José dos Campos: INPE, 2015a. p. 1308-1315.

LUIZ, A. J. B.; SCHULTZ, B.; TRABAQUINI, K.; EBERHARDT, I. D. R.; FORMAGGIO, A. R. Método para estratificação em levantamentos agrícolas com mais de uma variável. *Documentos Embrapa Meio Ambiente*, v. 100, p. 1-140, 2015b.

LUTMAN, P.J.W.; PERRY, N.H. Methods of weed patch detection in cereal crops. In: The 1999 Brighton Conference – weeds. Brighton. *Proceedings...* Brighton: BCPC, 1999. p. 627-634.

MACDONALD, R.B.; HALL, F.G.; ERB, R.B. The Use of Landsat Data in a Large Area Crop Inventory Experiment (LACIE). West Lafayette: LARS Symposia. 1975. (Paper 46). Disponível em: <http://docs.lib.purdue.edu/lars_symp/46>. Acesso em: 6 nov. 2013.

MAGALHÃES, A.C.N. Análise quantitativa do crescimento. In: FERRI, M.G. (Org.) *Fisiologia Vegetal 1*. São Paulo: Editora Pedagógica e Universitária, p. 333-350, 1985.

MARSHALL, M.; THENKABAIL, P. Advantage of hyperspectral EO-1 Hyperion over multispectral Ikonos, GeoEye-1, WorldView-2, Landsat ETM+, and MODIS vegetation indices in crop biomass estimation. *ISPRS Journal of Photogrammetry and Remote Sensing*, v. 108, p. 205-218, 2015.

MARTINS, G.D., GALO, M.L.B.T. Estudo da discriminação espectral da cana-de-açúcar infestada por nematoides e *migdolus fryanus* por meio de medidas hiperespectrais "in situ". In: SIMPÓSIO BRASILEIRO DE SENSORIAMENTO REMOTO, 16. (SBSR), 2013, Foz do Iguaçu, PR. Anais... São José dos Campos: INPE, 2013, p. 8885-8892.

MARTINS, G.D.; GALO, M.L.B.T.; VIEIRA, B.S. Caracterização hiperespectral in situ do cafeeiro infectado por nematoides. In: Simpósio Brasileiro de Sensoriamento Remoto, 17. (SBSR), 2015, João Pessoa, PB. Anais... São José dos Campos: INPE, 2015, p. 1829-1836.

MAUS, V.; CÂMARA, G.; CARTAXO, R.; SANCHEZ, A.; RAMOS, F.M.; QUEIROZ, G.R. A time-weighted dynamic time warping method for land-use and land-cover mapping. *IEEE Journal of Selected Topics in Applied Earth Observations and Remote Sensing*, v. 9, n. 8, 2016.

MEDEIROS, F. A. *Desenvolvimento de um veículo aéreo não tripulado para aplicação em agricultura de precisão*. 2007. 102 p. Dissertação (Mestrado em Engenharia Agrícola). Universidade Federal de Santa Maria, Santa Maria, 2007.

MENEZES, P.R.; ALMEIDA, T. (Org.) *Introdução ao processamento de imagens de sensoriamento remoto*. Universidade de Brasília (UnB), Conselho Nacional de Desenvolvimento Científico e Tecnológico (CNPq). Brasília, D.F., 2012, 276 p.

MERZLYAK, M.N.; GITELSON, A. A.; CHIVKUNOVA, O.B.; RAKITIN, V.Y. Non-destructive optical detection of pigment changes during leaf senescence and fruit ripening. *Physiologia Plantarum*, v. 106, p. 135-141, 1999.

MMA – MINISTÉRIO DO MEIO AMBIENTE. *Mapeamento do uso e cobertura do cerrado: projeto TerraClass cerrado 2013*. Brasília, 2015, 67 p.

MONTEIRO, P.F.C.; ANGULO FILHO, R.; XAVIER, A.C.; MONTEIRO, R.O.C. Análise de dados de sensoriamento remoto na estimativa da produtividade e altura final do feijão. In: Simpósio Brasileiro de Sensoriamento Remoto, 15. (SBSR), 2011, Curitiba, PR. Anais... São José dos Campos: INPE, 2011, p. 8645-8651.

MORAES, E.C. Fundamentos de Sensoriamento Remoto. Apostila. Instituto Nacional de Pesquisas Espaciais (INPE/MCTI). Disponível em: <http://www.dsr.inpe.br/vcsr/files/capitulo_1.pdf>. Acesso em: 9 out. 2015.

MORAN, M. S. TIR as an indicator of plant ecosystem health. In: QUATTOCHI, D. A.; LUVALL, J.C. *Thermal remote sensing in land surface processes*. Boca Raton: CRC Press, 1. ed., p. 257-282, 2004.

MOREIRA, M. A. *Fundamentos do sensoriamento remoto e metodologias de aplicação*. 4ª Ed. Viçosa: Editora UFV, 2011, 422 p.

MOREIRA, M.A.; BARROS, M.A.; RUDORFF, B.F.T. Geotecnologias no mapeamento da cultura do café em escala municipal. *Sociedade & Natureza*, v. 20, n. 1, p. 101-110, 2008.

MOREIRA, L.C.J.; TEIXEIRA, A.S.; GALVÃO, L.S. Utilização de índices de vegetação obtidos de dados multiespectrais e hiperespectrais para detectar estresse salino na cultura de arroz. In: Simpósio Brasileiro de Sensoriamento Remoto, 17. (SBSR), 2015, João Pessoa, PB. Anais... São José dos Campos: INPE, 2015, p. 2387-2394.

MOREIRA, M. A.; RUDORFF, B.F.T.; BARROS, M.A.; DE FARIA, V.G.C.; ADAMI, M. Geotecnologias para mapear lavouras de café nos estados de Minas Gerais e São Paulo. *Engenharia Agrícola*, v. 30, n. 6, 2010, p. 1123-1135.

MOREIRA, L.C.J.; TEIXEIRA, A.S.; LEÃO, A.O.; ANDRADE, E.M.; SOTERO, A.R.H. Características espectrais de solos aluviais submetidos à salinização. In: Simpósio Brasileiro de Sensoriamento Remoto, 16. (SBSR), 2013, Foz do Iguaçu, PR. Anais... São José dos Campos: INPE, 2013, p. 8940-8947.

MUELLER, C.C.; SILVA, G.; VILLALOBOS, A.G. Pesquisa Agropecuária do Paraná – Safra 1986/1987 (Programa de Aperfeiçoamento das Estimativas Agropecuárias). Rio de Janeiro. *Revista Brasileira de Estatística*, v. 49, n. 191, p. 55-84, 1988.

MYNENI, R.B.; HOFFMAN, S.; KNYAZIKHIN, Y.; PRIVETTE, J.L.; GLASSY; J.; TIAN, Y.; WANG, Y.; SONG, X.; ZHANG, Y.; SMITH, G.R.; LOTSCH, A. Global products of vegetation leaf area and fraction absorbed PAR from year one of MODIS data. *Remote Sensing of the Environment*, v. 83, n. 1-2, p. 214-231, 2002.

MYNENI, R.B.; WILLIAMS, D.L. On the relationship between FAPAR and NDVI. *Remote Sensing of Environment*, v. 49, n. 03, p. 200-211, 1994.

NAGLER, P.L.; DAUGHTRY, C.S.T.; GOWARD, S.N. Plant litter and soil reflectance. *Remote Sensing of Environment*, v. 71, p. 207-215, 2000.

NASA – NATIONAL AERONAUTICS AND SPACE ADMINISTRATION. *Landsat Science. Operational Land Imager* (OLI). 2015. Disponível em: <http://landsat.gsfc.nasa.gov/?p=5447>. Acesso em: 24 maio 2015.

NASA – NATIONAL AERONAUTICS AND SPACE ADMINISTRATION. *Modis Moderate Resolution Imaging Spectroradiometer*. 2016. Disponível em: <https://modis.gsfc.nasa.gov/>. Acesso em: 19 out. 2016.

NASA – NATIONAL AERONAUTICS AND SPACE ADMINISTRATION. *Landsat science*. 2017. Disponível em: <https://landsat.gsfc.nasa.gov/landsat-1/>. Acesso em: 28 fev. 2017.

NASCIMENTO, C.R.; ZULLO Jr., J. Utilização de séries temporais de imagens AVHRR/NOAA no apoio à estimativa operacional da produção de cana-de-açúcar no Estado de São Paulo. In: Simpósio Brasileiro de Sensoriamento Remoto, 14. (SBSR), 2011, Curitiba, PR. *Anais...* São José dos Campos: INPE, 2011 p. 116-123.

NAYLOR, R. Expanding the boundaries of agricultural development. *Food Secur.*, v. 3, p. 233-251, 2011.

NICODEMUS, F. E.; RICHMOND, J.C.; HSIA, J.J.; GINSBERG, I.W.; LIMPERIS, T. *Geometrical considerations and nomenclature for reflectance.* Washington, DC: National Bureau of Standards, US Department of Commerce. URL: <http://physics.nist.gov/Divisions/Div844/ facilities/specphoto/pdf/geoConsid.pdf>. 1977.

NOAA – NATIONAL OCEANOGRAPHIC AND ATMOSPHERIC AGENCY. *Advanced Very High Resolution Radiometer (AVHRR) Overview*. Disponível em: <https://www.ngdc.noaa.gov/ecosys/cdroms/AVHRR97_d1/avhrr.htm>. Acesso em: 19 out. 2016.

NOGUEIRA, S.M.C. *Aplicação de um modelo agrometeorológico-espectral e de variáveis meteorológicas do modelo ETA para estimar a produtividade do trigo*. 2014. 87 p. Dissertação (Mestrado em Sensoriamento Remoto) – Instituto Nacional de Pesquisas Espaciais, São José dos Campos, 2014.

NORMAN, J.M.; ANDERSON, M.C.; KUSTAS, W.P.; FRENCH, A.N.; MECIKALSKI, J.; TORN, R.; DIAK, G.R.; SCHMUGGE, T.J. Remote sensing of evapotranspiration for precision-farming applications. In: INTERNATIONAL GEOSCIENCE AND REMOTE SENSING SYMPOSIUM, 2003, Tolouse, France. *Proceedings...* Tolouse, 2003.

OLIVEIRA, D.P.; PULIDO, J.; FRANCESCHINI, M.H.D.; COSTA, P.A.; ARRUDA, G.P.; DEMATTÊ, J.A.M.; SOUZA FILHO, C.R.; VICENTE, S. Modelos de quantificação de atributos do solo a partir de bibliotecas espectrais. In: Simpósio Brasileiro de Sensoriamento Remoto, 15. (SBSR), 2011, Curitiba, PR. Anais... São José dos Campos: INPE, 2011, p. 8476-8483.

ORTENBERG, F. Hyperspectral sensor characteristics: airborne, spaceborne, hand-held, and truck-mounted, integration of hyperspectral data with LIDAR. In: THENKABAIL, P.S.; LYON, J.G.; HUETE, A. (Org.) *Hyperspectral Remote Sensing of Vegetation*. Boca Raton, FL: CRC Press. Taylor & Francis Group, 2011, p. 39-68.

PARADELLA, W.R. *Radares imageadores com tecnologia espacial*. Disponível em: <http://mundogeo.com/blog/2001/12/01/radares-imageadores-com-tecnologia-espacial/>. Acesso em: 18 out. 2016.

PARADELLA, W.R.; MURA, J.C.; GAMA, F.F.; SANTOS, A.R.; SILVA, G.G. Radares imageadores (SAR) orbitais: tendências em sistemas e aplicações. In: Simpósio Brasileiro de Sensoriamento Remoto, 17. (SBSR), 2015, João Pessoa, PB. Anais... São José dos Campos: INPE, 2015, p. 2506-2513.

PELLISSIER, P.A.; OLLINGER, S.C.; LEPINE, L.C.; PALACE, M.W.; MCDOWELL, W.H. Remote sensing of foliar nitrogen in cultivated grasslands of human dominated landscapes. *Remote Sensing of Environment*, v. 167, p. 88-97, 2015.

PEÑUELAS, J.; BARET, F.; FILELLA, I. Semi-empirical indexes to assess carotenoids/chlorophyll: a ratio from leaf spectral reflectance. *Photosynthetica*, v. 31, p. 221-230, 1995.

PEÑUELAS, J.; FILELLA, I.; BIEL, C., SERRANO, L.; SAVE, R. The reflectance at the 950-970nm region as an indicator of plant water status. *International Journal of Remote Sensing*, v. 14, n. 7, p. 1887-1905, 1993.

PEÑUELAS, J.; PINOL, J.; OGAYA, R.; FILELLA, I. Estimation of plant water concentration by the reflectance water index WI (R900/R970). *Int. J. Remote Sensing*, v. 18, n. 13, p. 2869-2875, 1997.

PEREIRA, V.C.; GONZÁLEZ, S.R. O debate acerca das insuficiências da modernização ecológica para pensar a sustentabilidade ambiental na agricultura em tempos de mudanças climáticas. Observatório de la Economía Latinoamericana. Revista Académica de Economia. Disponível em: <www.eumed.net/cursecon/ecolat/br/14/agroecologia.html>. Acesso em: 28 fev. 2017.

PICOLI, M. C. A. *Estimativa da produtividade agrícola da cana-de-açúcar utilizando agregados de redes neurais artificiais: estudo de caso Usina Catanduva.* 2006. 90 p. Dissertação (Mestrado em Sensoriamento Remoto) – Instituto Nacional de Pesquisas Espaciais, São José dos Campos, 2006.

PINTER JR., P.J.; JACKSON, R.D.; EZRA, C.E.; GAUSMAN, H.W. Sun angle and canopy architeture effects on the spectral reflectance of six wheat cultivar. *International Journal of Remote Sensing*, v. 6, p. 1813-1825, 1985.

PINTY, B.; VERSTRAETE, M.M. GEMI: A Non-Linear Index to Monitor Global Vegetation from Satellites. *Vegetatino*, v. 101, p. 15-20, 1991.

PITZ, W.; MILLER, D. The TerraSAR-X satellite. *IEEE Transactions on Geoscience and Remote Sensing*, v. 48, n. 2, p. 615-622, 2010.

QI, J., CHEHBOUNI, A., HUETE, A.R., AND KERR, Y.H. Modified Soil Adjusted Vegetation Index (MSAVI). *Remote Sensing of Environment*, v. 48, p. 119-126, 1994.

RANSON, K.J.; BIEHL, L.L.; BAUER, M.E. Variation in spectral responses of soybeans with respect to illumination, view and canopy geometry. *International Journal of Remote Sensing*, v. 6, n. 12, p. 1827-1842, 1985.

RANSON, KJ.; VANDERBILT, V.C.; BIEHL, L.L.; ROBINSON, B.F.; BAUER, M.E. Soybean canopy reflectance as a function of view and illumination geometry. In: INTERNATIONAL SYMPOSIUM ON REMOTE SENSING OF ENVIRONMENT; 15, *Proceedings...* Ann Arbor: MI, 1981. p. 853-865.

RAPIDEYE, *Satellite imagery product specifications.* Disponível em: <www.rapideye.com>. Acesso em: 22 fev. 2017.

RAY, T.W. *A FAQ on Vegetation in Remote Sensing.* Div. of Geological and Planetary Sciences, California Institute of Technology. Disponível em: <http://www.remote-sensing.info/wp-content/uploads/2012/07/A_FAQ_on_Vegetation_in_<Remote_Sensing.pdf>. Acesso em: 13 jun. 2016.

RICHARDSON, A.J.; WIEGAND, C.L. Distinguishing vegetation from soil background information. *Photogrammetric Engineering and Remote Sensing*, v. 43, p. 1541-1552, 1977.

RIZZI, R. *Geotecnologias em um sistema de estimativa da produção de soja: estudo de caso no Rio Grande do Sul*, 2004. 212 p. Tese (Doutorado em Sensoriamento Remoto) – Instituto Nacional de Pesquisas Espaciais, São José dos Campos, 2004.

RIZZI, R.; RUDORFF, B. F. T. Estimativa da área de soja no Rio Grande do Sul por meio de imagens Landsat. *Revista Brasileira de Cartografia*, v. 57, p. 226-234, 2005.

RIZZI, R.; RISSO, J.; EPIPHANIO, R.D.V.; RUDORFF, B.F.T.; FORMAGGIO, A.R.; SHIMABUKURO, Y.E.S.; FERNANDES, S.L. Estimativa da área de soja no Mato Grosso por meio de imagens MODIS. In: Simpósio Brasileiro de Sensoriamento Remoto, 14. (SBSR), 2009, Natal, RN. Anais... São José dos Campos: INPE, 2009, p. 387-394.

ROSA, V.G.C. Modelo agrometeorológico-espectral para monitoramento e estimativa da produtividade do café na região sul/sudoeste do estado de Minas Gerais. 2007. 143 p. Dissertação (Mestrado em Sensoriamento Remoto), Instituto Nacional de Pesquisas Espaciais, São José dos Campos, 2007.

ROUSE, J. W.; HAAS, R. H.; SCHELL, J. A.; DEERING, D. W. Monitoring vegetation systems in the Great Plains with ERTS. In: EARTH RESOURCES TECHNOLOGY SATELLITE-1 SYMPOSIUM, 3., 10-14 December. Proceedings... Washington, DC: Nasa, 1973. v. 1, p. 309-317.

RUDORFF, B.F.T.; SUGAWARA, L.M. Mapeamento da cana-de-açúcar na região Centro-Sul via imagens de satélites. *Informe Agropecuário*, v. 28, p. 79-86, 2007.

RUDORFF, B.F.T.; AGUIAR, D.A.; SILVA, W.F.; SUGAWARA, L.M., ADAMI, M.; MOREIRA, M.A. Studies on the rapid expansion of sugarcane for ethanol production in São Paulo state (Brazil) using Landsat data. *Remote Sensing*, v. 2, n. 4, p. 1057-1076, 2010.

RUDORFF, B.R.T.; SUGAWARA, L.M.; AGUIAR, D.A.; AULICINO, T.L.I.N.; BRANDÃO, D.; GOLTZ, E.; CARVALHO, M.A.; SILVA, W.F. *Uso de imagens de satélites de sensoriamento remoto para mapear a área de cultivo com cana-de-açúcar no Estado de São Paulo – Safra 2010/11.* São José dos Campos: Instituto Nacional de Pesquisas Espaciais (INPE, São José dos Campos, SP), 2011. Documento: <sid.inpe.br/mtc-m19/2011/05.13.14.29-RPQ>. Disponível em: <http://urlib.net/8JMKD3MGP7W/39M7695>. Acesso em: 28 ago. 2015.

SAFANELLI, J.L.; CATEN, A.T.; BOSCO, L.C. Sensoriamento proximal para caracterização e diferenciação espectral in situ de cultivares de alho. In: Simpósio Brasileiro de Sensoriamento Remoto, 17. (SBSR), 2015, João Pessoa, PB. Anais... São José dos Campos: INPE. p. 3844-3851, 2015.

SAHOO, R.N.; RAY, S.S.; MANJUNATH, K.R. Hyperspectral remote sensing of agriculture. *Current Science*, v. 108, n. 5, p. 848-859, 2015.

SAITO, E.A.; IMAI, N.N.; TOMMASELLI, A.M.G. Análise do comportamento espectral de amostras de cana-de-açúcar infectadas com ferrugem alaranjada. In: Simpósio Brasileiro de Sensoriamento Remoto, 16. (SBSR), 2013, Foz do Iguaçu, PR. Anais... São José dos Campos: INPE, 2013, p. 258-265.

SANCHES, I.D. *Sensoriamento remoto para o levantamento espectro-temporal e estimativa de área de culturas agrícolas*. 2004. 172 p. Dissertação (Mestrado em Sensoriamento Remoto) – Instituto Nacional de Pesquisas Espaciais, São José dos Campos, 2004. (INPE-10290-TDI/909).

SANCHES, I.D.; SOUZA FILHO, C.R.; KOKALY, R.F. Spectroscopic remote sensing of plant stress at leaf and canopy levels using the chlorophyll 680 nm, absorption feature with continuum removal. *ISPRS Journal of Photogrammetry and Remote Sensing*, v. 97, p. 111-122, 2014.

SANCHES, I.D.; TUOHY, M.P.; HEDLEY, M.J; MACKAY, A. D. Seasonal prediction of in situ pasture macronutrients in New Zealand pastoral systems using hyperspectral data. *International Journal of Remote Sensing*, v. 34, n. 1, p. 276-302, 2013.

SATIMAGING – SATELLITE IMAGING CORPORATION. *Ikonos Satellite Sensor*. 2016a. Disponível em: <http://www.satimagingcorp.com/satellite-sensors/ikonos/>. Acesso em: 18 out. 2016.

SATIMAGING – SATELLITE IMAGING CORPORATION. *QuickBird Satellite Sensor*. 2016b. Disponível em: <http://www.satimagingcorp.com/satellite-sensors/quickbird/>. Acesso em: 18 out. 2016.

SATIMAGING – SATELLITE IMAGING CORPORATION. *GeoEye-1 Satellite Sensor*. 2016c. Disponível em: <http://www.satimagingcorp.com/satellite-sensors/geoeye-1/>. Acesso em: 18 out. 2016.

SCHAEPMAN-STRUB, G.; SCHAEPMAN, M.E.; PAINTER, T.H.; DANGEL S.; MARTONCHIK, J.V. Reflectance quantities in optical remote sensing—definition sand case studies. *Remote Sensing of Environment*, v. 103, p. 27-42, 2006.

SCHULTZ, B. *Análise de imagens orientada a objetos e amostragem estatística no monitoramento de cana-de-açúcar, milho e soja no estado de São Paulo*. 2016. 210 p. Tese (Doutorado em Sensoriamento Remoto) – Instituto Nacional de Pesquisas Espaciais, São José dos Campos, 2016.

SEELAN, S.K.; LAGUETTE, S.; CASADY, G.M.; SEIELSTAD, G.A. Remote sensing applications for precision agriculture: a learning community approach. *Remote Sensing of Environment*, v. 88, p 157-169, 2003.

SERRANO, L.; PEÑUELAS, J.; USTIN, S.L. Remote sensing of nitrogen and lignin in Mediterranean vegetation from AVIRIS data: decomposing biochemical from structural signals. *Remote Sensing of Environment*, v. 81, p. 355-364, 2002.

SERRANO, L.; USTIN, S.L.; ROBERTS, D.A.; GAMON, J.A.; PEÑUELAS, J. Deriving water content of Chaparral vegetation from AVIRIS data. *Remote Sensing of Environment*, v. 74, n .3, p. 570-581, 2000.

SESHADRI, K.; RAO, M.; JAYARAMAN, V.; THYAGARAJAN, K.; MURTHI, K. Resourcesat -1: A global multi-observation mission for resources monitoring. *Acta Astronautica*, v. 57, p. 534-539, 2005.

SHIRATSUCHI, L. S. Integration of plant-based canopy sensors for site-specific nitrogen management. 2011. 157 f. Dissertação (Mestrado) – University of Nebraska, Lincoln, 2011.

SHIRATSUCHI, L. S.; VILELA, M. F.; FERGUSON, R. B.; SHANAHAN, J. F.; ADAMCHUK, V. I.; RESENDE, A. V.; HURTADO, S. M. C.; CORAZZA, E. J. Desenvolvimento de um algoritmo baseado em sensores ativos de dossel para recomendação da adubação nitrogenada em taxas variáveis. In: INAMASU, R. Y.; NAIME, J. M.; RESENDE, A. V.; BASSOI, L. H.; BERNARDI, A. C. C. (Org.). *Agricultura de precisão: um novo olhar.* São Carlos: Embrapa, 2011. p. 184-188. (v. 1). Disponível em: <https://www.alice.cnptia.embrapa.br/alice/bitstream/doc/1004023/1/Agriculturadeprecisaocap.12.pdf>. Acesso em: 6 mar. 2017.

SILVEIRA, H. L. F.; EBERHARDT, I. D. R.; SANCHES, I. D.; GALVÃO, L. S. Análise da cobertura de nuvens no nordeste do Brasil e seus impactos no sensoriamento remoto agrícola operacional. In: Simpósio Brasileiro de Sensoriamento Remoto (SBSR), 18., 2017, Santos, SP. Anais... São José dos Campos: INPE, 2017. p. 400-407.

SOUZA FILHO, C.R. *Sensoriamento Remoto Hiperespectral*. Disponível em: <http://mundogeo.com/blog/2004/08/23/sensoriamento-remoto-hiperespectral/>. Acesso em: 18 out. 2016.

STAENZ, K.; HELD, A. Summary of current and future terrestrial civilian hyperspectral spaceborne systems. In: Proceedings of the IEEE International Geoscience and Remote Sensing Symposium (IGARSS), 2012. Remote Sensing for a Dynamic Earth. Munich, Germany, 2012.

STEFFEN, C.A. *Introdução ao Sensoriamento Remoto*. Apostila. Instituto Nacional de Pesquisas Espaciais (INPE). Disponível em: <http://www.inpe.br/unidades/cep/atividadescep/educasere/apostila.htm>. Acesso em: 23 out. 2015.

STEVEN, D.M.; MALTHUS, T.J.; BARET, F.; XU, H.; CHOPPING, M.J. Intercalibration of vegetation indices from different sensor systems. *Remote Sensing of Environment*, v. 88, p. 412-422, 2003.

STEVEN, M.D.; CLARK, J.A. (ed.) *Applications of Remote Sensing in Agriculture*. Butterworths, London. 1990, 427 p.

SUGAWARA, L.M. Avaliação de modelo agrometeorológico e imagens NOAA/AVHRR no acompanhamento e estimativa de produtividade da soja no Estado do Paraná. 2002. 181 p. Dissertação (Mestrado em Sensoriamento Remoto), Instituto Nacional de Pesquisas Espaciais, São José dos Campos, 2002.

SUGAWARA, L.M. *Variação interanual da produtividade agrícola da cana-de-açúcar por meio do modelo agronômico*. 2010. 116p. Tese (Doutorado em Sensoriamento Remoto) – Instituto Nacional de Pesquisas Espaciais, São José dos Campos, 2010.

SUGAWARA, L.M.; RUDORFF, B.F.T.; ADAMI, M. Viabilidade de uso de imagens do Landsat em mapeamento de área cultivada com soja no Estado do Paraná. *Pesq. Agropec. Bras.*, v. 43, n. 12, p. 1777-1783, 2008.

TEILLET, P.M.; STAENZ, K.; WILLIAMS, D.J. Effects of spectral, spatial, and radiometric characteristics on remote sensing vegetation indices of forested regions. *Remote Sensing of Environment*, v. 61, p. 139-149, 1997.

THE ROYAL SOCIETY. *Reaping the benefits: Science and the sustainable intensification of global agriculture*. Disponível em: <http://royalsociety.org/Reapingthebenefits>. Acesso em: 12 dez. 2016.

THENKABAIL, P.S. Global croplands and their importance for water and food security in the twenty-first century: Towards an ever green revolution that combines a second green revolution with a blue revolution. *Remote Sens.*, v. 2, p. 2305-2231, 2010.

THENKABAIL, P.S.; SMITH, R.B.; DE PAUW, E. Hyperspectral vegetation indices and their relationships with agricultural crop characteristics. *Remote Sens. Environ.*, v. 71, p. 158-182, 2000.

THENKABAIL, P.S.; LYON, J.G.; HUETE, A. (Ed). *Hyperspectral Remote Sensing of Vegetation*. Boca Raton, FL: CRC Press, 2011a. 688 p.

THYLÉN, L.; JURSCHIK, P.; MURPHY, D.L.P. Improving the quality of yield data. In: EUROPEAN CONFERENCE ON PRECISION AGRICULTURE, 1., 1997, Warwick. *Proceedings...* Oxford: BIOS Scientific, p. 743-750, 1997.

TISOT, D.A.; FORMAGGIO, A.R.; RENNÓ, C.D.; GALVÃO, L.S. Eficácia de dados hyperion/EO-1 para identificação de alvos agrícolas: comparação com dados ETM+/Landsat-7. *Engenharia Agrícola*, v. 27, n. 2, p. 511-519, 2007.

TRABAQUINI, K.; FORMAGGIO, A.R.; GALVÃO, L.S. Changes in physical properties of soils with land use time in the Brazilian savanna environment. *Land Degradation & Development*, v. 26, p. 397-408, 2015.

TUCKER, C.J. Red and photographic linear combinations for monitoring vegetation. *Remote Sensing of Environment*, v. 8, p. 127-150, 1979.

TUCKER, C. J. Remote sensing of leaf water content in the near-infrared. *Remote Sens. Environ.* v. 10, p. 23-32, 1980.

TUCKER, C.J.; ELGIN JR., J.H.; MCMURTREY III, J.E. Temporal-spectral measurements of corn and soybean crops. *Photogrammetric Engineering and Remote Sensing*, v. 45, n. 5, p. 643-653, 1979.

TUCKER, C.J.; HOLBEN, B.N.; ELGIN JR., J.H.; MACMURTREY III, J.E. The relationship of spectral data to grain yield variation. *Photogrammetric Engineering and Remote Sensing*, v. 46, p. 657-666, 1980.

UGS. *About COSMO-SkyMed*. Disponível em: <http://www.cosmo-skymed.it/en/index.htm>. Acesso em: 19 out. 2016.

ULLAH, S.; SCHLERF, M.; SKIDMORE, A.K.; HECKER, C. Identifying plant species using mid-wave infrared (2.5-6 m) and thermal infrared (8-14 m) emissivity spectra. *Remote Sens. Environ.*, v. 118, p. 95-102, 2012.

UN – UNITED NATIONS. *Road Map towards the Implementation of the United Nations Millennium Declaration*: Report of the Secretary-General; Document A/56/326. New York, NY, USA, 2001.

UN – UNITED NATIONS. *UN Food and Agriculture Organization (FAO) Global Information and Early Warning System (GIEWS)*. Disponível em: <http://fao.org/giews>. Acesso em: 14 out. 2016.

UREGINA. *Indian Remote Sensing Satellites*. IRS Sensors. Disponível em: <http://uregina.ca/piwowarj/Satellites/IRS.html>. Acesso em: 19 out. 2016.

USAID – UNITED STATES AGENCY FOR INTERNATIONAL DEVELOPMENT. FEWS-NET – FAMINE EARLY WARNING SYSTEM. 2016. Disponível em: <http://fews.net>. Acesso em: 14 out. 2016.

USGS – UNITED STATES GEOLOGICAL SURVEY. *Landsat Missions*. 2016. Disponível em: <http://landsat.usgs.gov/>. Acesso em: 19 out. 2016.

USGS – UNITED STATES GEOLOGICAL SURVEY. *Landsat Missions*. 2017. Disponível em: <http://landsat.usgs.gov/band_designations_landsat_satellites.php>. Acesso em: 1º fev. 2017.

VAN DER MEER, F.D.; VAN DER WERFF, H.M.A.; VAN RUITENBEEK, F.J.A.; HECKER, C.A.; BAKKER, W.H.; NOOMEN, M.F.; VAN DER MEIJDE, M; CARRANZA, E.H.M. Multi- and hyperspectral geologic remote sensing: A review. *International Journal of Applied Earth Observation and Geoinformation*, v. 14, p. 112-128, 2012.

VANDERBILT, V.C.; KOLLENKARK, J.C.; BIEHL, L.L.; ROBINSON,B.F.; BAUER, M.E.; RANSON, K.J. Diurnal changes in reflectance factor due to sun-row direction interactions. In: INTERNATIONAL COLLOQUIUM ON SPECTRAL SIGNATURES OF OBJECTS IN REMOTE SENSING, Avignon, 8-11 Sept. 1981. Montfavet, INRA. p. 499-508, 1981.

VICENTE, L.E.; VICTORIA, D.C.; BOLFE, E.L.; ANDRADE, R.G. *Estimativa de propriedades biofísicas no mapeamento de pastagens utilizando espectroscopia de imageamento e dados do sensor EO1 – Hyperion*. In: Simpósio Brasileiro de Sensoriamento Remoto, 15. (SBSR), 2011, Curitiba, PR. Anais... São José dos Campos: INPE, 2011, p. 8575-8582.

VIEIRA, M.A.; FORMAGGIO, A.R.; RENNÓ, C.D.; ATZBERGER, C.; AGUIAR, D.A.; MELLO, M.P. Object based image analysis and data mining applied to a remotely sensed Landsat time-series to map sugarcane over large areas. *Remote Sensing of Environment*, v. 123, p. 553-562, 2012.

VITOUSEK, P.M.; ABER, J.D.; HOWARTH, R.W.; Likens, G.E.; MATSON, P.A.; SCHINDLER, D.W.; SCHLESINGER, W.H.; TILMAN, D.G. Human alteration of the global nitrogen cycle: Sources and consequences. *Ecol. Appl.*, v. 7, p. 737-750, 1997.

WALBURG, G.; BAUER, M.E.; DAUGRHTRY, C.S.T.; HOUSLEY, T.L. Effects of nitrogen nutrition on the growth, yield and reflectance characteristics of corn canopies. *Agronomy Journal*, v. 74, p. 677-683, 1982.

WARREN, M.S.; TEIXEIRA, A.H.C.; RODRIGUES, L.N.; HERNANDEZ, F.B.T. Utilização do sensoriamento remoto termal na gestão de recursos hídricos. *Revista Brasileira de Geografia Física*, v. 7, n. 1, p. 65-82, 2014.

WERNINGHAUS, R.; BUCKREUSS, S. The TerraSAR-X mission and system design, *IEEE Transactions on Geoscience and Remote Sensing*, v. 48, n. 2, p. 606-614, 2010.

WIEGAND, C.L.; RICHARDSON, A.J.; KANEMASU, E.T. Leaf-area index estimates for wheat from LANDSAT and their implications for evapotranspiration and crop modeling. *Agronomy Journal*, v. 71, p. 336-342, 1979.

WILLSTÄTER, R.; STOLL, A. *Untersuchungen über die Assimilation der Kohlensäure*. Berlin: Springer, 1918.

WULDER, M.A.; BUTSON, C.R.; WHITE, J.C. Cross-sensor change detection over a forested landscape: options to enable continuity of medium spatial resolution measures. *Remote Sensing of Environment*, v. 112, p. 796-809, 2008.

WWF – WORLD WILDLIFE FUND. *Pegada ecológica*. Disponível em: <http://www.wwf.org.br/natureza_brasileira/especiais/pegada_ecologica/>. Acesso em: 29 jan. 2017.

XAVIER, A.C.; RUDORFF, B.F.T.; MOREIRA, M.A.; ALVARENGA, B.S.; FREITAS, J.G.; SALOMON, M.V. *Análise de dados hiperespectrais na estimativa da produtividade de trigo*. In: Simpósio Brasileiro de Sensoriamento Remoto, 13. (SBSR), 2007, Florianópolis, SC. Anais... São José dos Campos: INPE, 2007, p. 6535-6540.

XUE, Y., LI, Y.; GUANG, J., ZHANG, X.; GUO, J. Small satellite remote sensing and applications – history, current and future. *International Journal of Remote Sensing*, v. 29, n. 15, p. 4339-4372, 2008.

YODER, B.J.; PETTIGREW-CROSBY, R.E. Predicting nitrogen and chlorophyll content and concentrations from reflectance spectra (400-2500nm) at leaf and canopy scales. *Remote Sensing of Environment*, v. 53, p. 199-211, 1995.

ZARCO-TEJADA, P.J. *Hyperspectral remote sensing of closed forest canopies: estimation of chlorophyll fluorescence and pigment content*. PhD thesis, Graduate programme in Earth and Space Science, York University, Toronto, Ontario, Canada, 2000. 210 p.

ZHANG, F. S.; YAMASAKI, S.; KIMURA, K. Waste ashes for use in agricultural production: I. Liming effect, contents of plant nutrients and chemical characteristics of some metals. *The Science of the Total Environment*, v. 284, n. 1-3, p. 215-225, 2002.

ZHANGYAN J. ; HUETE, A.R. ; YOUNGWOOK K.; KAMEL D. 2-band enhanced vegetation index without a blue band and its application to AVHRR data. SPIE 6679, Remote Sensing and Modeling of Ecosystems for Sustainability IV, V *Proceedings...*, 67905 (October 09, 2007) doi:10.1117/12.734933.

sobre os autores

Antonio Roberto Formaggio

Engenheiro agrônomo formado pela Escola Superior de Agricultura Luiz de Queiroz (Esalq/USP), de Piracicaba (SP), mestre em Sensoriamento Remoto pelo Instituto Nacional de Pesquisas Espaciais (Inpe) e doutor em Agronomia (Solos e Nutrição de Plantas) pela Universidade de São Paulo. Foi pesquisador titular da Divisão de Sensoriamento Remoto (DSR) da Coordenação de Observação da Terra (OBT) do Inpe, em São José dos Campos (SP), atuando na área de Agronomia, com ênfase em estatísticas agrícolas, principalmente nos seguintes temas: sensoriamento remoto agrícola, geoprocessamento, espectrorradiometria, ciência do solo e modelagem ambiental. Participou de parcerias internacionais e forneceu assessorias para CNPq, Fapesp, Fapeg, Capes, Fapemig e Fapitec/SE, bem como revisorias para periódicos científicos nacionais e internacionais. Atuou como membro dos corpos editoriais da *Revista Brasileira de Ciência do Solo* e da *Revista Brasileira de Engenharia Agrícola*. Foi docente do curso de pós-graduação em Sensoriamento Remoto do Inpe.

Ieda Del'Arco Sanches

Engenheira agrônoma formada pela Escola Superior de Agricultura Luiz de Queiroz (Esalq/USP), de Piracicaba (SP), mestre em Sensoriamento Remoto pelo Instituto Nacional de Pesquisas Espaciais (Inpe) e PhD em *Earth Science* pela Massey University, Palmerston North, Nova Zelândia, com pós-doutorado no Instituto de Geociências da Universidade Estadual de Campinas (IG/Unicamp). Desde 2014, atua como pesquisadora da Divisão de Sensoriamento Remoto (DSR) da Coordenação de Observação da Terra (OBT) do Inpe, em São José dos Campos (SP), dedicando-se a estudos de sensoriamento remoto da vegetação voltados para a atividade agrícola. É também docente permanente do curso de pós-graduação em Sensoriamento Remoto do Inpe.